Python

入门到人工智能实战

吴茂贵 王红星 刘未昕 胡振兴 张粤磊 张魁◎编著

北京大学出版社

PEKING UNIVERSITY PRESS

内 容 提 要

　　《Python 入门到人工智能实战》是针对零基础编程学习者编写的教程。从初学者角度出发，每章以问题为导向，辅以大量的实例，详细地介绍了 Python 基础、机器学习，以及最好也最易学习的两个平台 PyTorch 和 Keras。

　　全书共 20 章，包括 Python 安装配置、Python 语言基础、流程控制语句、序列、函数、对象、文件及异常处理、数据处理和分析的重要模块（NumPy、Pandas）、机器学习基础、机器学习常用调优方法、神经网络、卷积神经网络，以及使用 PyTorch、Keras 实现多个人工智能实战案例等。书中所有知识都结合具体实例进行讲解，涉及的程序代码给出了详细的注释，使读者可以轻松领会。

图书在版编目(CIP)数据

Python入门到人工智能实战 / 吴茂贵等编著. —— 北京：北京大学出版社，2020.4
ISBN 978-7-301-31284-1

Ⅰ.①P… Ⅱ.①吴… Ⅲ.①软件工具－程序设计 Ⅳ.①TP311.561

中国版本图书馆CIP数据核字(2020)第039989号

书　　　　名	Python入门到人工智能实战
	PYTHON RUMEN DAO RENGONG ZHINENG SHIZHAN
著作责任者	吴茂贵等　编著
责 任 编 辑	张云静
标 准 书 号	ISBN 978-7-301-31284-1
出 版 发 行	北京大学出版社
地　　　　址	北京市海淀区成府路205 号　100871
网　　　　址	http://www.pup.cn　　新浪微博: @ 北京大学出版社
电 子 信 箱	pup7@ pup.cn
电　　　　话	邮购部 010-62752015　发行部 010-62750672　编辑部 010-62570390
印 刷 者	河北涿县鑫华书刊印刷厂
经 销 者	新华书店
	787毫米×1092毫米　16开本　20.75印张　472千字
	2020年4月第1版　2022年3月第2次印刷
印　　　　数	4001-6000册
定　　　　价	79.00 元

为什么写这本书

人工智能（AI）是一种新的通用技术，如同 19 世纪的铁路和电力，以及 20 世纪的汽车、电脑、互联网一样，将应用到生产经济的方方面面。从个人到企业，从企业到国家，都已感受到人工智能的强大及其带来的机遇与挑战。人工智能将深入到各个领域，也正在改变各个领域，各行各业都在忙于实现 AI+，希望通过 AI+ 突破瓶颈，改造原有的一些流程，提高效率，提升竞争力，激发新的创新能力。

"千里之行，始于足下"，在人工智能的千里之行中，学好 Python 及 Python 相关的大数据、机器学习、深度学习技能就是"足下"。

为什么是 Python，而不是其他语言？因为 Python 是人工智能的首选语言。Python 为何能成为人工智能的首选语言？因为现在大数据分析处理、网络开发、机器学习、深度学习都使用 Python。为何这些技术都愿意选择 Python，而不是 Java、R、C 或其他语言？这应该归功于 Python 的易用、好用、强大。我们知道 Java、C 很强大，但易用、好用方面做得不够好；R 也比较好用、易用，但又不够强大。

本书重点介绍了 Python 基础，使用 Python 作为开发语言的各种数据处理、机器学习、深度学习的框架，以及使用这些框架的具体实例。具体来说，本书先介绍了 Python 入门级的一些基础知识，从 Python 特殊语法到变量、数据结构、控制语句，再到函数和类等。接着介绍了 Python 非常强大的"基因"——NumPy。NumPy 是整个 Python 数据处理、机器学习、深度学习的基石，这也是很多深度学习、机器学习架构选择 Python 的重要原因之一。NumPy 主要用于向量、矩阵运算，NumPy 的大部分代码都是用 C 语言写的，其底层算法在设计时就有着优异的性能。所以，NumPy 简单、好用，并且高效。最后介绍的机器学习工具 Scikit-Learn，深度学习框架 PyTorch、Keras 都能看到 NumPy 的影子，如 PyTorch、Keras 中的张量（Tensor）基本都是基于 NumPy，尤其是 PyTorch 中的 Tensor，可以说就是可使用 GPU 的 NumPy。

NumPy 的不足之处就是无法直接在 GPU 上运行，GPU 是现在机器学习、深度学习的重要资源，其计算性能是 CPU 的几十倍，甚至更多。所以在介绍 Python 基础之后，本书介绍了目前最流行的两种深度学习框架 PyTorch 和 Keras，这两种框架各有特点，易用、好用，且功能强大。

机器学习、深度学习是人工智能的核心内容，Python 是人工智能的首选语言。掌握这些关键技术，就相当于拿到了打开人工智能大门的钥匙。

为了广大人工智能初学者或爱好者能在较短时间内掌握 Python 及人工智能方面的技术，我们编写了本书。我们花了近一年的时间打磨，为便于大家更好地学习和掌握相关技术，在内容选择、安排和组织等方面采用了以下方法。

1. 内容选择：常用又重要的内容 + 实战

Python 涉及的内容非常多，本书只选择了其中与数据处理、机器学习相关的一些内容，没有涉及网络开发、爬虫等内容。这样有利于聚焦 Python 入门和人工智能。在介绍机器学习工具、深度学习框架时，选择了 PyTorch 和 Keras 这两个易学、好用的框架。其中 PyTorch 的很多内容可以看成是 Python 的延伸，这也是首先介绍此框架的重要原因。Keras 简单明了，非常适合初学者或有一定实践经验的读者使用。对 Python 及各种框架的理解和掌握离不开实战，所以本书介绍了很多实例，以及对实例的后续思考等内容。

2. 内容安排：简单实例开始，循序渐进

一个简单的实例胜过千言万语，所以本书的讲解都是从简单实例开始，然后逐步扩展。实例的说明也采用了类似的方法，如识别手写数字的任务，先使用 Python 实现，然后分别用 PyTorch、Keras 实现，这有利于读者更好地理解图像识别的原理和各种框架的特色。

3. 表达形式：让图说话，一张好图胜过千言万语

在 Python 开发、机器学习、深度学习中有很多抽象的概念、复杂的算法、深奥的理论，如 NumPy 的广播机制、梯度下降对学习率敏感、神经网络中的共享参数、误差反向传播等，这些概念如果只用文字来描述，可能很难解释清楚。但如果用一些图形来展示，再加上适当的文字说明，往往能取得非常好的效果。

除了以上谈到的 3 个方面，为了帮助大家更好地理解，并更快地掌握 Python、机器学习、深度学习这些人工智能的核心内容，本书还讲解了很多其他方法。我们希望通过这些方法或方式，能带给读者不一样的理解和体验，使读者感到类和对象不抽象，机器学习容易学习，难学的深度学习也非常好学。

本书特色

本书的特色概括来说就是：把理论原理与代码实现相结合；找准切入点，把复杂问题简单化；图文并茂，使抽象问题直观化；实例说明，使抽象问题具体化。希望通过阅读本书，读者能拥有新的视角、新的理解，甚至更好的未来。

读者对象

- 对 Python 感兴趣的广大在校学生、在职人员。
- 对人工智能感兴趣的广大在校学生、在职人员。
- 对 PyTorch、Keras 等感兴趣，并希望进一步提升的在校学生、在职人员。

如何阅读本书

本书分为两部分，共 20 章，第一部分为 Python 基础，第二部分为人工智能基础。

第一部分（第 1~11 章）为 Python 基础部分，这也是本书的基础，可以为后续章节的学习打下坚实的基础。第 1 章介绍了 Python 的安装与配置；第 2 章介绍了变量与数据类型；第 3、4、5 章介绍了序列、字典、集合等数据结构及 if、for 循环等内容；第 6、7 章是第一部分的重点，分别介绍了函数、类和对象等概念；第 8 章涉及文件与异常处理；第 9、10 章分别介绍了科学计算的神器 NumPy、善于数据处理

的 Pandas；第 11 章介绍了如何实现数据可视化。

第二部分（第 12~20 章）为人工智能基础部分，这是本书的核心部分，包括机器学习常用算法、机器学习一般流程、神经网络和两种深度学习框架等内容。第 12 章为机器学习基础，也是深度学习基础，其中包含很多机器学习经典理论、算法和方法等内容；第 13 章介绍了神经网络；第 14 章介绍了 PyTorch 及用 PyTorch 实现神经网络；第 15 章介绍了卷积神经网络；第 16 章介绍了提升模型性能的几种方法；第 17 章为 Keras 入门；第 18、19、20 章分别用 Keras 实现图像识别、迁移学习、风格迁移等内容。

勘误和支持

由于笔者水平有限，加之编写时间仓促，书中难免出现错误或不准确的地方，恳请读者批评指正。读者可以通过访问 http://www.feiguyunai.com 下载代码和数据，也可扫描下方二维码，关注"博雅读书社"微信公众号，找到"资源下载"栏目，根据提示获取源代码。

可通过以下渠道给我们反馈，非常感谢您的支持和帮助。
QQ：1715408972
邮箱：wumg3000@163.com

致谢

在本书编写过程中，得到了很多同事、朋友、老师和同学的支持！感谢博世王冬的大力支持；感谢上海交大慧谷的程国旗老师，上海大学的白延琴老师、李常品老师，上海师范大学的田红炯老师、李昭祥老师，赣南师范大学的许景飞老师等的支持和帮助！

感谢北京大学出版社魏雪萍老师给予本书的大力支持和帮助。

最后，感谢我的爱人赵成娟，在繁忙的教学工作之余帮助审稿，提出不少改进意见和建议。

吴茂贵

目　录

Contents

第 1 章　Python 安装配置 **001**

1.1　问题：Python 能带来哪些优势? 002

1.2　安装 Python 002

1.3　配置开发环境 004

1.4　试运行 Python 007

1.5　后续思考 012

1.6　小结 012

第 2 章　变量和数据类型 **013**

2.1　问题：Python 是如何定义变量的? 014

2.2　变量 014

2.3　字符串 016

2.4　数字与运算符 019

2.5　数据类型转换 021

2.6　注释 023

2.7　后续思考 023

2.8　小结 023

第 3 章　列表和元组 **025**

3.1　问题：如何存取更多数据? 026

3.2　列表概述 026

3.3　访问列表元素的方法 026

3.4　对列表进行增、删、改 029

3.5　统计分析列表 031

3.6　组织列表 ⋯⋯⋯⋯⋯⋯⋯⋯⋯⋯⋯⋯⋯⋯⋯⋯⋯⋯⋯⋯⋯⋯⋯⋯⋯032

3.7　生成列表 ⋯⋯⋯⋯⋯⋯⋯⋯⋯⋯⋯⋯⋯⋯⋯⋯⋯⋯⋯⋯⋯⋯⋯⋯⋯033

3.8　元组 ⋯⋯⋯⋯⋯⋯⋯⋯⋯⋯⋯⋯⋯⋯⋯⋯⋯⋯⋯⋯⋯⋯⋯⋯⋯⋯⋯035

3.9　后续思考 ⋯⋯⋯⋯⋯⋯⋯⋯⋯⋯⋯⋯⋯⋯⋯⋯⋯⋯⋯⋯⋯⋯⋯⋯⋯037

3.10　小结 ⋯⋯⋯⋯⋯⋯⋯⋯⋯⋯⋯⋯⋯⋯⋯⋯⋯⋯⋯⋯⋯⋯⋯⋯⋯⋯037

第 4 章　if 语句与循环语句 ⋯⋯⋯⋯⋯⋯⋯⋯⋯⋯⋯⋯⋯ 038

4.1　问题：Python 中的控制语句有何特点？ ⋯⋯⋯⋯⋯⋯⋯⋯⋯⋯039

4.2　if 语句 ⋯⋯⋯⋯⋯⋯⋯⋯⋯⋯⋯⋯⋯⋯⋯⋯⋯⋯⋯⋯⋯⋯⋯⋯⋯039

4.3　循环语句 ⋯⋯⋯⋯⋯⋯⋯⋯⋯⋯⋯⋯⋯⋯⋯⋯⋯⋯⋯⋯⋯⋯⋯⋯042

4.4　后续思考 ⋯⋯⋯⋯⋯⋯⋯⋯⋯⋯⋯⋯⋯⋯⋯⋯⋯⋯⋯⋯⋯⋯⋯⋯046

4.5　小结 ⋯⋯⋯⋯⋯⋯⋯⋯⋯⋯⋯⋯⋯⋯⋯⋯⋯⋯⋯⋯⋯⋯⋯⋯⋯⋯046

第 5 章　字典和集合 ⋯⋯⋯⋯⋯⋯⋯⋯⋯⋯⋯⋯⋯⋯⋯⋯⋯⋯ 047

5.1　问题：当索引不好用时怎么办？ ⋯⋯⋯⋯⋯⋯⋯⋯⋯⋯⋯⋯⋯048

5.2　一个简单的字典实例 ⋯⋯⋯⋯⋯⋯⋯⋯⋯⋯⋯⋯⋯⋯⋯⋯⋯⋯⋯048

5.3　创建和维护字典 ⋯⋯⋯⋯⋯⋯⋯⋯⋯⋯⋯⋯⋯⋯⋯⋯⋯⋯⋯⋯⋯048

5.4　遍历字典 ⋯⋯⋯⋯⋯⋯⋯⋯⋯⋯⋯⋯⋯⋯⋯⋯⋯⋯⋯⋯⋯⋯⋯⋯050

5.5　集合 ⋯⋯⋯⋯⋯⋯⋯⋯⋯⋯⋯⋯⋯⋯⋯⋯⋯⋯⋯⋯⋯⋯⋯⋯⋯⋯051

5.6　列表、元组、字典和集合的异同 ⋯⋯⋯⋯⋯⋯⋯⋯⋯⋯⋯⋯⋯053

5.7　迭代器和生成器 ⋯⋯⋯⋯⋯⋯⋯⋯⋯⋯⋯⋯⋯⋯⋯⋯⋯⋯⋯⋯⋯053

5.8　后续思考 ⋯⋯⋯⋯⋯⋯⋯⋯⋯⋯⋯⋯⋯⋯⋯⋯⋯⋯⋯⋯⋯⋯⋯⋯055

5.9　小结 ⋯⋯⋯⋯⋯⋯⋯⋯⋯⋯⋯⋯⋯⋯⋯⋯⋯⋯⋯⋯⋯⋯⋯⋯⋯⋯055

第 6 章　函数 ⋯⋯⋯⋯⋯⋯⋯⋯⋯⋯⋯⋯⋯⋯⋯⋯⋯⋯⋯⋯⋯ 057

6.1　问题：如何实现代码共享？ ⋯⋯⋯⋯⋯⋯⋯⋯⋯⋯⋯⋯⋯⋯⋯⋯058

6.2　创建和调用函数 ⋯⋯⋯⋯⋯⋯⋯⋯⋯⋯⋯⋯⋯⋯⋯⋯⋯⋯⋯⋯⋯058

6.3　传递参数 ⋯⋯⋯⋯⋯⋯⋯⋯⋯⋯⋯⋯⋯⋯⋯⋯⋯⋯⋯⋯⋯⋯⋯⋯060

6.4　返回值 ⋯⋯⋯⋯⋯⋯⋯⋯⋯⋯⋯⋯⋯⋯⋯⋯⋯⋯⋯⋯⋯⋯⋯⋯⋯062

6.5　传递任意数量的参数 ⋯⋯⋯⋯⋯⋯⋯⋯⋯⋯⋯⋯⋯⋯⋯⋯⋯⋯⋯063

6.6　lambda 函数 ⋯⋯⋯⋯⋯⋯⋯⋯⋯⋯⋯⋯⋯⋯⋯⋯⋯⋯⋯⋯⋯⋯⋯065

6.7　生成器函数 ⋯⋯⋯⋯⋯⋯⋯⋯⋯⋯⋯⋯⋯⋯⋯⋯⋯⋯⋯⋯⋯⋯⋯066

6.8　把函数放在模块中 ⋯⋯⋯⋯⋯⋯⋯⋯⋯⋯⋯⋯⋯⋯⋯⋯⋯⋯⋯⋯066

6.9　后续思考 ⋯⋯⋯⋯⋯⋯⋯⋯⋯⋯⋯⋯⋯⋯⋯⋯⋯⋯⋯⋯⋯⋯⋯⋯070

6.10　小结 ⋯⋯⋯⋯⋯⋯⋯⋯⋯⋯⋯⋯⋯⋯⋯⋯⋯⋯⋯⋯⋯⋯⋯⋯⋯070

第 7 章　面向对象编程 071

7.1　问题：如何实现不重复造轮子？ 072

7.2　类与实例 072

7.3　继承 076

7.4　把类放在模块中 077

7.5　标准库 078

7.6　包 083

7.7　实例 1：使用类和包 084

7.8　实例 2：银行 ATM 机系统 086

7.9　后续思考 089

7.10　小结 089

第 8 章　文件与异常 090

8.1　问题：Python 如何获取文件数据？ 091

8.2　基本的文件操作 093

8.3　目录操作 098

8.4　异常处理 100

8.5　后续思考 105

8.6　小结 105

第 9 章　NumPy 基础 106

9.1　问题：为什么说 NumPy 是打开人工智能的一把钥匙？ 107

9.2　生成 NumPy 数组 107

9.3　获取元素 112

9.4　NumPy 的算术运算 114

9.5　数组变形 116

9.6　通用函数 122

9.7　广播机制 124

9.8　后续思考 125

9.9　小结 125

第 10 章　Pandas 基础 126

10.1　问题：Pandas 有哪些优势？ 127

10.2　Pandas 数据结构 127

10.3　Series 128

10.4　DataFrame 129

10.5　后续思考 141

10.6　小结 142

第 11 章　数据可视化 143

11.1　问题：为何选择 Matplotlib？ 144

11.2　可视化工具 Matplotlib 144

11.3　绘制多个子图 149

11.4　Seaborn 简介 151

11.5　图像处理与显示 153

11.6　Pyecharts 简介 154

11.7　实例：词云图 156

11.8　后续思考 158

11.9　小结 158

第 12 章　机器学习基础 159

12.1　问题：机器学习如何学习？ 160

12.2　机器学习常用算法 160

12.3　机器学习的一般流程 163

12.4　机器学习常用技巧 167

12.5　实例 1：机器学习是如何学习的？ 169

12.6　实例 2：用 Scikit-Learn 实现电信客户流失预测 172

12.7　后续思考 181

12.8　小结 181

第 13 章　神经网络 182

13.1　问题：神经网络能代替传统机器学习吗？ 183

13.2　单层神经网络 183

13.3　多层神经网络 187

13.4　输出层 188

13.5　损失函数 191

13.6　正向传播 193

13.7　误差反向传播 194

13.8　实例：用 Python 实现手写数字的识别 198

13.9　后续思考 206

13.10　小结 206

第14章　用 PyTorch 实现神经网络 207

14.1　为何选择 PyTorch？ 208
14.2　安装配置 208
14.3　Tensor 简介 212
14.4　autograd 机制 214
14.5　构建神经网络的常用工具 217
14.6　数据处理工具 219
14.7　实例 1：用 PyTorch 实现手写数字识别 224
14.8　实例 2：用 PyTorch 解决回归问题 230
14.9　小结 232

第15章　卷积神经网络 233

15.1　问题：传统神经网络有哪些不足？ 234
15.2　卷积神经网络 234
15.3　实例：用 PyTorch 完成图像识别任务 239
15.4　后续思考 246
15.5　小结 246

第16章　提升模型性能的几种技巧 247

16.1　问题：为什么有些模型尝试了很多方法仍然效果不佳？ 248
16.2　找到合适的学习率 248
16.3　正则化 249
16.4　合理的初始化 252
16.5　选择合适的优化器 254
16.6　GPU 加速 256
16.7　后续思考 258
16.8　小结 258

第17章　Keras 入门 259

17.1　问题：为何选择 Keras 架构？ 260
17.2　Keras 简介 262
17.3　Keras 常用概念 263
17.4　Keras 常用层 265
17.5　神经网络核心组件 267
17.6　Keras 的开发流程 270

17.7　实例：Keras 程序的开发流程 271

17.8　后续思考 273

17.9　小结 273

第 18 章　用 Keras 实现图像识别 274

18.1　实例 1：用自定义模型识别手写数字 275

18.2　实例 2：用预训练模型识别图像 283

18.3　后续思考 287

18.4　小结 287

第 19 章　用 Keras 实现迁移学习 288

19.1　问题：如何发挥小数据的潜力? 289

19.2　迁移学习简介 289

19.3　迁移学习常用方法 290

19.4　实例：用 Keras 实现迁移学习 292

19.5　后续思考 301

19.6　小结 301

第 20 章　用 Keras 实现风格迁移 302

20.1　问题：如何捕捉图像风格? 303

20.2　通道与风格 304

20.3　内容损失与风格损失 306

20.4　格拉姆矩阵简介 308

20.5　实例：用 Kreras 实现风格迁移 310

20.6　后续思考 320

20.7　小结 320

第1章
Python安装配置

　　Python的安装配置比较简单，可以跨平台安装在Linux、macOS或Windows上。Python有多种安装版本，本书建议使用Anaconda版本进行安装，它就像Windows中的安装管理器一样，可以自动安装依赖包。如果需要更新模块或包，使用conda update模块名称即可。开发环境有自带的开发环境、第三方的PyCharm、基于web的交互环境Jupyter Notebook等，本书建议使用Jupyter Notebook。

　　本章具体包括以下内容。

- ■ Python能带来哪些优势
- ■ 安装Python
- ■ 配置开发环境
- ■ 试运行Python

1.1　问题：Python能带来哪些优势？

在回答这个问题之前，先看看未来的发展大势是什么？答案是大数据和人工智能。而 Python 作为人工智能的首选语言，与时俱进就是它的最大优势。开发语言有很多，比 Python 发展历史长的也有很多，为何 Python 能在大数据、人工智能方面独占鳌头？我们认为主要有以下原因。

（1）简单易学。Python 是一种解释性动态语言，易于学习，可读性强，使用简单，调试方便。

（2）简单高效。Python 对数据的处理有着得天独厚的优势，尤其是 NumPy 模块，在数据处理方面简单高效，是 Python 数据处理和分析的基石与灵魂。

（3）生态完备。Python 的生态非常完备，目前已广泛应用于人工智能、云计算开发、大数据开发、数据分析、科学运算、网站开发、爬虫、自动化运维、自动化测试、游戏开发等领域，而且在成千上万的无私奉献者的努力下，其应用领域还在不断扩展。

1.2　安装Python

可以使用 Python 的平台包括 Linux、macOS 以及 Windows，用其编写的代码在不同平台上运行时，几乎不需要做较大的改动，非常方便。Python 的安装方法有很多，在各平台上的安装和配置也很简单，本书建议使用 Anaconda 这个发行版。该发行版包括 Conda、 NumPy、 Scipy、Jupyter Notebook、Matplotlib 等超过 180 个科学包及其依赖项，大小约 600MB。

1.2.1　在Linux系统中安装Python

在 Linux 环境下安装 Python，具体步骤如下。

（1）下载 Python。建议采用 Anaconda 方式安装 Python，如图 1-1 所示，先从 Anaconda 的官网下载 Anaconda 3 的最新版本。本书建议下载 3 系列，因为 3 系列代表未来的发展方向。另外，下载时需根据本地环境选择操作系统等选项。

图1-1　下载 Anaconda 界面

（2）在命令行执行如下命令，开始安装 Python。把下载的这个 sh 文件放在某个目录下（如用户当前目录），然后执行如下命令。

```
Anaconda3-2019.03-Linux-x86_64.sh
```

（3）根据安装提示按回车键即可。其间会提示选择安装路径，如果没有特殊要求，可以按回车键使用默认路径（~/ anaconda3），然后就开始安装了。

（4）安装完成后，程序提示是否把 Anaconda 3 的 binary 路径加入当前用户的 .bashrc 配置文件中，建议添加。添加后就可以在任意目录下执行 Python、IPython 命令。

（5）验证安装。

安装完成后，运行 Python 命令，检查是否安装成功。如果不报错，则说明安装成功。退出 Python 编译环境，执行 exit() 即可。

（6）安装第三方包。

```
conda install  第三方包名称#如 conda install tensorflow
#或者采用pip安装
pip install  第三方包名称#如 pip install tensorflow
```

（7）卸载第三方包。

```
conda remove  第三方包名称#如 conda remove tensorflow
#或者采用pip安装
pip uninstall  第三方包名称#如 pip uninstall tensorflow
```

（8）查看已安装包。

```
conda list
```

1.2.2   在Windows系统中安装Python

在 Windows 环境下安装 Python 与在 Linux 环境下类似，不同之处如下。

（1）在 Anaconda 官网下载时选择 Windows 操作系统。

（2）下载的文件不是 sh 文件，而是一个 exe 文件，如 Anaconda3-2019.03-Windows-x86_64.exe。

（3）安装时双击上面这个 exe 文件，后续步骤与在 Linux 环境安装类似。

1.2.3   在macOS系统中安装Python

在 macOS 环境下安装 Python 与在 Linux 环境下类似，不同之处如下。

（1）在 Anaconda 官网下载时选择 macOS 操作系统。

（2）下载的文件不是 sh 文件，而是一个 pkg 文件，如 Anaconda3-2019.03-MacOSX-x86_64.pkg。

（3）安装时双击上面这个 pkg 文件，后续步骤与在 Linux 环境安装类似。

1.3　配置开发环境

Python 开发环境的配置比较简单，可以在 Windows、Linux、macOS 等环境下进行配置。

1.3.1　自带开发环境IDLE

安装 Python 后，将自动安装 IDLE，这是 Python 软件包自带的一个集成开发环境。IDLE 是一个 Python shell，是入门级的开发环境，程序员可以利用它创建、运行、调试 Python 程序。运行 Python 程序有两种方式，即交互式和文件式。交互式是指 Python 解释器即时响应用户输入的每条代码，立即给出结果。文件式是指用户将 Python 程序写在一个或多个文件中，然后启动 Python 解释器批量执行文件中的代码。交互式一般用于调试少量代码，文件式则是最常用的编程方式。在 Windows 中使用 IDLE 的步骤如下。

（1）找到 idle.bat 文件，双击，进入交互式编辑界面，如图 1-2 所示。

图1-2　IDLE界面

（2）运行 Python 语句，如图 1-3 所示。

```
Python 3.6.2 |Continuum Analytics, Inc.| (default, Jul 20 2017, 12:30
.1900 64 bit (AMD64)] on win32
Type "copyright", "credits" or "license()" for more information.
>>> a=100
>>> print(a)
100
>>>
```

图1-3　交互式运行Python语句

（3）打开 IDLE，按 Ctrl+N 组合键打开一个新窗口，或在菜单中选择"File"→"New File"选项。这个新窗口不是交互模式，它是一个具备 Python 语法高亮辅助的编辑器，可以进行代码编辑。在其中输入 Python 代码，例如，输入"Hello World"并保存为 hello.py 文件，如图 1-4 所示。

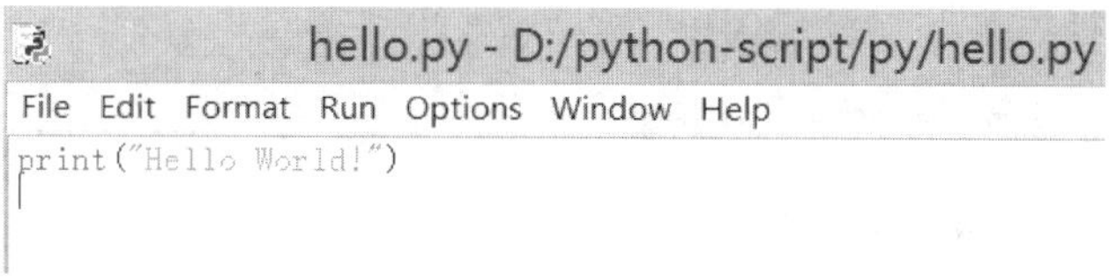

图1-4　编写一个简单Python代码

（4）运行脚本。按快捷键 F5，或在菜单中选择"Run->RunModule"选项运行该文件，IDLE 交互界面会输出图 1-5 所示的结果。

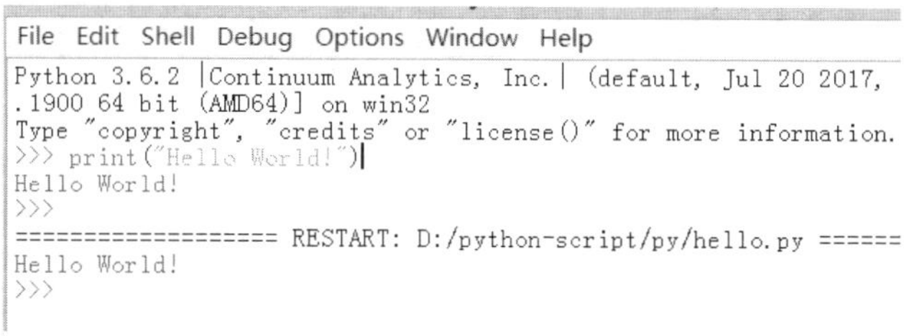

图1-5　运行结果

1.3.2 安装配置PyCharm

PyCharm 是一种 Python IDE，带有一整套可以帮助用户在使用 Python 语言开发时提高其效率的工具。PyCharm 在用户输入代码时会有纠错、提示等功能，使用起来非常方便，比较适合开发 Python 项目。

1.3.3 在Linux系统中配置Jupyter Notebook

Jupyter Notebook 是基于 web 的交互环境，可以执行、修改命令，添加注释，执行 py 文件等。目前 Kaggle 国际竞赛一般都采用 Jupyter 格式提交代码或文档。

Jupyter Notebook 是目前 Python 比较流行的开发、调试环境，此前被称为 IPython Notebook，以网页的形式打开，可以在网页页面中直接编写和运行代码，代码的运行结果（包括图形）也会直接显示。Jupyter Notebook 有以下特点。

（1）编程时具有语法高亮、缩进、Tab 补全等功能。

（2）可直接通过浏览器运行代码，同时在代码块下方展示运行结果。

（3）以富媒体格式展示计算结果。富媒体格式包括 HTML、LaTeX、PNG、SVG 等。

（4）为代码编写说明文档或语句时，支持 Markdown 语法。

（5）支持使用 LaTeX 编写数学性说明。

Jupyter Notebook 非常好用，配置也简单，主要步骤如下。

（1）生成配置文件。

```
jupyter notebook --generate-config
```

将在当前用户目录下生成如下文件。

```
.jupyter/jupyter_notebook_config.py
```

（2）生成当前用户登录 jupyter 密码。打开 IPython，创建一个密文密码如下。

```
In [1]: from notebook.auth import passwd
In [2]: passwd()
Enter password:
Verify password:
```

（3）修改配置文件。

```
vim ~/.jupyter/jupyter_notebook_config.py
```

进行如下修改。

```
c.NotebookApp.ip='*' # 就是设置所有ip皆可访问
c.NotebookApp.password = u'sha:ce...刚才创建的那个密文'
c.NotebookApp.open_browser = False # 禁止自动打开浏览器
c.NotebookApp.port =8888 #这是缺省端口，也可指定其他端口
```

（4）启动 Jupyter Notebook。

```
#后台启动jupyter: 不记日志:
nohup jupyter notebook >/dev/null 2>&1 &
```

在浏览器中输入 IP:port，即可看到图 1-6 所示的界面。

图1-6　登录Jupyter的界面

接下来就可以在浏览器中进行开发和调试 Pytorch、Python 等任务了。

1.3.4　在Windows系统中配置Jupyter Notebook

（1）生成配置文件。在 cmd 或 Anaconda Prompt 下运行以下命令。

```
jupyter notebook --generate-config
```

将在当前用户目录下生成如下文件。

```
.jupyter/jupyter_notebook_config.py
```

（2）打开 jupyter_notebook_config.py 文件，找到含有 #c.NotebookApp.notebook_dir=' ' 的行，对该行进行如下修改。

```
c.NotebookApp.notebook_dir ='D:\python-script\py'
```

这里假设希望在 'D:\python-script\py' 目录下启动 Jupyter Notebook，并在这个目录下自动生成 ipyb 文件。当然，这个目录可以根据实际环境进行修改。右击进入属性页面，如图 1-7 所示。

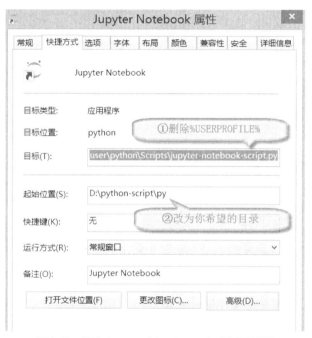

图1-7　修改Jupyter Notebook启动目录界面

（3）启动 Jupyter Notebook 之后，自动弹出一个网页（网址为 :localhost:8888），单击其中的 "new" 下拉菜单，选择 "Pyhton 3" 选项，就可以编写、运行代码了。

1.4 试运行Python

以下以在 Linux 环境下试运行 Python 为例， 与在 Windows 环境下的运行步骤基本相同（除把 Linux 中的 shell 命令换成 Windows 中的 dos 命令外）。

（1）按 Shift+Enter 组合键，执行 cell 中的代码。以下为代码示例。

```
a="python"
```

```
b=10.2829
print("开发语言为:{0:s},b显示小数点后两位的结果:{1:.2f}".format(a,b))
```

运行结果如下。

```
开发语言:python
```

（2）在 Jupyter Notebook 中也可执行 shell 命令。

```
#查看当前目录
!pwd
#查看当前目录下的一个文件的前8行
#查看文件内容
! head -10 test1028.py
```

运行结果如下。

```
#定义一个函数
'''这是一个测试脚本'''
def fun01():
    name="北京欢迎您!"
    print(name)

#运行函数
if __name__=='__main__':
    fun01()
```

（3）导入该脚本（或模块），并查看该模块的功能简介，如图1-8所示。

图1-8　运行Python命令

（4）运行 Python 脚本，如图 1-9 所示。

```
In  [12]:  #执行当前目录下的一个python脚本
           %run test1028.py

           北京欢迎您!
```

图1-9 运行Python脚本

【说明】

① 为了使该脚本有更好的移植性, 可在第一行加上 #!/usr/bin/python。

② 运行 .py 文件时, Python 自动创建相应的 .pyc 文件。.pyc 文件包含目标代码(编译后的代码), 它是一种 Python 专用的语言, 以计算机能够高效运行的方式表示 Python 源代码。但这种代码无法阅读, 故可以不管这个文件。

(5) 添加注释或说明文档, 如图 1-10 所示。

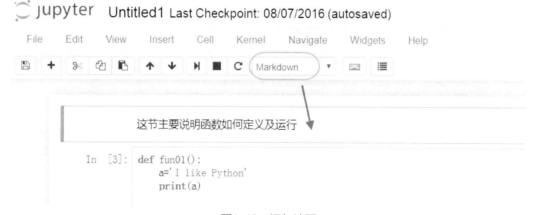

图1-10 添加注释

(6) 修改文件名称。Jupyter 的文件自动保存, 名称也是自动生成的。对自动生成的文件名称也可重命名。重命名时先单击目前的文件名称, 如图 1-11 所示。

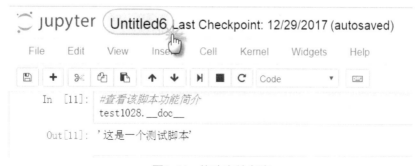

图1-11 修改文件名称

然后重命名, 并单击 "Rename" 按钮, 如图 1-12 所示。

图1-12　单击"Rename"按钮

（7）画图。以下是在 Jupyter 画一条抛物线并显示图形的代码，需要加上 %Matplotlib inline 语句，具体代码如下。

```
import Matplotlib.pyplot as plt
%Matplotlib inline

#生成x的值
x=np.array([-3,-2,-1,0,1,2,3])
#得到y的值
y=x**2+1
##绘制一个图，长为6，宽为4（默认值是每个单位80像素）
plt.figure(figsize=(6,4))
###可视化x，y数据
plt.plot(x,y)
plt.show()
```

运行结果如图 1-13 所示。

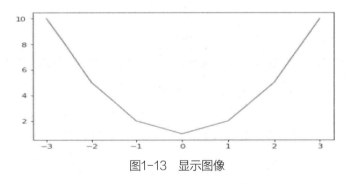

图1-13　显示图像

（8）查看帮助信息。在 Jupyter 中查看函数、模块的帮助信息也很方便。在函数或模块后加点（.），然后按 Tab 键，可查看所有的函数。在函数或模块后加问号（？），然后按回车键，可查看对应命令的帮助信息。

```
import numpy as np
a1=np.array([1,2,6,4,1])
```

查看 a1 数组中可以使用的函数，如图 1-14 所示。

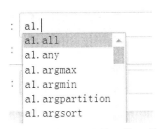

图1-14　查看可以使用的函数

要查看 argmax 函数的具体使用方法，只要在函数后加上一个问号（?），然后运行，就会弹出一个显示帮助信息的界面，如图 1-15 所示。

图1-15　显示帮助信息

（9）在备注中添加公式，如图 1-16 所示。

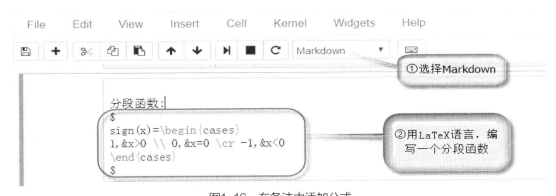

图1-16　在备注中添加公式

先选择 Markdown 选项，编辑公式，然后执行该 cell，就可看到图 1-17 所示的结果。

$$\text{分段函数: } \operatorname{sign}(x) = \begin{cases} 1, & x > 0 \\ 0, & x = 0 \\ -1, & x < 0 \end{cases}$$

图1-17　在备注中显示公式

1.5　后续思考

（1）尝试编写一个 py 脚本，输出你的姓名，分别在命令行和 Jupyter Notebook 上运行。

（2）尝试在 Jupyter Notebook 中查看 print 命令的使用方法。

1.6　小结

　　本章主要介绍了安装 Python 的几种方法，建议使用 Anaconda 版本安装。安装完成后，进行开发环境的配置，可以使用 Python 自带的 IDLE，也可使用第三方提供的 PyCharm。这里建议使用 Jupyter Notebook 作为开发环境。Jupyter Notebook 环境是基于 web 的交互环境，非常好用，功能也很强大。

第2章
变量和数据类型

数据有很多种，常见的有整数、小数、字符、字符串等，如果要使用这些数据，就需要把这些数据赋给变量，再引用变量。本章主要介绍简单数据，后续章节将介绍大数据的存储和使用方法。本章主要内容如下。

■ 如何定义变量

■ 如何把数据存储到变量中

■ 如何使用这些变量

2.1　问题：Python是如何定义变量的?

数据就是信息、知识和能量，如何存储、使用这些数据，是各种开发语言和架构中最基本、最常见的问题。

Python 最核心的理念是简单好用，少用一个单词就少一份风险。这一理念在 Python 中处处都有体现。要使用数据，首先需要把数据赋给变量，这一点在各种语言中都是相同的，不同的是如何定义变量。很多开发语言，如 Java、C、C++ 等，定义变量时一般需要变量类型、变量名等，而 Python 只要一个变量名。至于数据类型，Python 采用动态管理的方式，因势而变，非常灵活。以下是一些开发语言定义变量的区别。

1.Java定义变量

```
int   age=10;
float salary=3.13;
String name="Python";
```

2.Python定义变量

```
age=10
salary=3.13
name="Python"
```

Python 无须指明变量类型，也无须用分号结束。

以上是 Python 理念在定义变量上的一个体现，后续还将介绍 Python 在逻辑结构方面的独特语法。

2.2　变量

变量是 Python 最重要的概念之一，变量可以保存任何数，变量的值也可以修改。

2.2.1　给变量赋值

Python 中的变量不需要声明其类型，直接使用等号（=）即可。等号是赋值运算符，例如以下代码。

```
#给变量a赋值
a=10
#打印变量a的值
print(a)    #结果为10
#给变量b赋值
```

```
b="python"
#修改变量a的值
a=10.2
#给变量a乘以一个数
a*100
#打印变量a，b的值
print(a)      #结果为10.2
print(b)      #结果为python
```

2.2.2 变量的命名规则

变量命名必须遵循以下 3 条规则。

（1）变量名只能包含字母、数字和下画线（_），不能使用空格，不能以数字开头。

（2）变量名区分大小写，a 和 A 是两个变量。

（3）不能以 Python 的关键字（如 if、while、for、and 等）、内置函数（如 abs、int、len 等）做变量名，如果用这些做变量名将导致错误，如以下代码。

```
if=10    #将报错SyntaxError: invalid syntax
```

表 2-1 所示为合法和不合法的变量名。

表2-1　合法和不合法的变量名

合法变量名	不合法变量名
a1	1a
student_name	student name
If	if
tax	tax!
ab	"ab"

2.2.3 多重赋值

其他语言一般情况下只给一个变量赋值，Python 可以一次给多个变量赋值。

```
x,y,z=10,"python_numpy",100.0
#打印这3个变量
print(x,y,z)    #打印结果 10 python_numpy 100.0

#一次显示多个值，其结果以元组的形式显示
x,y,z    #结果为(10, 'python_numpy', 100.0)
```

2.3　字符串

字符串是一系列字符，字符包括字母、数字、标点符号及其他可打印或不可打印的字符。

2.3.1　字符串的多种表示方式

可以使用 3 种方式来表示字符串，即单引号、双引号、三引号（切记，这些引号都是英文格式的，如果用中文格式将报错）。单引号与双引号作用相似。不过，有些情况用单引号就不合适，用双引号比较好；有些用双引号不好表示或表示起来比较麻烦，用三引号却十分方便。

1.单引号

如 'ok!'，'I like Python'，'house'。当字符串中有 ' 时，如 let's go 等，如果把这句话用单引号表示，即 'let's go'，将报错。这时就需要使用双引号表示。

2.双引号

let's go 用双引号表示就没问题，即 "let's go"。当然，一般用单引号表示的字符串，也可用双引号表示，如 "ok!"，"house" 等。

如果希望表示 Windows 下的路径，该怎么办呢？比如表示路径 C:\Users\lenovo\logs，我们首先想到的可能是 " C:\Users\lenovo\logs"，那么这个表示是否正确呢？运行以下语句。

```
path="C:\Users\lenovo\logs"
```

结果会报一个 SyntaxError 错误，错误的原因就是这个字符串中含有一个特殊字符 "\"。

当遇到一些特殊字符（如 \,'）时，Python 与 C、Java 一样，在这些特殊字符前加反斜杠（\）即可，紧跟 "\" 的这个字符就成了一般字符。把字符串 " C:\Users\lenovo\logs" 改为 "C:\\Users\\lenovo\\logs" 后，第 2 个 "\" 就变成一般字符了。

```
path="C:\\Users\\lenovo\\logs"
print(path)    #打印结果为C:\Users\lenovo\logs
```

3.三引号

三引号（''' a''' 或 """a"""）除具有一般双引号、单引号的功能外，还有一些特殊用法，如表示多行。

```
lines='''I like Python,
        I also like Pytorch! '''
```

此外，三引号还经常用于对一些函数、类的功能注释，以及函数或类等的帮助信息上。Python 的每个对象都有一个 __doc__ 属性，这个属性的内容就用于描述该对象的作用，这些描述都放在三引号内，如以下代码。

```
#定义一个函数
def fun01():
```

```
    '''这是一个测试三引号的函数'''
    a="Python是人工智能的首选语言！"
    print(a)

#查看对象fun01的__doc__属性或功能说明
print(fun01.__doc__)    #打印结果为:这是一个测试三引号的函数
```

2.3.2　字符串的长度

统计一个字符串的长度或元素个数是经常需要做的工作，如何计算字符串的长度呢？答案很简单，只要用 Python 的内置函数 len 即可（可以使用 dir(__builtins__) 命令来查看 Python 的内置函数清单），如以下代码。

```
a="I like Python"
print(len(a))    #结果为13，其中有两个空格
b="Python是人工智能的首选语言！"
print(len(b))    #结果为17，表示元素个数，一个汉字或一个字符都是元素
print(len(""))   #结果为0，表示空字符
```

2.3.3　拼接字符串

可以使用加号（+）来拼接或合并字符串，比如以下代码。

```
#拼接两个字符串，中间用空格隔开
"hellow"+" "+"world!" #结果为 'hellow world!'
#对同一字符拼接多次
3*"ok"   #结果为: 'okokok'
#拼接后的字符串作为另一个字符串
len('Python'+"3.7") #结果为9
```

2.3.4　字符串常见操作

对字符串有一些常见操作，如删除空白、转换字符串大小写等，具体用法如下。

1.删除空格

删除字符串首尾的多余空格，可以使用 rstrip()、lstrip()、strip() 等函数。

```
str1="  I like Python  "
#删除末尾空格
str1.rstrip()   #结果为: '  I like Python'
#删除开头空格
str1.lstrip()   #结果为: 'I like Python  '
#删除首尾空格
str1.strip()    #结果为: 'I like Python'
```

2.修改大小写

转换字符串中字母的大小写，可以使用 lower()、upper()、title() 等函数。

```
#把删除首尾空格后的字符串赋给另一个变量
str2=str1.strip()
#把字符串改为小写
print(str2.lower())    #结果: 'i like python'
#把字符串改为大写
print(str2.upper())    #结果: 'I LIKE PYTHON'
#把每个单词的首字母改为大写
print(str2.title())   #结果: 'I Like Python'
```

3.分割单词

可以把字符串按指定字符分割，缺省是按空格分割。

```
#以空格分割字符串
str2.split()    #运行结果: ['I', 'like', 'Python']
#以竖线分割字符串
str3="python|java|keras|pytorch|tensorflow"
str3.split('|') #运行结果: ['python', 'java', 'keras', 'pytorch',
'tensorflow']
```

2.3.5 打印字符串

Python 3 使用 print() 函数把数据打印在屏幕上，打印内容必须放在括号内。如果是 Python 2 版本的，打印内容无须放在括号内。print 可以打印任何数据，并且可以按指定格式打印。

1.print函数的格式

```
print(value, ..., sep=' ', end='\n', file=sys.stdout, flush=False)
```

其中参数的具体解释如下。

（1）value: 打印的值，可以是多个。

（2）file: 输出流，默认是 sys.stdout。

（3）sep: 多个值之间的分隔符。

（4）end: 结束符，默认是换行符 \n。

（5）flush: 是否强制刷新到输出流，默认为否。

2.打印字符串

```
#打印字符串
print("Python")
print("Pytorch")
```

打印结果如下。

```
Python
```

```
Pytorch
```

3.不换行打印

默认情况下，print 打印完内容后会添加一个换行符 \n，即打印后光标移到下一行。如果要把内容打印在同一行，可以加上参数 end=','，说明把结束符改为逗号，例如以下代码。

```
#在同一行打印字符串
print("Python",end=',')
print("Pytorch")
```

打印结果如下。

```
Python,Pytorch
```

2.4 数字与运算符

Python 3 的数字类型包括整型、浮点型、布尔型等，声明变量时无须说明数字类型。由 Python 内置的基本数据类型管理变量，在程序的后台负责数值与类型的关联，以及类型的转换等操作。

运算符是对数字的操作，包括算术运算符、关系运算符和逻辑运算符等，下面讲解具体运算符及实例。

2.4.1 算术运算符

表 2-2 所示为算术运算符。

表2-2　算术运算符

运算符	描述	实例
+	加法运算	20 + 30 输出结果 50
−	减法运算	20 − 30 输出结果 −10
*	乘法运算	20 * 30 输出结果 600
/	除法运算	30 / 20 输出结果 1.5
%	求模运算	30 % 20 输出结果 1
**	求幂运算	20**3 为20的3次方，输出结果 8000
//	返回商的整数部分（向下取整）	9//2 得4；−9//2得−5

2.4.2 关系运算符

表 2-3 所示为关系运算符。

表2-3 关系运算符

（注：假设a=2，b=3）

运算符	描述	实例
==	等于	(a == b) 返回 False
!=	不等于	(a != b) 返回 True
>	大于	(a > b) 返回 False
<	小于，所有比较运算符返回1表示True，返回0表示False	(a < b) 返回 True
>=	大于等于	(a >= b) 返回 False
<=	小于等于	(a <= b) 返回 True

2.4.3 逻辑运算符

表 2-4 所示为逻辑运算符。

表2-4 逻辑算法符

运算符	逻辑表达式	描述	实例
and	x and y	if x is False, then x, else y	(10 and 20)返回20
or	x or y	if x is False, then y, else x	(10 or 20) 返回 10
not	not x	if x is False, then True, else False	not(10 and 20) 返回 False

2.4.4 赋值运算符

表 2-5 所示为赋值运算符。

表2-5 赋值运算符

运算符	描述	实例
=	简单的赋值运算符	c = a + b 将 a + b 的运算结果赋值给c
+=	加法赋值运算符	c += a 等效于 c = c + a
-=	减法赋值运算符	c -= a 等效于 c = c - a
*=	乘法赋值运算符	c *= a 等效于 c = c * a

续表

运算符	描述	实例
/=	除法赋值运算符	c /= a 等效于 c = c / a
%=	取模赋值运算符	c %= a 等效于 c = c % a
**=	幂赋值运算符	c **= a 等效于 c = c ** a
//=	取整除赋值运算符	c //= a 等效于 c = c // a

2.5 数据类型转换

转换数据类型是经常遇到的问题，如 "python"+3 将报错。因为 3 是整数，不是字符串，故不能相加。若要相加，需要先把 3 转换为字符型。Python 提供了很多内置函数来实现类型转换，接下来将介绍这些内置函数。

2.5.1 把整数和浮点数转换为字符串

str(x) 函数将 x 转换为字符串，例如以下代码。

```
"Python "+str(3)         #结果: 'Python 3'
"TensorFlow "+str(2.1)   #结果: 'TensorFlow 2.1'
```

2.5.2 把整数转换为浮点数

把整数转换为浮点数可以使用 float(x) 函数，例如以下代码。

```
#显式转换
float(10)   #结果: 10.0
#隐式转换，Python自动先将10转换为10.0，然后再与0.1相加
10+0.1      #结果: 10.1
```

2.5.3 把浮点数转换为整数

把浮点数转换为整数，情况比较复杂，涉及如何对待小数部分。如果只是想简单地去掉小数部分，可以使用 int(x) 函数；如果需要向下取整或向上取整，就需要使用 round(x) 函数。另外，Python 的 math 模块也提供了很多函数，如 math.ceil(x)、math.trunc(x) 等，以下通过实例来说明。

（1）直接删除小数部分，可以使用 int(x) 函数。

```
int(4.52)    #结果: 4
int(-10.89)  #结果: -10
```

（2）使用 round(x) 函数，一般采用四舍五入的规则，但如果 x 的小数部分为 5，将取最接近 x 的偶数。

```
#使用四舍五入规则
round(7.7)   #结果: 8
round(7.4)   #结果: 7
#round（x）中x的小数部分为5时，取最接近x的偶数
round(6.5)   #结果: 6
round(-9.5)  #结果: -10
```

2.5.4　把字符串转换为数字

把字符串转换为数字比较简单，使用内置函数 int(x) 或 float(x) 即可，例如以下代码。

```
int('3')      #结果: 3
float("10.35")  #结果: 10.35
float("-9.8")   #结果: -9.8
```

2.5.5　使用input函数

input() 函数用于接收用户的输入，它的返回值是字符串，其格式如下。

```
input('提示符')
```

input() 函数的使用实例如下。

（1）输入一个字符串。

```
#输入一个字符串，显示该字符串的长度
a=input("输入一个字符串:")
#打印该字符串的长度
print(len(a))
#运行结果如下
输入一个字符串:python
6
```

（2）输入两个整数，并打印它们的和。

```
#输入两个整数，求它们的和
a1=input("输入第一个整数:")
a2=input("输入第二个整数:")
#因input函数的返回结果是字符串而不是数字，故需要把字符串转换为数字
i1=int(a1)
i2=int(a2)
#计算它们的和
print("输入两个数字的和:",i1+i2)
```

```
#以下是运行结果
输入第一个整数:200
输入第二个整数:-100
输入两个数字的和: 100
```

2.6 注释

注释用于说明代码的功能、使用的算法、注意事项等。代码越复杂，注释就越重要，否则将给后续的代码维护和分享带来极大的不便。

注释很简单，只要在需要说明的语句前加上 # 即可。Python 编译器遇到带 # 的行将忽略。

注释的文字可以是英文或中文等，要尽量做到言简意赅。以下为一段代码的注释。

```
###############################
#创建时间：2019年8月15日
#修改时间：2019年9月10日
#修改人：张云飞
#代码主要功能：******
###############################

#初始化参数
lr=0.001                #学习率参数
batch_size=64           #批量大小
n=100                   #迭代次数
```

2.7 后续思考

（1）打印字符串：let's go!。

（2）用 input 函数输入任意两个数字，打印它们的平方和。

（3）把（2）写成一个脚本，然后在命令行或 Jupyer 上执行这个脚本。

2.8 小结

本章主要介绍了变量的定义和使用方法，Python 是动态语言，其变量的定义无须指明类型。Python 会根据变量的实际情况动态修改其类型，这是 Python 的一大特点。常用的数据类型包括数字和字符串，数字类型中介绍了各种运算方法及各种数据类型的转换等。字符串有多种表示方法，如单引号、双引号、三引号等，这些方法对应不同的使用场景，其中三引号经常用于模块或函数的功能说明部分。

第3章
列表和元组

第2章介绍了变量及类型，单个数字可以存储到一个变量中，但如果有多个数字或字符串，要如何存储呢？本章将介绍的列表、元组就是为解决多数据存储问题而提出的。列表和元组中的各元素都有对应的索引，又称序列，可以通过索引来提取它们的元素。列表和元组是Python中最基本的数据结构之一，后续将介绍其他几种数据结构，如字典、集合等。掌握这些数据结构的使用对提升数据分析、数据处理能力非常有帮助。本章的主要内容如下。

- 如何存取更丰富的数据
- 如何存取列表中的元素
- 如何修改列表中的元素
- 组织列表的多种方法
- 如何获取元组中的各元素

3.1　问题：如何存取更多数据？

上一章介绍了变量和数据类型及一些简单的数据如何存储，如一个字符串、一个整数、一个浮点数等可以存放在一个变量中。但是如果想存储多个数据，如姓名、年龄、各科科目及对应成绩等信息，使用变量也可以存放，但变量数、变量间的关系等将成为大问题，这种方式肯定是不可持续的，更谈不上简单高效，而 Python 的列表、元组、字典等就是解决类似问题的有效方法。这些数据结构既可以存放单个数据，也可存放几十个甚至成千上万个数据，而且操作、维护里面的元素也非常方便。

3.2　列表概述

列表是 Python 中内置的有序、可变的数据集合，列表的所有元素放在一对中括号中，并使用逗号分隔开。列表可以新增、删除、修改元素，当列表元素增加或减少时，列表对象自动进行扩展或收缩内存，保证元素之间没有缝隙。在 Python 中，一个列表中的数据类型可以相同，也可以各不相同。数据类型包括整数、实数、字符串等基本类型，也包括列表、元组、字典、集合以及其他自定义类型的对象，可以说是包罗万象。

3.3　访问列表元素的方法

列表是有序的，列表中的每个元素都有唯一标号，即对应的索引。索引一般是以 0 开始的，这与很多度量工具的起始值一致，如米尺也是从 0 开始的。列表的索引除了可以从左到右标识，也可以从右到左标识，但此时索引为负数。列表中各元素与对应索引的关系可参考图 3-1。图 3-1 中列表 a 的索引从左到右标识，第 1 个索引为 0，第 2 个索引为 1，以此类推。

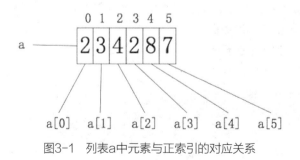

图3-1　列表a中元素与正索引的对应关系

对列表 a 中的元素，也可以从右到左标识，最右这个元素的索引是 −1（注意不是 0，否则将与从左到右的第 1 个索引发生冲突），以此类推，具体可参考图 3-2。

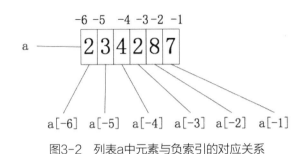

图3-2　列表a中元素与负索引的对应关系

了解了列表中元素与对应索引的关系，获取列表中的元素就非常简单了。

3.3.1　获取一个元素

从列表中提取单个元素，直接指定对应索引即可，示例如下。

```
#创建列表a
a=[2,3,4,2,6,7]
#获取列表第1个元素（一般是指从左到右，除非有特别说明）
print(a[0])
#获取列表第2个元素
print(a[1])
#获取列表最后一个元素
print(a[5])
#获取列表最后一个元素的另一种方法
print(a[-1])
#获取列表最后一个元素的另一种方法
print(a[len(a)-1])
```

3.3.2　获取连续多个元素

一次从列表中提取多个连续元素可以用冒号，具体示例如下。

```
#从第1个元素开始，连续取3个元素
print(a[:3])    #注意，最后这个索引是3，而不是2，这里范围是[0,3)
#从第3个元素开始，连续取3个元素
print(a[2:5])
#从第3个元素开始，取以后所有元素
print(a[2:])
```

打印结果如下。

```
[2, 3, 4]
[4, 2, 6]
```

```
[4, 2, 6, 7]
```

3.3.3 遍历列表

以上介绍了如何查看列表的部分元素，如果需要遍历所有元素或同时获取列表的元素及对应索引，该如何处理呢？这样的场景在数据分析、数据处理中经常会遇到。要遍历所有元素，可以使用 for 循环（for 循环将在第 4 章介绍）；同时查看列表的索引和对应元素，可以使用 enumerate() 函数。以下是实现遍历列表的具体代码。

```
#创建列表
lst1=["北京","上海","广州","深圳"]
#遍历列表，并用竖线分割
for item in lst1:
    print(item,end='|')
print()
print("====遍历索引及对应元素====")
#遍历列表，同时显示索引及对应元素
for index,item in enumerate(lst1):
    print(index,item)
```

打印结果如下。

```
北京|上海|广州|深圳|
====遍历索引及对应元素====
0 北京
1 上海
2 广州
3 深圳
```

3.3.4 访问列表时经常出现的一个问题

访问列表时经常会遇到 list index out of range 这个问题，出现这个问题的原因，主要是访问的索引超出列表范围。比如，访问一个只有 4 个元素的列表，但索引却大于 4；访问一个空列表也会报这个错误，具体可参考以下代码。

```
lst11=[1,2,3,4]
#print(lst11[4])   #报错: IndexError: list index out of range
#创建一个空列表
lst12=[]
print(lst12[0])   #报错:IndexError: list index out of range
```

为避免这类问题，可以用 len() 得到列表的元素个数 n，然后用小于 n 的索引去访问列表。

3.4　对列表进行增、删、改

列表是序列，而且是可以修改的序列，列表对象自身带有很多操作函数，使用这些函数就可以对列表进行增加、删除、修改等操作。

3.4.1　添加新元素到列表

往列表中添加新元素的方法很多，如以追加的方式加入，以插入的方式加入，还可以拼接两个列表，等等。对应的列表函数有 append、insert、extend 等，具体请参考表 3-1。

表3-1　添加元素的列表函数

列表函数	返回值
lst.append(x)	在列表lst末尾添加元素x
lst.insert(i, x)	将元素x插入到索引为i的指定位置，相当于lst[i]=x
lst.extend(lst2)	将列表lst2的所有元素追加到列表lst末尾

以下是往列表中添加新元素的示例代码。

```
#创建一个列表
lst2=['Python','Java','C++']
#添加keras
lst2.append('keras')
print(lst2)
#在索引为3的位置，插入一个元素'Pytorch'
lst2.insert(3,'Pytorch')
print(lst2)
#创建另一个列表
lst3=['TensorFlow','Caffe2']
#把列表lst3的所有元素添加到列表lst2的末尾
lst2.extend(lst3)
print(lst2)
```

结果如下。

```
['Python', 'Java', 'C++', 'keras']
['Python', 'Java', 'C++', 'Pytorch', 'keras']
['Python', 'Java', 'C++', 'Pytorch', 'keras', 'TensorFlow', 'Caffe2']
```

3.4.2　从列表中删除元素

可以根据位置或值来删除列表中的元素。

1.创建列表

先用 for 循环及 append 创建一个列表 lst4，具体步骤是先创建一个空列表，然后用 for 循环从一个已知列表中获取元素 i，把 i*2+1 放入列表 lst4 中。

```
#创建一个列表。先创建一个空列表，然后使用for循环往列表中添加元素
#创建一个空列表
lst4=[]
#利用for循环，根据一个列表创建一个新列表lst4
for i in [1,2,3,1,4,5]:
    lst4.append(i*2+1)
print(lst4)
```

2.根据位置删除列表元素

如果知道要删除的元素索引或位置，可以使用 del、pop(i)、pop() 方法进行删除，具体代码如下。

```
#删除索引为1的元素
del lst4[1]      #直接从列表中删除，不返回删除的元素
print(lst4)
#删除索引为1的元素，并返回被删除的元素
item=lst4.pop(1)
print(lst4)
print(item)
#pop不指定索引位置，将删除列表中的最后一个元素
lst4.pop()
print(lst4)
```

打印结果如下。

```
[3, 5, 7, 3, 9, 11]
[3, 7, 3, 9, 11]
[3, 3, 9, 11]
7
[3, 3, 9]
```

3.根据值删除元素

有时要删除明确值，元素位置或其索引并不重要，在这种情况下，可以用 remove(x) 函数。

接下来从 lst4= [3, 3, 9] 中删除 3，这个列表中有两个 3，remove(x) 只会删除第一个匹配的值，代码如下。

```
lst4.remove(3)
print(lst4)    #[3, 9]
```

如果要删除列表中的指定值，该值有多次重复，那么就需要使用循环语句。第 4 章将介绍类似场景的实例。

3.4.3 修改列表中的元素

修改列表中的元素，可以先通过索引定位到该元素，然后再给其赋值。

```
#定义列表lst5
lst5=["欲穷千里目","更上一层楼","王之焕"]
#把王之焕改为王之涣
lst5[2]="王之涣"
print(lst5)
```

结果如下。

```
['欲穷千里目', '更上一层楼', '王之涣']
```

3.5 统计分析列表

当列表中的元素都是数字时，也可以利用 Python 提供的很多内置函数来进行统计分析，这些内置函数的功能包括求最大（小）值、统计某个值的总数、计算列表中的各元素之和、获取某个值的索引等。

3.5.1 求列表最大（小）值

求列表最大（小）值，可以使用内置函数 max 或 min。

```
#假设列表lst6记录某学科的成绩
lst6=[98,97,87,88,76,68,80,100,65,87,84,92,95,87]
#求列表lst6的最大值、最小值
print(max(lst6),min(lst6))  #100,65
```

3.5.2 求列表总和或平均值

利用内置函数 sum 求列表总和，再除以元素个数便可得到平均值。

```
#求列表lst6的所有元素总和
print(sum(lst6))
#求列表lst6的所有元素的平均值
print(sum(lst6)/len(lst6))
```

3.5.3 求列表元素出现次数及对应索引

```
#求列表lst6中分数87出现的次数
print(lst6.count(87))
#求87第一次出现的索引
print(lst6.index(87))
```

3.5.4 求列表中的元素总数

用内置函数 len 可以得到列表元素个数，注意，列表的元素可以是字符串、数字、列表、字典、元组等。如果列表中还有列表或其他对象，那么 len 要如何统计元素个数呢？这个问题很重要，以后统计多维数据时，经常会遇到类似的问题。请看以下实例。

```
#元素都是数字的情况
V1=[0.1,2,0.4,9,10,-1,-5.5]
print("列表V1的元素个数:",len(V1))#结果为7
#元素是列表的情况
D1=[[1,2,3,4],[5,6,7,8],[9,10,11,12]]
print("列表D1的元素个数:",len(D1))    #结果是3，而不是12！
#D1的第1个元素的元素个数是列表[1,2,3,4]的元素个数
print("列表D1第1个元素的元素个数:",len(D1[0]))#4
```

本节使用内置函数对列表进行了统计分析，如果结合循环语言、if 语句等控制语言，将可以对列表做更多统计分析，如分析优秀率、及格率等。实现这些操作很简单，第 4 章将详细介绍。

3.6 组织列表

对列表中的各元素进行排序是经常要做的工作，Python 提供了 3 种方法：使用列表函数 sort() 永久修改列表排序，但使用这种方法不保留底稿；使用内置函数 sorted() 临时修改列表排序，原列表的次序不变；使用 reverse() 函数把列表颠倒过来。

3.6.1 使用sort()函数

sort() 将永久修改列表的排序，如要恢复列表原来的次序会很不方便。

```
#列表元素为数字##########
lst7=[98,97,87,88,76,68,80,100,65,87,84,92,95,87]
#按数字大小升序排序
print(lst7.sort(reverse=False))
#显示列表
print(lst7)
```

```
#列表元素为字符串##########
lst8=["zhangfei","liujing","gaoqiu","wangbo"]
#直接修改列表，返回None值，按字母升序排序
print(lst8.sort(reverse=False))
#显示列表
print(lst8)
```

3.6.2　使用sorted()函数

内置函数 sorted() 只是临时改变列表的次序，原列表次序不变。

```
#列表元素为数字##########
lst7=[98,97,87,88,76,68,80,100,65,87,84,92,95,87]
#按数字大小升序排序
print(sorted(lst7,reverse=False))
#原列表次序不变
print(lst7)
#列表元素为字符串##########
lst8=["zhangfei","liujing","gaoqiu","wangbo"]
#直接修改列表，返回None值，按字母升序排序
print(sorted(lst8,reverse=False))
#原列表次序不变
print(lst8)
```

3.6.3　使用reverse()函数

reverse() 函数与排序函数不同，它只是把列表的排列次序倒过来了。

```
print(lst8.reverse())
print(lst8)
```

列表函数 reverse() 也是永久修改列表次序，不过只要再次使用该函数就可复原列表。

3.7　生成列表

前面介绍的列表基本都是手动创建的，如果元素不多，那手动创建还算方便，但如果要生成成千上万个元素就很不方便了。下面将介绍几种生成列表的简单方法，使用这些方法，可以非常方便地生成任意多个整数、小数元素。

3.7.1 range()函数

内置函数 range() 可以自动生成数据，如果再结合 for 循环，几乎可以生成任何数据集。range() 函数的格式如下。

```
range (start, stop[, step])
```

range() 函数的功能就是生成整数序列，共有 3 个参数，其中 start、step 参数是可选的。start 参数表示序列的初始值，缺省值为 0。step 参数表示步长，为整数，缺省值为 1。stop 参数为序列的上限，序列元素不包括该值，range() 函数中参数的具体含义可参考图 3-3。

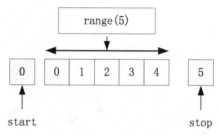

图3-3　range()函数示例

在图 3-3 中，range(5) 只使用了一个 stop 参数，stop=5，但生成的序列不包括 5。start、step 参数都取缺省值，分别为 0、1。range() 函数在各种情况的具体使用，请看以下代码。

```
for i in range(5):
    print(i,end=',')
#结果：0,1,2,3,4,
#初始值为1，上限为5
for i in range(1,5):
    print(i,end=',')
#结果：1,2,3,4,
#初始值为2，上限为15，步长为3
for i in range(2,15,3):
    print(i,end=',')
#结果：2,5,8,11,14,
```

3.7.2 用range()函数创建列表

用 range() 函数创建列表非常方便，除了使用 for 循环，还可以用 list() 函数，直接把 range 结果转换为列表。

1.使用range()函数及for循环生成列表

```
#使用range()函数生成列表
lst10=[]
#生成从1到9的自然数
for i in range(1,10):
```

```
    lst10.append(i)
#清空列表
del lst10[:]
#生成从1到9的平方数
for i in range(1,10):
    lst10.append(i**2)
print(lst10)
```

2.使用range()及list()函数生成列表

```
list(lst10)   #结果: [1, 4, 9, 16, 25, 36, 49, 64, 81]
```

3.8　元组

前面介绍了列表，列表是可修改的序列，其应用比较广泛。但有时我们又希望生成的列表不能修改，只能读，就像一些只读文件一样。用元组可满足这一需求，元组就是不可修改的序列。

3.8.1　定义元组

定义列表用方括号，定义元组用圆括号。定义元组后，就可以使用索引访问元素，这一点与列表类似。

```
#定义一个元组
t1=(2,3,4)
#查看其类型
print(type(t1))
#定义只有一个元素的元组
t2=(10)
#查看t2的类型
print(type(t2))     #显示为int,而不是tuple!
```

由此可知，定义只有一个元素的元组时，不能简单地给该元素加圆括号，否则这样得到的只是一个数字，而不是元组。那一个元素的元组如何定义呢？答案是在元素后加上一个逗号即可，如以下代码。

```
#定义只有一个元素的元组
t2=(10,)
type(t2)     #tuple
#定义空元组
t3=()
type(t3)     #tuple
```

3.8.2 查看元组中的元素

查看元组中的元素与查看列表中的元素一样，通过索引即可。

```
#定义一个元组
t3=(2,3,4,5,6)
t3[2] #结果: 4
#查看多个元素，注意，输出不包括索引4对应的元素，这一规则与列表一致
t3[2:4] #结果: 4,5
#查看所有元素
t3[:]
```

3.8.3 使用tuple()函数生成元组

用 list() 函数可以把 range 生成的序列转换为列表，与此类似，可以用 tuple() 函数把 range 生成的序列转换为元组，也可用 tuple() 函数把列表转换为元组。

```
a1=tuple(range(5))
#查看a1的类型
print(type(a1))
lst=["华为","苹果","三星"]
t1=tuple(lst)
```

3.8.4 元组的特殊用途

元组可作为字典中的键来使用（第 5 章将介绍，列表不能作为字典的键），内建函数、自定义函数的返回值（如 enumerate(a1)）大多都是元组形式。

3.8.5 元组解包

元组有解包功能，所谓元组解包就是把元组中的各个元素分别赋给多个变量，这样可以避免使用循环，增强代码的可读性，也能使代码显得更简洁。元组解包功能在从数据集读取数据时经常会用到。

```
a,b,c=(7,9,100)
print(a)  #7
print(b)  #9
print(c)  #100
```

在深度学习中经常会遇到处理图像的数据与标签放在一个元组中的情况，可以通过元组解包的方式，把数据、标签分别存放在两个变量中，如以下实例。

```
#构建一个列表，其元素由元组构成
#每个元组由表示图像数据的列表及一个表示图像标签的数据构成
```

```
lst31=[([0.11,0.26],'0'),([1.21,0.78],'1'),([1.31,0.48],'0'),([0.25,
0.37],'1')]
#对每个元组进行解包，得到图像数据和标签
for image_data,label in lst31:
    print("图像数据:{},标签:{}".format(image_data,label))
```

运行结果如下。

```
图像数据:[0.11, 0.26],标签:0
图像数据:[1.21, 0.78],标签:1
图像数据:[1.31, 0.48],标签:0
图像数据:[0.25, 0.37],标签:1
```

3.9　后续思考

（1）生成一个至少包含 5 个元素的列表，打印各元素的和。

（2）把（1）中得到的列表进行倒序处理，即如果由（1）得到的列表为 [3,4,5,8,2]，则其倒序为 [2,8,5,4,3]。

（3）使用 range() 函数，求 1 到 10000 的连续自然数的平方和。

3.10　小结

列表和元组都是序列，获取列表、元组中的元素都是基于索引的。列表是可修改的，修改其中的元素也是通过索引来定位的，修改列表中的元素有多种操作，如添加、删除、修改等。但元组只能读，不能对其进行增删改，这是元组的一大特点。

第4章
if语句与循环语句

第3章介绍了列表和元组，它们都是序列，如果要取其中满足一定条件的数据（如取偶数或奇数或大于某个数的数），该如何实现呢？答案是使用if语句和循环语句。

if语句和循环语句都是控制语句，控制语句就像汽车的控制系统一样，有了它，我们对汽车就可驾驶自如。

本章主要介绍几种常用的控制语句，如if语句、for循环语句、while循环语句。先介绍这些语句的格式或语法，然后把这些控制语句运用到列表、元组中，满足我们的多种需求，生成各种各样的数据。本章具体内容如下。

- Python中的控制语句有何特点
- if语句及多种分支
- for循环
- while循环
- 循环语句与if语句相结合的列表推导式

4.1　问题：Python中的控制语句有何特点？

Python 中的控制语句涉及 if 语句、for 循环语句、while 循环语句等，这些语句与其他语言的控制语句没有本质区别。不过，Python 可以把这些控制语句有机地组合在一起。简单来说，在 Python 中，可以把循环语句、if 语句放在一行里，而这就是 Python 控制语句的特点之一。把 if 与循环语句组合在一起，既增加了 Python 代码的可读性，也使 Python 代码更加简洁、高效。例如，选出列表 lst7=[98,97,87,88,76,68,80,100,65,87,84,92,95,87] 中大于 90 的元素，Python 只要一行代码即可完成。

```
[i for i in lst7 if i >90]  # [98, 97, 100, 92, 95]
```

由此可见 Python 语言的简洁和高效。Python 的控制语句可以有机地组合在一行，还可以与表达式写在一行，如以下语句。

```
[int(i*0.5) for i in lst7 if i>90]
```

类似的特点还有很多，后续章节会介绍。

4.2　if语句

在实际生活中，我们经常会遇到需要分类统计的情况。对不同分类或不同状态，做不同处理，如果用程序实现的话，可以用 if 语句来实现。

4.2.1　if语句格式

if 语句用于检测是否满足某个条件。如果满足，则执行一个代码块；如果不满足，则执行另一个代码块。if 语句的一般格式如下。

```
if   条件 :
    代码块1
else:
    代码块2
```

这是只有两种情况的处理方式，如果情况更多，可以使用更多分支的 if 语句，如以下代码样例。

```
核代码:
if  条件1 :
    代码块1
elif 条件2 :
    代码块2
else:
    代码块3
```

if 语句以关键字 if 开头，然后是一个布尔表达式或 if 条件，if 条件后面是一个冒号，代码块 1、代码块 2 等都缩进 4 格，以相同缩进作为代码块的标志，同级代码块必须用相同的缩进格数。多一个或少一个格数都会报错，这条规则必须严格遵守。Python 将冒号作为一行 if 语句、循环语句、函数定义的结束标记。

4.2.2　if语句

给出一个年龄值，利用 if-elif-else 结构，判断该年龄值属于哪个年龄段，以下是实现代码。

```
#给定一个年龄值
age=32
#用if进行判断，这个年龄是童年、少年、青年，还是中年、老年
if age<=6:
    print("是童年")
elif 7<=age<18:
    print("是少年")
elif 18<=age<41:
    print("是青年")
elif 41<=age<66:
    print("是中年")
else:
    print("是老年")
```

4.2.3　使用and连接条件语句

根据给定年龄值判断属于哪个年龄段的问题，if 的条件也可用 and 连接。

```
#给定一个年龄值
age=40
#用if进行判断，这个年龄是童年、少年、青年，还是中年、老年
if age<=6:
    print("是童年")
elif age>=7 and age<18:
    print("是少年")
elif age>=18 and age<41:
    print("是青年")
elif age>=41 and age<66:
    print("是中年")
else:
    print("是老年")
```

4.2.4　元素是否在列表中

如果要判断一个元素是否在一个列表或元组中，可以使用 in 或 not in 的方法。当列表非常大时，

这种方法的效率非常高。例如，判断 "keras" 是否在列表 lst42=["Python","Numpy","Matplotlib", "OpenCV","Sklearn","Pytorch","Keras","TensorFlow"] 中，假设列表 lst42 表示目前环境已安装的软件。使用 if 语句中带 not 的条件即可，具体实现如下。

```
lst42=["Python","Numpy","Matplotlib","OpenCV","Sklearn","Pytorch","-
Keras","TensorFlow"]

v="keras"
if v in lst42:
    print("keras在列表中")
else:
    print("keras不在列表中")
```

结果：keras 不在列表中。

这个结果与我们的期望不一样，keras 应该在 lst42 中。不过仔细再看一下，问题在大小写上，lst42 中是 "Keras"，第一个字母是大写，而我们使用的 keras 为小写。因此，可以把 lst42 的字符全变成小写，然后再进行比较，修改后的代码如下。

```
v="keras"
#把列表lst42的每个元素变成小写
if v in [s.lower() for s in lst42]:
    print("keras在列表中")
else:
    print("keras不在列表中")
```

结果：keras 在列表中。

4.2.5 缩进易出现的问题

Python 是通过缩进来判断是否属于一个代码块的，而不是通过显式的 {} 或 [] 等来说明，所以出现缩进问题不易被发现。与缩进有关的还有冒号，在 Python 中冒号往往表示一个语句的结束。下面先看一些易疏忽的问题。

1.忘记缩进

```
a=8
if a<10:
print("a小于10")
```

这个 if 语句将报错，因为 if a<10: 的下一语句没有缩进。

2.忘记加冒号

```
if a<10:
    print("a小于10")
else
    print("a大于10")
```

这个语句将会在 else 报错，因为 else 后没有冒号。

3.有缩进，但缩进的格数不同

```
if a<10:
    print("a小于10")
else:
        print("a大于10")
```

这个 if 语句也会报错，因为这两个 print 语句属于同一级的逻辑块，但缩进的格数不一致。

为避免类似问题，在编写代码时，建议尽量使用一些工具，如 PyCharm 或 Jupyter 等。使用这些工具，遇到冒号或回车将自动缩进，而且报错后，出错的地方会高亮或被标注。

4.3　循环语句

循环语句用来重复执行一些代码块，通常用来遍历序列、字符串、字典、迭代器等，然后对其中的每个元素做相同或类似处理，字典、迭代器后续将介绍。Python 有两种循环，即 for 循环和 while 循环。for 循环通常用于已知对象；while 循环基于某个条件，满足这个条件则执行循环，否则结束循环。

4.3.1　for循环

先看 for 循环的一个简单实例，从 range(10) 中每次读取一个数，然后打印这个数，代码如下。

```
for i in range(10):
    print(i)
```

for 循环的关键字为 for，接下来是循环变量（这里为 i，当然也可以是其他变量），然后是关键字 in，关键字 in 后是序列、字符串、字典等可迭代对象，最后以冒号结束。每次循环结束时，循环变量就被设置成下一个值，直到获取最后一个值为止。

for 循环与 if 语句一起使用，可以生成各种各样的数据。比如，利用 for 循环及 if 语句可以统计列表 lst41=["a","b","a","a","b"] 中的 a 和 b 各出现了多少次。

列表 lst41 的分类统计，用代码实现如下。

```
#定义两个变量，用来保存分类数
a_n=0
b_n=0

#遍历列表 lst41
for i in lst41:
    if i=="a":
```

```
        a_n+=1    #代码块1, 累加a出现的次数
    else:
        b_n+=1    #代码块2, 与代码块1有相同的缩进
#打印分类数
print("a的个数是:",a_n)
print("b的个数是:",b_n)
```

4.3.2 while 循环

while 循环的执行过程: 先检查循环条件为 True 或 False, 如果为 True, 就执行循环; 如果为 False, 就跳出循环, 执行后面的语句。下面用 while 循环实现上一小节 for 循环的内容。

```
i=0
while i <len(range(10)):
    print(i)
    i=i+1    #每次循环加1
```

使用 while 循环时, 要避免出现死循环的问题。如果这个 while 循环少了 i=i+1 这个条件, 那么这个循环将一直执行下去, 除非强制结束循环或按 Ctrl+C 组合键停止执行当前任务。

4.3.3 嵌套循环

Python 中的 for 循环和 while 循环都可以进行循环嵌套, 即 for 循环中又有 for 循环或 while 循环; while 循环中又有 while 循环或 for 循环。

下面看一个 for 循环中又有 for 循环的情况。比如要累加列表 lst42=[[1,2,3],[4,5,6],[7,8,9]] 中的 9 个数据, 可以先用一个 for 循环读取里面的每个列表的元素, 然后再用一个 for 循环累加读取出的每个列表的元素, 具体实现如下。

```
lst42=[[1,2,3],[4,5,6],[7,8,9]]
n=0
for lst in lst42:
    for j in lst:
        n=n+j
print("累加结果: ",n)
```

循环是很耗资源的, 编程时要尽量避免使用循环, 尤其是循环嵌套, 因为循环嵌套可读性较差, 而且耗资源, 运行又慢。后续章节将介绍不使用循环, 直接利用矩阵进行计算的方法, 其性能是使用循环的几倍甚至几十倍、几百倍。

4.3.4 break跳出循环

在 for 循环、while 循环中, 都可以使用 break 跳出整个循环, 不再执行剩下的循环语句。如果

break 在循环嵌套里，那么它将跳出所在的或当前的循环。

比如，在一个列表中查找一个单词，如果没有找到则继续查询，一旦找到，就停止查找，退出循环。

```
lst43=["悟空","八戒","白骨精","唐僧","沙僧","牛魔王"]
#变量用来记录找的次数或循环次数
i=1
for item in lst43:
    #与列表中的每个元素进行匹配，一旦匹配上，打印已找到，然后退出循环。
    if item=="白骨精":
        print("找了%d次，终于找到了！"%(i))
        break
    else:
        i=i+1
print("总的查询次数:%d次"%i)
```

结果如下。

```
找了3次，终于找到了！
总的查询次数:3次
```

从总的查询次数是 3 次可以看出，一旦找到就停止循环，不再查找了。

4.3.5 continue加快循环

与 break 跳出循环不同，continue 不是立即跳出整个循环，而是立即返回循环开头，继续循环，直到循环结束。

上一节的查找例子，如果把 break 换成 continue，会是什么情况呢？

```
lst43=["悟空","八戒","白骨精","唐僧","沙僧","牛魔王"]
#变量用来记录找的次数或循环次数
i=1
for item in lst43:
    #与列表中的每个元素进行匹配，一旦匹配上，打印已找到，然后退出循环。
    if item=="白骨精":
        print("找了%d次，终于找到了！"%(i))
        continue
    else:
        i=i+1
print("总的查询次数:%d次"%i)
```

结果如下。

```
找了3次，终于找到了！
总的查询次数:6次
```

说明找到白骨精后，循环还在继续，直到找遍列表中的所有元素为止。找到目标后，break 结束循环，continue 继续循环，这就是两者最大的区别。

4.3.6　列表推导式

4.1 节介绍了 Python 控制语句的一大特点，就是能把 if 语句与循环语句有机地结合在一起，这个特点打开了一扇"方便高效"之门。把此功能在列表中使用，可得列表推导式；在字典中使用，可得字典推导式。除了推导式还有生成器等概念，这些都是 Python 非常有特色，也是人们非常喜爱的新特点，这些内容后续将陆续介绍。

本小节主要介绍列表推导式，列表推导式提供了一种简单明了的方法来创建列表。它的结构是在一个中括号里包含一个表达式，然后是一个 for 语句，后面再接 0 个或多个 for 语句或者 if 语句。这个表达式可以是任意的，意味着可以在列表中放入任意类型的对象，返回结果将是一个新的列表，以下通过实例来说明。

假设要把从 1 到 100 这 100 个自然数中的偶数取出来，为实现这个需求，我们采用两种方法，一种是普通方法，另一种是列表推导式，然后比较这两种方法。

1.使用普通方法

使用普通方法就是先创建一个空列表，执行一个循环语句，在循环语句里加上 if 语句，判断数字是否为偶数，如果是偶数，则追加到这个列表中。

```
#定义一个空列表
even=[]
#range(1,101)生成1到100的自然数
for i in range(1,101):
    if i%2==0:
        even.append(i)
```

2.使用列表推导式

使用列表推导式，就是把 for 循环和 if 语句写在一行来完成整个逻辑，具体代码如下。

```
[i for i in range(1,101) if i%2==0]
```

一行代码就完成了，简洁明了，还高效！

4.3.7　后续思考

Python 的控制语句是强大的，在实际开发项目的过程中会经常使用，可以利用它们完成业务逻辑或调试程序。那么，如何利用控制语句来调试程序呢？

假设有一个循环语句，循环次数可能是 10000 次，甚至更多，在循环过程中突然报一个错误，但因为里面有很多变量和参数，不知道是哪些变量或参数出了问题。

如果可以看到这些变量或参数的值，或许就可以诊断出问题。查看这些变量或参数值，可以使用 print 语句，为了尽快完成循环，测试时可以引入 break 语句，这样就无须每次循环 10000 次，运行一次即可，并且改动量是极小的。

4.4　后续思考

（1）求 1 到 100 的连续自然数中偶数的和。

（2）将列表 [2,4,−1,0,10,0,−2,9] 按升序排序。

（3）编写一个脚本，对任意一个列表进行升序排序。

（4）过滤第（2）题的列表中小于等于 0 的值。

4.5　小结

　　本章介绍了几种常用控制语句，如 if 语句、for 循环、while 循环等。这些控制语句的逻辑块以相同缩进格来划分，这是 Python 的最大特点。利用这些控制语句可以对序列做很多事情，而 break、continue 语句又增添了是否继续循环或加快循环的控制。

　　Python 的循环语句和 if 语句可以组成一个语句，这一改进极大地提高了 Python 的效率和可读性。

第5章
字典和集合

    第4章介绍了两种序列，序列是通过索引来定位的。但在现实生活中，很多时候需要通过有意义的字段来定位，如通过中文查找对应的英文，或通过拼音查找对应的汉字等。为了解决这类问题，人们研究出字典的数据结构。本章将介绍字典、集合两种数据结构，它们不是序列，即每一个元素没有对应的索引。本章将涵盖以下内容。

- ■ 当索引不好用时怎么办
- ■ 创建和维护字典
- ■ 遍历字典
- ■ 集合及其维护
- ■ 列表、元组、字典和集合的异同
- ■ 替代器和生成器

5.1 问题：当索引不好用时怎么办？

前面介绍了列表，列表是序列，因此可以通过索引来获取对应的元素。索引仅仅表示位置，没有其他含义。但在日常工作中，经常需要根据有一定含义的值来查询相关的信息，如根据中文查询对应的英文、根据读音查询中文、根据代码查询对应的名称等。显然，对于这类需求，列表这种数据结构无法满足。

为了满足类似需求，Python 提供了字典这种数据结构，它由一系列的键 - 值对构成，根据键查询或获取对应的值，这就非常方便了。

5.2 一个简单的字典实例

字典由一系列键 - 值对构成，这些键 - 值对包含在一对花括号 {} 里，键 - 值对用逗号分隔，键与值用冒号分隔。在一个字典中，键是唯一的，值可以不是唯一的，但键必须是不可变的，不能是列表、字典。因为键 - 值对在字典中存储的位置是根据键计算得到的，如果修改键将修改其位置，这就可能导致键 - 值对丢失或无法找到。不过键 - 值对中的值既可重复，也可修改。

用字典表示类别与标签，在键 - 值对中，键表示类别，值表示标签值，示例如下。

```
dict51={'小猫':1,'小狗':2,'黄牛':3,'水牛':3 ,'羊':4}
```

在字典 dict51 中，动物类别为键，值为对应的标签值，其中值 3 重复 2 次。

5.3 创建和维护字典

字典是 Python 中的重要数据结构，它是一系列的键 - 值对，通过键来找值。键必须是不可变的，如数字、字符串、元组等，不能是可变的对象，如列表、字典等；但值可以是 Python 中的任何对象。

5.3.1 创建字典

创建字典有多种方法，如直接创建一个含键 - 值对的字典（先创建一个空字典，然后往空字典中添加键 - 值对），或通过 dict 函数创建字典等。

1.直接创建含键-值对的字典

```
dict52={1:'one',2:'two',3:'three',4:'four',5:'five'}
print(type(dict52))
```

2.创建一个空字典

```
dict53={}
print(type(dict53))
dict54=dict()
print(type(dict54))
```

5.3.2 添加键-值对

字典是可修改的，所以创建字典后，可以往里面添加键 - 值对。

```
#往字典dict52中添加键-值对
dict52[6]='six'
#往空字典中添加键-值对
dict53['red']=1
dict53['black']=2
dict53['blue']=3
#添加键为'other',值为列表[5,6,7]
dict53['other']=[5,6,7]
print(dict53) #{'red': 1, 'blue': 3, 'black': 2, 'other': [5, 6, 7]}
```

用这些方法添加的字典，Python 不关心其添加顺序，如果要关注添加顺序，可以使用
OrderedDict() 函数。使用这个函数创建的字典，将按输入的先后顺序排序，具体的使用方法后续章
节将介绍。

5.3.3 修改字典中的值

可根据字典名及对应键来修改字典中的值。

```
#把键为'black'关联的值改为4
dict53['black']=4
print(dict53)  #{'red': 1, 'blue': 3, 'black': 4, 'other': [5, 6, 7]}
```

修改字典指修改字典中键 - 值对的值。

5.3.4 删除字典中的键-值对

删除字典中的键 - 值对，需指明字典名及对应键，可以使用 Python 的内置函数 del，这个函数
将把键 - 值对永久删除。

1.删除一个键-值对

```
#删除字典中包含键为'black'的键-值对
del dict53['black']
print(dict53)  # {'red': 1, 'blue': 3, 'other': [5, 6, 7]}
len(dict53)    # 3
```

2.删除所有键-值对

删除字典中所有键 - 值对，也可以使用字典函数 clear()，它将清除所有键 - 值对，但会保留字典结构。del 后接字典名，将删除整个字典，包括字典中的所有键 - 值对和字典定义。

```
dict53.clear()
print(dict53)    #{}

del dict53
print(dict53)    #报错: ameError: name 'dict53' is not defined
```

5.4　遍历字典

可以用 for 循环遍历列表、元组，同样也可以遍历字典。不过遍历字典有点特别，因为字典的元素是键 - 值对，遍历字典可以遍历所有的键 - 值对、键或值。

5.4.1　遍历字典中的所有键-值对

利用字典函数 items() 可以遍历所有的键 - 值对。

```
#创建一个字典
dict55 = {'Google': 'www.google.com', 'baidu': 'www.baidu.com', 'tao-
bao': 'www.taobao.com'}
#打印字典的键-值对
print("字典值 :%s "%dict55.items())
#字典值 :dict_items([('Google', 'www.google.com'), ('baidu', 'www.baidu.
com'), ('taobao', 'www.taobao.com')])
#遍历字典的所有键-值对
for key,value in dict55.items():
    print(key,value)
```

运行结果如下。

```
字典值 :dict_items([('Google', 'www.google.com'), ('baidu', 'www.baidu.
com'), ('taobao', 'www.taobao.com')])
Google www.google.com
baidu www.baidu.com
taobao www.taobao.com
```

5.4.2　遍历字典中的所有键

根据需要，也可以只遍历字典中的所有键、字典名，或者字典函数 keys() 的值。

```
# 生成一个字典
dict56={'w1':[1,2,3,4],'w2':[5,6,7,8],'w3':[9,10,11,12]}
#直接遍历字典名
for key in dict56:
    print(key)
#遍历字典函数keys()的值,其结果与直接遍历字典名相同
for key in dict56.keys():
    print(key)
```

5.4.3　遍历字典中的所有值

遍历字典中的所有键，使用字典函数 keys()；遍历字典中的所有值，使用字典函数 values()。

```
#遍历字典的所有值
for v in dict56.values():
    print(v)
```

这节用到了很多字典函数，如 items()、keys()、values()、clear() 等。字典函数还有很多，可以在交互式命令中调用 dir(dict)，了解更多可用的字典函数，这里就不一一介绍了。

5.5　集合

在 Python 中，集合是一系列不重复的元素。集合类似于字典，也是用花括号表示，但集合只包含键，没有相关联的值。集合有两类，即可变集合和不可变集合，这里只介绍可变集合（set）。集合是无序的数据结构，即它的每个元素没有对应的索引。

集合最常用的功能就是自动去重。

5.5.1　创建集合

可以直接使用一对花括号来创建集合，也可使用 set 函数把序列转换为集合。

1.直接用{}创建集合

```
set51={1,2,3,4,5,6}
#不能用这种方法创建空集合，以下创建的是空字典
set52={}
print(type(set52))
```

2.使用set()函数创建集合

使用 set() 函数创建集合，可以把列表、字符串、元组等转换为集合，同时自动去重。

```
lst51=[1,2,3,4,5,5,6,6,7,8,9]
```

```
#使用set()函数创建集合
set53=set(lst51)
print(set53) #{1, 2, 3, 4, 5, 6, 7, 8, 9}
#创建空集合
set54=set()
print(set54)  # set()
```

5.5.2 集合的添加和删除

集合是可变的，所以可以添加元素或删除元素。添加元素使用集合函数 add()，删除元素使用集合函数 remove()、pop() 或 clear() 等。

1.添加元素

```
#创建一个空集合
set54=set()
#往集合中添加元素
for i in range(5):
    set54.add(i)
print(set54)

#定义动物和标签构成的字典
dict57={'白猫':1,'黑猫':1,'狼狗':2,'哈巴狗':2,'小麻雀':3,'打麻雀':3}
#把标签放在一个集合中，实现自动去重
set55=set()
for value in dict57.values():
    set55.add(value)
print(set55)    #{1, 2, 3}
```

2.删除元素

```
#remove删除不存在的元素将报错，所以要先判断元素是否存在，然后再删除
i=10
if i in set54:
    set54.remove(i)
print(set54)
#使用discard，其功能和remove一样，优点是元素不存在的话不会报错
set54.discard(10)

#用pop删除，在list里默认删除最后一个，在set里随机删除一个
set54.pop()
#清除所有元素
set54.clear()
print(set54)
```

5.6　列表、元组、字典和集合的异同

本书在第 3 章和本章介绍了列表、元组、字典和集合等数据结构，下面通过表 5-1 比较这些数据结构的异同。

表5-1　列表、元组、字典及集合的异同

类型	序列	可修改	不可修改	示例	查看函数
元组	★		★	(1,2)	dir(tuple)
列表	★	★		[1,2]	dir(list)
字典		★		{1:'a',2:'b'}	dir(dict)
集合		★	★	{2,3,4}	dir(set)

5.7　迭代器和生成器

当列表、元组、字典、集合中的元素很多时，如几百万、几亿甚至更多，这些元素一次性全放在内存里，它们将占据大量的内存资源，那么是否有更好、更高效的存储方式呢？迭代器和生成器就是为解决这一问题而提出的。使用迭代器和生成器，不会一次性把所有元素加载到内存，而是在需要的时候才生成返回结果。它们既可存储很多甚至无限多的数据，又不会占用太多资源。利用生成器或迭代器来存储数据的方式，在大数据处理、机器学习中经常使用。

前面介绍的序列、元组、字典及集合都是可迭代对象，可用在 for、while 等语句中。这些数据结构又称容器，在容器中使用 iter() 可得到迭代器，利用 next() 函数就可持续取值，直到取完为止。图 5-1 说明了可迭代对象、迭代器、生成器之间的关系。

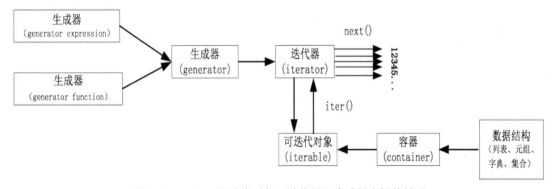

图5-1　Python可迭代对象、迭代器和生成器之间的关系

（1）容器是一系列元素的集合，str、list、set、dict、file、sockets 对象都可以看作容器，容器都可以被迭代（用在 for、while 等语句中），因此它们被称为可迭代对象。

（2）可迭代对象实现了 __iter__ 方法，该方法返回一个迭代器对象。

（3）迭代器持有一个内部状态的字段，用于记录下次迭代的返回值，它实现了 __next__ 和 __iter__ 方法，迭代器不会一次性把所有元素加载到内存，而是在需要的时候才生成返回结果。

（4）生成器是一种特殊的迭代器，它的返回值不是通过 return 得到的，而是通过 yield 得到的。

5.7.1 迭代器

用 iter() 函数可以把列表、元组、字典、集合等对象转换为迭代器。迭代器是 Python 最强大的功能之一，是访问集合元素的一种方式。迭代器可以记住遍历的位置的对象，迭代器对象使用 next() 函数，从集合的第一个元素开始访问，直到所有的元素被访问完为止。迭代器只能往前，不能后退。

1.定义一个列表

```
lst51={10,20,30,40,50}
for i in lst51:
    print(i,end=" ")
```

2.生成迭代器

对列表、元组、字典和集合使用 iter() 函数，即可将其转换为迭代器。

```
iter51=iter(lst51)
print(type(iter51)) #set_iterator
```

3.从迭代器中取元素

```
while True:
    try:
        print (next(iter51),end=" ")
    except StopIteration:
        break
```

上面是用来进行异常处理的 except，后续章节将介绍。其中使用 next() 从迭代器中取数，直到没有数据（即 StopIteration）则触发 break 语句。

5.7.2 生成器

生成器可分为生成器函数和生成器表达式。生成器函数在第 6 章将介绍，这里主要介绍生成器表达式。生成器表达式是列表推导式的生成器版本，看起来像列表推导式，但是它返回的是一个生成器对象而不是列表对象。

生成器表达式与列表推导式相似,列表推导式是在中括号里,把中括号改为小括号则变成生成器。

```
#创建一个生成器
gen51 = (2*x+1 for x in range(10))
print(type(gen51)) #class 'generator'
#用for循环从生成器中取数据
for i in gen51:
    print(i,end=" ")

#1 3 5 7 9 11 13 15 17 19
```

或用 next() 函数从生成器中逐一取数据，与 for 循环取数效果一样。

```
#创建一个生成器
gen51 = (2*x+1 for x in range(10))
#在生成器中，用next()逐一取数据
while True:
    try:
        print (next(gen51),end=" ")
    except StopIteration:
        break
#1 3 5 7 9 11 13 15 17 19
```

5.8　后续思考

（1）创建一个字典，字典中包括 3 种动物名称和 3 种植物名称，以这些名称为键，动物对应的值都为 1，植物对应的值都为 2。遍历这个字典，把动物名称放在一个列表中，植物名称放在另一个列表中。

（2）编写一个 Python 脚本来生成一个字典，其中键是 1 到 10 之间的数字，值是键的平方。

（3）现有一个列表 li = [1,3,'a','c'] 和一个字典（此字典是动态生成的，可用 dic={} 模拟字典），需要完成如下操作。

①如果该字典没有 k1 这个键，那就创建 k1 键和对应的值（该键对应的值为空列表），并将列表 li 中的索引位为奇数的元素添加到 k1 这个键对应的空列表中。

②如果该字典中有 k1 这个键，且 k1 对应的 value 是列表类型，则不做任何操作。

5.9　小结

本章介绍了数据字典及集合两种数据结构。字典是可变的一系列键 - 值对，键 - 值对之间用逗号分隔，并且包含在一对花括号中，它是一种效率极高的数据结构。集合是一系列不重复的元素，与字典类似，所有元素也在一对花括号中，但只包含键，而没有相关联的值。集合分为可变集合（set）和不可变集合（frozenset），本章主要介绍可变集合。

操作字典主要通过键来找值，其中键是唯一的，值可以重复。集合的一大功能是自动去重。序列、字典和集合都是可迭代对象，可迭代对象用 iter 函数可转换为迭代器。生成器也是一种迭代器，通过 next 函数可获取迭代器中的每个元素。

第6章
函数

前面章节介绍了数据结构及控制语句，可以用控制语句在数据结构上实现一些特殊功能，实现代码可能会比较复杂，如果希望在其他数据集上也使用这部分代码或把这部分代码共享给其他开发者，该如何实现呢？本章介绍的函数就是解决类似问题的有效方法，函数是可重复使用的代码块，为了便于使用，需要给这个代码块取一个名字，来增强这个代码块的灵活性。可以向函数中传入参数、返回输出值，为了便于理解函数的功能，在函数注释部分，还可以增加对该模块的功能说明或帮助信息。本章涵盖以下内容。

- 创建和调用函数
- 向函数传递参数
- lambda函数
- 生成器函数
- 把函数放在模块中

6.1　问题：如何实现代码共享？

前面使用的 Python 代码都是一行一行地执行，但如果任务稍复杂一些，就可能需要多行执行，比如求 1 到 100 的偶数之和、1 到 1000 的偶数之和、1 到 20000 的偶数之和等。

遇到这种情况，可以写 *n* 段相似的 for 循环代码。这样做虽然可以暂时完成任务，但效率很低，而且缺乏灵活性，如果后续还有更复杂的需求该如何实现呢？

利用函数就可轻松实现这类需求。使用一个 for 循环代码块，然后把其中截止的这个数（如上面提到的 100、1000）作为一个函数参数，这样问题就很好解决了。给这个代码块取一个名称，就可以直接分享给其他人使用了。如果在这个代码中再加上一些功能说明就更完美了，下节将介绍该功能的代码实现。

6.2　创建和调用函数

接下来用一个函数来完成从 1 累加到 10 的需求，具体代码如下。

1.创建函数

```python
#定义一个函数
def sum_1n():
    #定义一个存放累加数的变量
    j=0
    #用range(1,11)生成1到10的连续10个自然数，不包括11这个数。
    for i in range(1,11):
        j+=i
    #把累加结果作为返回值
    return j
```

定义函数时要注意以下几点。

（1）定义函数的关键是 def。

（2）def 空格后是函数名称，函数的命名规则与变量一样。

（3）函数名后紧跟着一对小括号，这个不能少，小括号后面是冒号。

（4）冒号下面的语句统一缩进 4 格。

（5）用 return 语句返回这个函数的执行结果，return 一般是这个函数最后执行的语句。当然，也有特殊情况，后续将介绍。

2.调用函数，即可得到结果

```python
sum_1n() #结果: 55
```

3.修改函数

如果把这个自然数固定为10，就失去灵活性了。但如果把截止的这个自然数作为参数传给函数，这个函数就可实现从 1 累加到任何一个自然数了。为此，只要稍加修改即可，代码如下。

```
#定义一个函数，累加截止自然数为n，作为参数传给这个函数
def sum_1n(n):
    #定义一个存放累加数的变量
    j=0
    #用range(1,n+1)生成1到n的连续n个自然数
    for i in range(1,n+1):
        j+=i
    #把累加结果作为返回值
    return j
```

调用这个函数，代码如下。

```
sum_1n(10)   #55
sum_1n(100)  #5050
sum_1n(1000) #500500
```

4.加上函数的帮助信息

这个函数到底起什么作用呢？可以在定义函数后，再加上一句功能说明或帮助信息，这样使用函数的人一看这个说明就知道这个函数的功能，功能的说明内容放在三个双引号里。查看函数的功能说明或帮助信息，无须打开这个函数，只要运行函数名 .__doc__ 便可看到，非常方便。

```
#定义一个函数，累加截止自然数为n，作为参数传给这个函数
def sum_1n(n):
    """该函数的参数为自然数n，其功能为累加从1到n的n个连续自然数"""
    #定义一个存放累加数的变量
    j=0
    #用range(1,n+1)生成从1到n的连续n个自然数
    for i in range(1,n+1):
        j+=i
    #把累加结果作为返回值
    return j
```

函数的功能说明或帮助信息，需放在函数的第一句，如下所示。

```
sum_1n.__doc__    # '该函数的参数为自然数n，其功能为累加从1到n的n个连续自然数'
```

5.优化函数

可以进一步优化函数，为便于理解，这里使用 for 循环。实际上，实现累加可以直接使用 Python 的内置函数 sum，优化后的代码如下。

```
#定义一个函数，累加截止自然数为n，作为参数传给这个函数
def sum_1n(n):
    """该函数的参数为自然数n，其功能为累加从1到n的n个连续自然数"""
    return sum(range(1,n+1))
```

6.3 传递参数

在调用函数 sum_1n(n) 时，传入一个参数 n，这是传入单个参数。Python 支持更多格式的传入方式，可以传入任意个参数。接下来将介绍函数参数的一些定义及传入方式。

6.3.1 形参与实参

在定义函数时，如果需要传入参数，在括号里需要指明，如 sum_1n(n) 中的 n，这类参数称为形式参数，简称形参。

在调用函数或执行函数时，函数括号里的参数，如 sum_1n(100) 中的 100，就是实际参数，简称实参。

在具体使用时，有时为简便起见，不分形参和实参，有些参考资料上统称参数。

函数定义时可以没有参数、有一个参数或多个参数。如果有多个参数，在调用函数时可能需要多个实参。向函数传入实参的方式有很多，可以依据函数定义时的位置和顺序而定；可以使用关键字作为实参；还可以使用列表和字典作为实参等。接下来将介绍这些内容。

6.3.2 位置参数

位置参数就是定义函数时与参数位置有关的参数，调用函数时，位置参数必须与定义函数时的顺序保持一致。

位置参数是必备参数，调用函数时根据函数定义的形参位置来传递实参。为了更好地说明这个原理，下面以函数 sum_1n 为例进行讲解。

假设现在修改一下要求，把从 1 开始累积，改为从任何一个小于 n 的数 m（如 m<n）开始累积，那么，m 也需要作为参数。为此，修改函数 sum_1n 如下。

```
#定义一个函数，累加自然数m至n之间的所有自然数
def sum_1n(m,n):
    """该函数的参数为自然数m、n，其功能为累加从m到n的所有自然数"""
    return sum(range(m,n+1))
```

定义函数 sum_1n 时，指明了两个参数 m 和 n（如果是多个参数，需要用逗号分隔），在调用函数 sum_1n 时，实参需要输入两个，而且这两个实参的位置及顺序必须与形参保持一致，如以下代码。

```
#累加1到10的所有自然数
sum_1n(1,10)   #55
#累加10到20的所有自然数
sum_1n(10,20) #165
```

其中 1,10 或 10,20 就是位置实参。位置实参的顺序很重要，如果顺序不正确，可能报错或出现异常情况。

6.3.3 关键字参数

位置参数多了，记住各参数的位置和顺序将非常麻烦，而且还很容易出错。为改进这种纯粹依据位置来传递参数的方式，人们想到了定义函数时，用一些代表一定含义的单词（或关键字）来命名参数，然后将这些单词（或关键字）赋给对应值即可，无须考虑这些参数的位置或顺序，这样就方便多了。

为此，我们把函数 sum_1n 的形参改成有一定含义的单词，调用时直接给这些单词赋值即可。

```
#定义一个函数，累加start至自然数end之间的所有自然数
def sum_1n(start,end):
    """该函数的参数为自然数start、end，其功能为累加从start到end的所有自然数"""
    return sum(range(start,end+1))
```

调用函数时，说明参数名并赋给对应值即可，无须考虑它们的位置或次序。当然，实参名称必须与形参名称一致，否则将报错。

```
sum_1n(start=1,end=10)    #55
sum_1n(end=20,start=10)   #165
```

6.3.4 默认值

位置参数如果很多，要记住这些位置和顺序非常麻烦，使用关键字参数可有效解决位置参数带来的麻烦。不过如果参数很多，使用关键字参数也不是很方便，尤其是有些参数相对稳定或经常使用，所以关键字参数还有优化空间。可以对那些比较稳定或经常使用的形参指定默认值。在调用函数中给形参提供了实参时，Python 将使用指定的实参值，否则将使用默认值。如此，在很多情况下调用函数时，就可以少写很多实参。

比如 sum_1n(start,end) 函数，其中 start 一般从 1 开始，所以形参 start 设置为 1，即 start=1。形参 end 也可以设置默认值，如 end=10。如果 end 不设置默认值，定义函数时，需要把 end 放在前面，把含默认值的参数放在后面，这样可以使 Python 正确地解读位置参数。

修改 sum_1n(start,end) 函数，代码如下。

```
#定义一个函数，累加自然数start至end之间的所有自然数
def sum_1n(end,start=1):
    """该函数的参数为自然数start、end，其功能为累加从start到end的所有自然数"""
    return sum(range(start,end+1))
```

调用函数，代码如下。

```
#重新指定start的值
```

```
sum_1n(start=10,end=100)
#不指定start的值，则start将使用默认值
sum_1n(end=100)
```

6.4   返回值

在 Python 中，在函数体内用 return 语句为函数指定返回值，返回值可以是一个或多个，类型可以是任何类型。如果没有 return 语句，则返回 None 值，即返回空值。不管 return 语句在函数体的什么位置，执行完 return 语句后，都会立即结束函数的执行。下面介绍函数返回值的情况。

1.返回一个值

上节介绍的 sum_1n 函数只返回一个值，如以下代码。

```
sum_1n(start=10,end=100)    #5005
```

2.返回多个值

把 sum_1n 函数的返回值改一下，同时返回所有数的累加值、偶数的累加值，代码如下。

```
def sum_1n(start,end):
    """该函数的参数为自然数start、end，其功能为累加从start到end的所有自然数及偶数
之和"""
    return sum(range(start,end+1)),sum([i for i in range(start,end+1)
if i%2==0])
```

调用函数，代码如下。

```
sum_1n(start=10,end=100)    #返回(5005, 2530)
#把返回值分别赋给两个变量
a,b=sum_1n(start=10,end=100)
print("返回所有数之和:{},偶数之和:{}".format(a,b))
#返回所有数之和:5005,偶数之和:2530
```

3.返回空值

在函数体中不使用 return 语句，不过可以用 print 语句把结果显示出来。

```
#定义一个函数，累加从自然数start至end之间的所有自然数
def sum_1n(end,start=1):
    """该函数的参数为自然数start、end，其功能为累加从start到end的所有自然数"""
    print("累加结果:",sum(range(start,end+1)))
```

调用函数，代码如下。

```
a=sum_1n(10)   #打印：累加结果: 55
type(a)   # NoneType
```

6.5 传递任意数量的参数

前面介绍了 Python 支持的几种参数类型，如位置参数、关键字参数和默认值参数，适当使用这些参数，可大大提高 Python 函数的灵活性。此外，Python 还支持列表或元组参数，即用列表或元组作为实参传入函数，例如以下代码。

```
#定义一个函数
def calc_sum(lst):
    sum=0
    for i in lst:
        sum+=i
    return sum
#实参以列表格式传入
calc_sum([1,4,5])       #10
calc_sum([-1,1,10,20]) #30
#实参以元组格式传入
calc_sum((-1,1,10,20)) #30
```

由此可见，Python 的参数功能非常强大。不过调用时需要以列表或元组作为实参，所以还不够完美。但对形参进行一定的修改，就可以不以列表作为实参，只要输入一些以逗号分隔的数即可，这就是 Python 的可变参数或任意参数类型，接下来将详细介绍。

6.5.1 传递任意数量的实参

要实现输入任意数量的实参，只要在形参前加一个 * 即可，比如将 calc_sum(lst) 函数改为 calc_sum(*lst)。形参加上 * 后，在函数内部，参数 *lst 接收到的是一个元组，因此函数代码完全不变。但是调用该函数时，可以传入任意个参数，包括 0 个参数，示例如下。

```
#定义一个函数，接受任意数量的参数
def calc_sum(*lst):
    sum=0
    for i in lst:
        sum+=i
    return sum

#调用函数
calc_sum(-1,1,0,20,30)  #50
calc_sum(-10,0,10,-20,20,-30,30,100)   #100
calc_sum() #0
```

通过这种方式传入任意多个实参，就和我们的预期一样了。

6.5.2　传递位置参数及任意数量的实参

位置参数可以和支持任意数量的实参一起使用，不过如果遇到不同类型的实参，必须在定义函数时，将接纳任意数量的实参放在最后。Python 先匹配位置实参和关键字实参，然后再将剩下的实参归到最后的实参里，如以下实例。

```
#定义一个函数，size为位置参数、numb为任意数量参数
#打印任意参数的和，在结果前放置size个'-'符号
def calc_add(size,*numb):
    sum=0
    for i in numb:
        sum+=i
    print('-'*size+"输出结果为:"+str(sum))

#调用函数
calc_add(4,1,2,3,4)    #----输出结果为:10
```

根据函数 calc_add 的定义，Python 在调用函数的实参时，把第一个数字 4 存储在 size 中，把剩下的所有值存储在元组 numb 中。

6.5.3　传递任务数量的关键字实参

Python 支持采用关键字实参，而且也可以是任意数量，只要在定义函数时在对应的形参前加上两个 * 即可。对应的形参在函数内部将以字典的方式存储，调用函数需要采用 arg1=value1，arg2=value2 的形式，例如以下代码。

```
def  customer(**user_info):
    for key,value in user_info.items():
        print("{} is {}".format(key,value))
```

调用函数，代码如下。

```
customer(height=180,weight=70,age=30)
```

运行结果如下。

```
height is 180
weight is 70
age is 30
```

有时会出现有多种类型参数的情况，如既有位置形参，又有表示任意数量的一般形参和任意数量的关键字形参的函数。如格式为 customer(fargs, *args, **kwargs) 的函数，其中 *args 与 **kwargs 都是 Python 中的可变参数，*args 表示可传入任意多个无名实参，**kwargs 表示可传入任意多个关键字实参，它本质上是一个 dict，示例如下。

```
def  customer(name,*subj_score,**user_info):
        print("{}".format(name),end=",")
```

```
    print("各科成绩{}".format(subj_score),end=",")
    print("身份信息:{}".format(user_info),end=",")
```

调用函数，代码如下。

```
customer("高峰",100,90,80,height=180,weight=70,age=30)
#高峰,各科成绩(100, 90, 80),身份信息:{'height': 180, 'weight': 70, 'age':
30}
```

当函数中有多种类型的参数时，需注意以下问题。

（1）注意顺序，如果多种类型的参数同时出现，fargs 在前，*args 必在 **args 之前。

（2）*args 相当于一个不定长的元组。

（3）**args 相当于一个不定长的字典。

6.6　lambda函数

lambda 函数又称匿名函数，使用 lambda 函数可以返回一个运算结果，其格式如下。

```
result=lambda[arg1,[arg2,...,]]:express
```

参数说明如下。

（1）result 就是表达式 express 的结果。

（2）关键字 lambda 是必需的。

（3）参数可以是一个，也可以是多个，多个参数以逗号分隔。

（4）lambda 是一行函数，参数后需要一个冒号。

（5）express 只能有一个表达式，无须 return 语句，表达式本身的结果就是返回值。

lambda 函数非常简洁，它通常作为参数传递给函数，以下是一些应用实例。

```
#定义一个Python普通函数
def fun_add(a,b,c):
    return a+b+c

#执行函数
print(fun_add(1,2,3))

#用lambda函数实现fun_add功能
result=lambda a,b,c:a+b+c
#执行lambda函数
print(result(1,2,3))
```

可以把 lambda 函数作为参数传递给其他函数，例如以下代码。

```
lst61=["Python","Pytorch","Keras","TensorFlow"]
```

```
#将列表lst61中的元素根据元素长度排序
sorted(lst61,key=lambda x:len(x)) #['Keras', 'Python', 'Pytorch', 'Ten-
sorFlow']
#将列表lst61中的元素根据元素中的第一个字符排序
sorted(lst61,key=lambda x:x[1]) #['Keras', 'TensorFlow', 'Python',
'Pytorch']
```

6.7 生成器函数

前面介绍了函数的返回值可以是一个或多个，但如果返回百万个甚至更多值，将消耗很大一部分资源。为解决这一问题，人们想到使用生成器函数。具体方法很简单，就是把函数中的 return 语句换成 yield 语句，示例如下。

```
def gen61(n):
    for i in range(n):
        yield i
```

遍历生成器 gen61(10)，代码如下。

```
#遍历生成器gen61
#方法1：使用for循环遍历生成器
for i in gen61(10):
    print(i,end=" ")
print()
#方法2：使用next函数逐个遍历生成器

gen=gen61(10)

while True:
    try:  #因为不停调用next会报异常，所以要捕捉处理异常。
        x = next(gen)  #注意，这里不能直接写next(gen61(10)),否则每次都是重复调
用1
        print(x,end=" ")
    except StopIteration as e:
        break
```

6.8 把函数放在模块中

前面介绍了函数及函数参数等，函数定义好之后，可以直接调用，无须重写代码。不过这些函数如果仅停留在开发环境，环境一旦关闭，函数也不存在了，那么如何永久保存定义好的函数呢？

答案很简单，只要把这些函数放在模块中即可。所谓模块，实际上就是扩展名为 .py 的文件。

如果当前运行的程序需要使用定义好的函数，那么只要导入对应的模块即可，导入模块的方式有多种，下面将介绍几种方式。

6.8.1　导入整个模块

假设已生成一个模块，模块对应的文件名为 func_op.py，文件存在当前目录下，当前目录可以通过以下命令查看。

```
#linux环境使用命令
!pwd
#windows环境使用命令
system chdir
```

当然，也可放在其他 Python 能找到的目录（sys.path）下。Python 先查找当前目录，然后查找 Python 的 lib 目录、site-packages 目录和环境变量 PYTHONPATH 设置的目录。

1.创建.py文件

创建 .py 文件，可以使用 PyCharm 或一般的文本编辑器，如 NotePad 或 UE。创建文件后，把该文件放在 Jupyter Notebook 的当前目录下。#cat func_op.py 具体内容如下。

```
#定义一个函数，累加截止自然数为n,作为参数传给这个函数
def sum_1n(n):
    """该函数的参数为自然数n，其功能为累加从1到n的n个连续自然数"""
    #定义一个存放累加数的变量
    j=0
    #用range(1,n+1)生成从1到n的连续n个自然数
    for i in range(1,n+1):
        j+=i
    #把累加结果作为返回值
    return j


#定义一个函数，接受任意数量的参数
def calc_sum(*lst):
    """累加所有参数"""
    sum=0
    for i in lst:
        sum+=i
    return sum
```

2.导入模块

导入模块，就是 import 对应的模块名称。导入模块实际上就是让当前程序或会话打开对应的文件，并将文件中的所有函数都复制过来，复制过程都是 Python 在幕后操作，我们不必关心。

```
import func_op
```

3.调用函数

导入 func_op.py 模块后，在 Jupyter Notebook 界面输入模块名并按 tab 键，就可看到图 6-1 所示的内容。

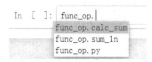

图6-1　查看导入模块中的函数或变量等

使用"模块名 . 函数名"的方式调用函数，中间用英文句点。

```
#查看函数的帮助信息
func_op.sum_1n.__doc__
#'该函数的参数为自然数n，其功能为累加从1到n的n个连续自然数'
#调用函数
func_op.sum_1n(100)   #5050
```

6.8.2　导入需要的函数

有时一个模块中有很多函数，其中很多函数暂时用不上或对应程序不需要这些函数，那么在导入模块时，为了节省资源，就可导入需要的函数，不需要的就不导入。导入需要函数的格式如下。

```
from module_name import function_name
```

如果需要导入模块中的多个函数，可以用逗号分隔这些函数。

```
from module_name import function_name1, function_name2
```

在这种情况下调用函数时，不需要使用句点，直接使用函数名即可。

```
#导入需要的函数sum_1n
from  func_op import sum_1n
#调用函数
sum_1n(100)   #5050
```

有时函数名比较长，可以用取别名的方式简化函数名称，调用时直接使用别名即可。

```
#导入需要的函数sum_1n,并简称为sn
from  func_op import sum_1n  as sn
#调用函数
sn(100)#5050
```

6.8.3　导入所有函数

如果模块中函数较多，或不想一个一个写需要导入的函数，也可导入所有函数。导入所有函数使用如下格式。

```
from module_name import *
```

调用函数时也无须使用句点，直接调用函数名即可，示例如下。

```
#导入模块中的所有函数
from func_op import *
sum_1n(1000) #500500
```

使用这种导入方式很简单，但存在一定风险。因为使用这种方式导入的函数或变量，将覆盖当前程序或环境中已有的函数或变量，所以一般不建议使用，尤其对导入的模块不熟悉时。比较理想的方法是按需导入，或采用句点的方式导入，这样可以更好地避免覆盖函数或变量的风险。

6.8.4 主程序

在编写的众多 Python 程序中，通常至少有一个会使用 main()。根据不成为文的约定，带有 main() 函数的程序被认为是主程序，它是程序运行的起点。主程序可以导入其他模块，然后使用这些模块中的函数、变量等。例如，创建一个名为 train_sum.py 的主程序，该程序将作为执行起点。

```
import func_op

#定义一个主函数
def main():
#输入一个自然数n
    n=input("输入一个自然数：")
    #把字符型转换为整数型
    n=int(n)
    #调用模块func_op中的函数sum_1n
    result=func_op.sum_1n(n)
    print("1到{}的连续自然数的和为{}".format(n,result))

##判断是否以主程序形式运行
if __name__=='__main__':
  main()
```

假设这个主程序放在 Jupyter Notebook 的当前目录，运行该主程序，可以在命令行或 Jupyter Notebook 界面执行。具体执行格式如下。

```
#命令行执行
python train_sum.py
#在Jupyter Notebook界面执行
run train_sum.py
```

在主程序中，因加了 if __name__=='__main__' 语句，所以如果导入主程序将不会运行。其中的参数通过语句 input 获取，也可以在命令行运行程序时直接给定。把 train_sum.py 稍微修改如下。

```
import func_op
import sys
```

```
def main():
#输入一个自然数n
    #n=input("输入一个自然数：")
        #从命令行获取参数
    n=sys.argv[1]
        #进行数据类型转换
    n=int(n)
        #如果命令行运行:python train_sum.py  100
        #则sys.argv[0]是train_sum.py,sys.argv[1]是100
    #调用模块func_op中的函数sum_1n
    result=func_op.sum_1n(n)
    print("1到{}的连续自然数的和为{}".format(n,result))

##判断是否以主程序形式运行
if __name__=='__main__':
    main()
```

如果在命令行中输入更多参数，或希望得到更强的表现力，可以使用 argparse 模块，argparse 的使用可参考 Python 官网 [1]。

6.9　后续思考

（1）简述形参、实参、位置参数、默认参数、动态参数的区别。

（2）编写函数，检查传入列表的长度，如果大于 4，那么仅保留前 4 个长度的内容，并将新内容返回给调用者；否则返回原列表。

（3）有一个字典 dic = {"k1":"ok!","k2":[1,2,3,4],"k3":[10,20]}，编写函数，遍历字典的每一个 value 的长度，如果大于 2，那么仅仅保留前两个长度的内容，并返回修改后的字典。

6.10　小结

本章主要介绍函数的创建、调用、参数传递等内容，Python 中的函数参数非常灵活，可以传递固定数量的参数，也可以传递任意数量的参数。函数的返回值可以是单个，也可以是多个。除一般函数外，本章还介绍了 lambda 函数、生成器函数等内容。最后介绍了如何把函数放到模块中，以及如何在模块中导入函数等。

---

[1] https://docs.python.org/zh-cn/3/howto/argparse.html

第7章
面向对象编程

第6章介绍了函数，函数是一个带名称的代码块。从封装的角度来看，可以说是对Python代码的简单封装或基于简单功能的封装。使用这个封装可以极大地提高分享、使用Python代码的效率。但这只是代码的初级封装，如果要开发一个大型项目，只有函数这个粒度的封装虽然也可以完成，但效率、可维护性、可读性等就差强人意了。

因此，需要有更大粒度的封装。就像原来生产自行车的生产线突然需要升级制造大量汽车一样，封装和采购的粒度都需要变大。原来生产自行车时，需要封装或采购螺丝钉、内胎、外胎等，现在要制造汽车了，不能再封装或采购内胎、外胎、螺丝了，封装或采购的粒度就要升级为整个轮胎、车灯、发动机等。这样才能提高组装的效率、汽车的可靠性、共享资源效率。

制造业如此，制造代码的软件也是如此。规模变大了，封装的粒度也需要提高。比函数更大的封装就是类，类中可以包括多个变量、多个函数，还可继承其他类。接下来将介绍面向对象编程的有关概念。本章主要涉及以下内容。

- 类与实例
- 继承
- 把类放在模块中
- 准备库
- 包
- 两个实例

7.1 问题：如何实现不重复造轮子？

企业的规模、项目变大了，采购或封装的粒度也要相应提高，如果还像小作坊一样，每件物品都自己生产，肯定不现实。必须善于从其他企业拿来或共享一些资源，制造汽车时需要的如汽车轮子、汽车方向盘、车灯等，这些就是一个个对象，基于这些对象组装汽车就方便多了。

这个原理应用到软件行业或具体代码中，就衍生出了类、对象的概念。如何理解类和对象呢？类和对象可以看成是比函数更大的封装；类可以继承其他类，这就实现了无须重复造轮子；当然，也可以基于类生成很多具有不同特点的一个个具体对象；继承类可以使用被继承类的所有属性和方法，也可修改其中的一些方法。笔者认为，这就是面向对象编程的要义。

7.2 类与实例

在面向对象编程中，先编写类，然后基于类创建实例对象，并根据需要给每个对象赋予一些其他特性。

7.2.1 创建类

创建类的格式如下。

```
class class_name:
    '''类的帮助信息'''      #类文档字符串
    statement               #类体
```

定义类无须 def 关键字，类名后也无须小括号，如果要继承其他类，需要添加小括号，类的继承后面将介绍。

下面以创建表示人的类为例，讲解用类保存人的基本信息及使用这些信息的方法。

```
#创建一个表示人的类
class  Person:
    '''表示人的基本信息'''
    #定义类的构造函数,初始化类的基本信息
    def __init__(self,name,age):
        self.name= name
        self.age=age
    def display(self):
        print("person(姓名:{},年龄:{})".format(self.name,self.age))
```

创建类要注意以下几点。

1.在Python中，类的首字母一般大写

2.__init__()方法

类中的函数称为方法，__init__() 是一个特殊方法，init 的前后都是下画线，被称为类的构造函数或初始化方法，实例化类时将自动调用该方法。

__init__() 方法中有 3 个形参，分别是 self、name、age。其中 self 表示实例本身，而且必须放在其他形参的前面，调用方法时，该参数将自动传入，所以无须写这个实参。self 与实例的关系如图 7-1 所示。

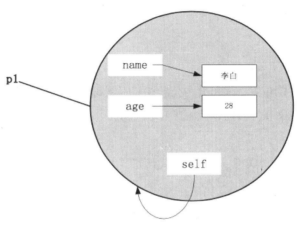

图7-1　self表示实例本身

3.name、age形参

把这两个形参分别赋给两个带 self 前缀的变量，即 self.name、self.age。带 self 前缀的变量将与实例绑定，类中的所有方法都可调用它们。这样的变量又称实例属性。

4.display()方法

display() 方法只有一个 self 形参，它引用了两个实例属性。

7.2.2　创建类的实例

其他编程语言实例化类一般用关键字 new，但在 Python 中无须使用这个关键字，类的实例化类似于函数调用方式。以下将 Person 类实例化，并通过 __init__() 方法接收参数、初始化参数。

```
#创建第一个实例
p1=Person("李白",28)
```

根据 Person 类创建实例 p1，使用实参 " 李白 ",28，调用 __init__() 方法。访问实例中的方法或属性，使用实例名加句点的方式即可，比如 name 属性及 display() 方法。

```
#访问实例属性
p1.name  #'李白'
```

```
#调用实例方法
p1.display()    #person(姓名:李白,年龄:28)
```

根据实参可以创建不同的实例。

```
#创建第二个实例
p2=Person("欧阳修",30)
#访问实例属性
print(p2.name)
print(p2.age)
#调用实例方法
p2.display()
```

7.2.3　访问属性

属性根据在类中定义的位置，又可分为类属性和实例属性。类属性是定义在类中，但在各方法外的属性。实例属性是定义在方法内，带 self 前缀的属性。

1.创建类

在类 Person 中定义一个类属性 percount，代码如下。

```
#创建一个表示人的类
class  Person:
    '''表示人的基本信息'''
    pernum=0      #类属性
    #定义类的构造函数，初始化类的基本信息
    def __init__(self,name,age):
        self.name= name
        self.age=age
        Person.pernum+=1
    def display(self):
        print("person(姓名:{},年龄:{})".format(self.name,self.age))
    def display_pernum(self):
        print(Person.pernum)
```

2.实例化并访问类属性和实例属性

```
p3=Person("杜甫",32)     #实例化
print(p3.pernum)            #通过实例访问类属性
p3.display_pernum()        #调用实例方法
p4=Person("王安石",42)    #实例化
print(Person.pernum)       #通过类名访问类属性
print(p4.pernum)           #通过实例访问类属性
p4.display_pernum()        #调用实例方法
```

类属性可以通过类名或实例名访问。

7.2.4　访问限制

Person 类中的 pernum 是类的属性，因各实例都可访问，又称类的公有属性。公有属性的各实例都可以访问，也可以修改，代码如下。

```
p4.pernum=10
print(p4.pernum)   #10
```

但这样对一些属性就不安全了，为了提高一些类属性或实例属性的安全级别，可以设置私有属性，只要在命名时加上两个下画线为前缀即可，如 __percount。私有属性只能在类内部访问，实例不能访问。

```
class  Person:
    '''表示人的基本信息'''
    pernum=0    #类属性
    __percount=1000   #定义类的私有属性

    #定义类的构造函数，初始化类的基本信息
    def __init__(self,name,age):
        self.name= name
        self.age=age
        Person.pernum+=1
        self.__pwd=123456    ##实例私有属性
    def display(self):
        print("person(姓名:{},年龄:{})".format(self.name,self.age))
    def display_pernum(self):
        print(Person.pernum)
```

类的私有属性 __percount、实例的私有属性 __pwd 只能在类的内部使用，实例及类的外部不能访问。

7.2.5　内置装饰器 @property

利用 Python 内置的装饰器 @property，可以使方法变为属性，这样调用方法时就可不带小括号了。加上装饰器 @property 还可以把私有属性变为只读，代码如下。

```
class  Person:
    '''表示人的基本信息'''
    pernum=0   #类属性
    __percount=1000   #定义类的私有属性

    #定义类的构造函数，初始化类的基本信息
    def __init__(self,name,age):
        self.name= name
        self.age=age
        Person.pernum+=1
        self.__pwd=123456    ##实例私有属性
```

```
def display(self):
    print("person(姓名:{},年龄:{})".format(self.name,self.age))
#通过添加装饰器，把方法变为属性
@property
def display_pernum(self):
    print(Person.pernum)
#通过添加装饰器，把私有属性变为只读属性
@property
def display_percount(self):
    return Person.__percount
```

调用函数。

```
p6=Person("苏轼",43)
#使方法变为属性
p6.display_pernum   #1
#访问私有属性，但不能修改
p6.display_percount   #1000
```

7.3　继承

创建类时，如果其中的部分属性和方法与其他已有类相同，则可使用继承。一个类继承另一个类时，将自动继承另一个类的所有属性和方法（除私有属性和方法）。原有的类称为父类，新类称为子类，子类继承父类的所有属性和方法，可以有自己的属性和方法，也可修改原来类中的方法。

7.3.1　使用super方法

这里新建一个 Student 类，它继承 Person 类。

```
class  Student(Person):
    '''表示学生的基本信息，继承Person类'''

    #定义类的构造函数，初始化类的基本信息
    def __init__(self,name,age,university):
        super(Student,self).__init__(name,age)
        self.university=university
    def display(self):
        print("Student(姓名:{},年龄:{},所在大学:{})".format(self.
name,self.age,self.university))
```

定义子类 Student 时，必须在括号里指明父类。子类继承父类的所有属性和方法，当然也包括父类的构造方法 __init__()。为继承父类中的构造方法，这里使用了特殊函数 super()，该函数将父类和子类关联起来。子类的构造方法中需包括父类的对应参数 name、age，还需新增一个形参

university。

实例化子类，并调用 display 方法。

```
#实例化子类
s1=Student("江东",23,"北京大学")
#显示实例属性
s1.university    #'北京大学'
#调用方法
s1.display() #Student(姓名:江东,年龄:23,所在大学:北京大学)
```

7.3.2 重写父类方法

子类继承父类的所有方法，但是根据实际需要，子类也可修改父类方法，只要方法名不变，可修改形参及方法内容等。如 Student 子类重写父类中的 display() 方法。

```
def display(self):
        print("Student(姓名:{},年龄:{},所在大学:{})".format(self.
name,self.age,self.university))
```

从上面的代码中可以看出，子类可继承父类中自己需要的部分，并增加或修改代表子类特征的一些属性。

7.4 把类放在模块中

为了永久保存函数，需要把函数存放在模块中。同样，要保存类，也需要把定义类的脚本保存到模块中，在使用时根据需要导入相关内容。

7.4.1 导入类

把定义 Person 及 Student 类的代码，保存在当前目录的文件名为 class_person 的 py 文件中。通过 import 语句可以导入需要的类、方法或属性。

```
#导入模块中的Student类
from class_person import Student as st
#实例化类
s2=st("江东",23,"清华大学")
#调用s2中的实例方法
s2.display()    #Student(姓名:江东,年龄:23,所在大学:清华大学)
```

7.4.2　在一个模块中导入另一个模块

创建名为 train_class.py 的主程序，存放在当前目录下，在主程序中导入 class_person 模块中的 Student 类，具体代码如下。

```
#导入模块class_person中的Student类
from class_person import Student as st


def main():
#输入一所大学的名称
    str=input("输入一所大学的名称: ")
    #实例化st类
    s1=st("张华",21,str)
    #调用display方法
    s1.display()

##判断是否以主程序形式运行
if __name__=='__main__':
    main()
```

在命令行运行该主程序。

```
$python train_class.py
输入一所大学的名称: 清华大学
Student(姓名:张华,年龄:21,所在大学:清华大学)
```

在 Jupyter Notebook 中运行该主程序。

```
run train_class.py
输入一所大学的名称: 清华大学
Student(姓名:张华,年龄:21,所在大学:清华大学)
```

7.5　标准库

Python 中有很多标准库，这些库都是一些模块，要使用这些库，只要用 import 或 from 格式把需要的库导入即可。这些库中有很多类或函数等，导入后就可以使用这些函数或类，表 7-1 为 Python 中几种常用的标准库。

表7-1　Python中几种常用的标准库

模块	描述
datetime	用于获取系统时间

模块	描述
math	提供标准算术的运算函数
random	生成随机变量
os	与操作系统交互
sys	用于提供对解释器相关的访问及维护
re	用于字符串正则匹配
collections	提供许多有用的集合类
numpy	提供高维数组及矩阵运算
Matplotlib	画图模块

表 7-1 中的模块都是 Python 安装包 Anaconda 中已有的模块，要使用这些模块，只要使用 import module_name 或 from module_name import functions 导入当前环境或对应模块即可。

下面选择几种常用的标准库做进一步说明。

7.5.1 datetime

Python 中把时间分为日期和时间两部分，编程语言的时间类型一般都存储为数字格式，这样可以实现两个时间的加和减。表 7-2 列出了 datetime 模块的常用方法。

表7-2 datetime常用方法

方法名	作用
datetime.now()	获得系统当前的日期和时间
datetime.date(t)	返回datetime类型参数t的日期
datetime.time(t)	返回datetime类型参数t的时间
datetime.timestamp(t)	返回datetime类型参数t的时间戳
datetime.fromtimestamp(float)	返回时间戳浮点数f对应的时间
datetime.strptime(str,format)	根据str时间字符串和format格式生成时间
t.strftime(str_format)	把日期t变量转换成一定格式的字符串
datetime.combine(dt,tm)	把日期dt和时间tm组合成一个datetime类型的变量

以下是实现以上方法的示例代码。

```
from datetime import datetime, date, time
```

```
sysdate = datetime.now()
print(sysdate)

print("当前日期 %s" % datetime.date(sysdate))
print("当前时间 %s" % datetime.time(sysdate))
tmstmp = datetime.timestamp(sysdate)
print("当前时间戳 %s" % tmstmp)

print("一小时前 %s" % datetime.fromtimestamp(tmstmp - 3600))
print(datetime.strptime("20/11/2017 15:23:20","%d/%m/%Y %H:%M:%S"))
print(sysdate.strftime("%y/%m/%d %H:%M:%S"))

date1 = date(2015,5,1)
time1 = time(11,30,10)
print(datetime.combine(date1,time1))
```

程序运行结果如下。

```
2019-08-23 16:56:26.358799
当前日期 2019-08-23
当前时间 16:56:26.358799
当前时间戳 1566550586.358799
一小时前 2019-08-23 15:56:26.358799
2017-11-20 15:23:20
19/08/23 16:56:26
2015-05-01 11:30:10
```

7.5.2 math

Python 语言有很丰富的科学计算功能，math 包中提供了很多数学运算函数。表 7-3 展示了 math 模块的部分函数。

表7-3　math模块部分函数

方法名	作用
math.trunc(f)	对浮点数f向下取整
math.ceil(f)	对浮点数f向上取整
math.fsum(l)	对列表或元组l的每个值累加求和
math.fabs(f)	对浮点数f取绝对值

以下是实现以上方法的示例代码。

```
import math
print(math.trunc(3.9))        #结果为3
print(math.trunc(-15.1))      #结果为-15
```

```
print(math.ceil(3.14))        #结果为4
print(math.ceil(-4.9))        #结果为-4

print(math.fsum([1,2,4,16]))  #结果为23.0
print(math.fabs(-9))          #结果为9.0
```

7.5.3　random

Python 关于生成随机数有各种函数，都包含在 random 模块中，部分函数如表 7-4 所示。

表7-4　random模块部分函数

方法名	作用
random.random()	生成0~1的浮点数
random.uniform(a,b)	返回a~b的浮点数
random.randrange(n)	返回0~n的整数
random.choice(list)	返回列表或元组list中的一个随机元素
random.sample(list, n)	随机返回列表或元组中不重复的n个元素

以下是实现以上方法的示例代码。

```
import random
print(random.random())
print(random.uniform(-10,-20))
print(random.randrange(100))

t = ('C','C++','Python','Go','Java','PHP','C#')
print(random.choice(t))
print(random.sample(t,4))
```

运行两次代码的结果如下。

```
#第一次运行
0.32606975545760075
-19.15487398154437
62
PHP
['C#', 'Java', 'C++', 'C']
#第二次运行
0.5793189004392318
-12.344462552024414
15
Java
['Python', 'Go', 'PHP', 'C']
```

7.5.4 os

os 模块针对不同操作系统提供了操作文件和目录属性及获取环境变量等功能。os 模块中的部分函数如表 7-5 所示，针对文件操作的一些方法封装在 os.path 对象中。

表7-5 os模块部分函数

方法名	作用
os.environ()	得到操作系统的环境变量
os.getcwd()	返回程序当前运行目录
os.chdir(str)	进入str目录
os.system(command)	运行一个操作系统命令command
os.listdir(str)	列出str目录下的所有文件和文件夹，返回列表

示例程序（ch8\86\864.py）代码如下。

```
import os
#print(os.environ)  #显示当前的环境变量
print(os.getcwd())  #显示当前路径
os.chdir(r'c:\\')  #路径切换
print(os.system('dir /w'))  #执行一个命令
print(os.listdir(r'd:\python-script'))  #显示目录信息
```

7.5.5 sys

sys 和 os 模块功能类似，里面提供了一些和 Python 运行环境相关的属性，示例代码在 ch8\86\865.py 中。

```
import sys
print(sys.argv)#获取命令行参数，返回值是列表，第一个元素是文件名本身
print(sys.version)    #打印当前Python版本
print(sys.path)       #打印Python解释器的模块查找路径
print(sys.platform)   #打印操作系统类型
sys.exit(0)           #退出程序，返回给调用方0值
```

7.5.6 time

time 模块主要针对时间进行处理，它和 datetime 模块有些类似，示例代码如下。

```
import time
time.sleep(5)        #线程休眠5秒
print(time.strftime("%H:%M:%S"))   #返回当前时间的格式化字符串
print(time.time())   #返回自1970/1/1零时开始的秒数
```

运行结果如下。

```
00:02:55
1566576175.793821
```

7.6 包

代码多了，使用函数进行封装；函数多了，使用类来封装；类多了，使用模块来封装；如果模块多了呢？答案是可以用包来封装。

包可以理解为文件夹，只不过在该文件夹下，除处理模块外，必须有一个 __init__.py 文件，其作用就是把整个文件夹当作一个包来管理，该文件一般为空。包、模块、类函数之间的关系可用图7-2 表示。

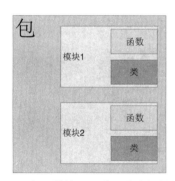

图7-2　包、模块、函数和类之间的关系

7.6.1　创建包

创建包就是创建对应目录，并在该目录下创建一个 __init__.py 文件及其他文件。包的结构一般如下。

```
package      #包名
  |--- subpackage1      #包名
      |--- __init__.py
      |--- model.py      #模块名称
  |--- subpackage2      #包名
      |--- __init__.py
      |--- funct.py          #模块名称
  |---train.py              #主程序
```

7.6.2 使用包

从包中加载模块通常有如下 3 种方法。

1.导入整个模块

```
import subpackage1.model
```

访问 model 模块中的函数时，用 subpackage1.model.fun1。

2.导入指定模块中的所有类和函数等

```
from subpackage1 import model
```

访问 model 模块中的函数时，用 model.fun1。

3.导入指定模块中指定的类、函数等

```
from subpackage.model import fun1
```

访问 model 模块中的函数时，直接用 fun1。

7.7 实例1:使用类和包

本节通过几个实例来加深读者对 Python 相关概念的理解。

7.7.1 概述

创建一个 Person 父类与两个继承这个父类的子类 Student 和 Tencher，它们之间的关系如图 7-3 所示。

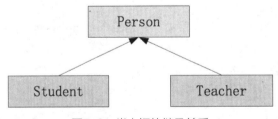

图7-3　类之间的继承关系

7.7.2 实例功能介绍

1.创建Person类

属性有姓名、年龄、性别，创建 displayinfo 方法，打印这个人的信息。

2.创建Student类

继承 Person 类，属性为所在大学 college，专业为 profession，重写父类 displayinfo 方法，调用父类方法打印个人信息和学生的学院、专业信息。

3.创建Teacher类

继承 Person 类，属性为所在学院 college，专业为 profession，重写父类 displayinfo 方法，调用父类方法打印个人信息和老师的学院、专业信息。

4.创建2个学生对象，分别打印其详细信息

5.创建1个老师对象，打印其详细信息

7.7.3　代码实现

代码存放在当前目录的 createclasses 中，具体包括 __init__.py 和 classes.py。另外，当前目录中还存放了主程序 run_inst.py。以下是各模块的详细实现。

1.模块classes.py的代码

```python
'''创建类'''
class Person:
    '''定义父类Person'''
    def __init__(self,name,age,sex):
        self.name=name
        self.age=age
        self.sex=sex
    #定义方法，显示基本信息
    def displayinfo(self):
        print("{},{},{}".format(self.name,self.age,self.sex))

#定义Student子类，继承Person类,新增两个参数std_college, std_profession
class Student(Person):
    '''定义子类Student，集成Person类'''
    def __init__(self,name,age,sex,std_college,std_profession):
        super(Student,self).__init__(name,age,sex)
        self.std_college=std_college
        self.std_profession=std_profession

    #重写方法，显示学生基本信息
    def displayinfo(self):
        #重写父类中的displayinfo方法
print("Student({},{},{},{},{})".format(self.name,self.age,self.sex,
self.std_college,self.std_profession))

#定义子类Teacher，继承Person类,新增两个参数tch_college, tch_profession
class Teacher(Person):
    '''定义子类Teacher，集成Person类'''
    def __init__(self,name,age,sex,tch_college,tch_profession):
```

```
        super(Teacher,self).__init__(name,age,sex)
        self.tch_college=tch_college
        self.tch_profession=tch_profession

    #重写方法，显示教师基本信息
    def displayinfo(self):
    #重写父类中的displayinfo方法
print("Teacher({},{},{},{},{}))".format(self.name,self.age,self.
sex,self.tch_college,self.tch_profession)
```

2.主程序run_inst.py的代码

```
#导入类，格式为：from 包名.模块名 import 类名1,类名2
from createclasses.classes import Student,Teacher

def main():
#输入一所大学名称
    #实例化Student类
    st01=Student("张三丰",30,"男","人工智能学院","图像识别")
    st02=Student("吴用",24,"男","人工智能学院","图像识别")
    #调用displayinfo方法
    st01.displayinfo()
    st02.displayinfo()
    #实例化Teacher类
    tch01=Teacher("李教授",40,"男","人工智能学院","自然语言处理")
    tch01.displayinfo()

##判断是否以主程序形式运行
if __name__=='__main__':
    main()
```

7.8　实例2：银行ATM机系统

　　模拟银行 ATM 机系统，实现从用户插卡到用户密码验证，再到查询余额、取款、存款的过程。环境可以是 Linux 或 Windows。

7.8.1　实例概况

　　本节实例的主要功能及流程可参考图 7-4。

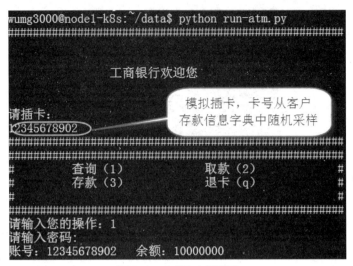

图7-4　实例2功能界面

在命令行运行主程序 run-atm.py，然后弹出类似于 ATM 机的图 7-4 界面，剩下的操作和 ATM 机类似，操作后的数据将实时更新。操作过程中加了一些必要验证。

7.8.2　实例功能介绍

实例的功能菜单如图 7-4 所示。

（1）先在命令行执行主程序。

（2）模拟插入银行卡，这里从用户存款字典中随机采样一张卡，选择卡后，显示卡号。

（3）选择图 7-4 菜单中的代号，如想查询当前卡的余额，输入 1，然后出现请输入密码的提示。输入正确密码，输错不能超过 3 次，否则报错。如果选择存款或取款等，系统将进行正常验证，如输入不能是负数等，否则会出现提示。

（4）操作过程中，数据将实时更新，更新数据会写入一个 json 文件中，然后把 json 数据更新到用户存款字典中。

（5）操作完成后输入 q，程序结束。

7.8.3　实现代码说明

1.代码存放说明

为了更好地管理这些程序，将代码的目录结构设计为图 7-5 所示的形式。

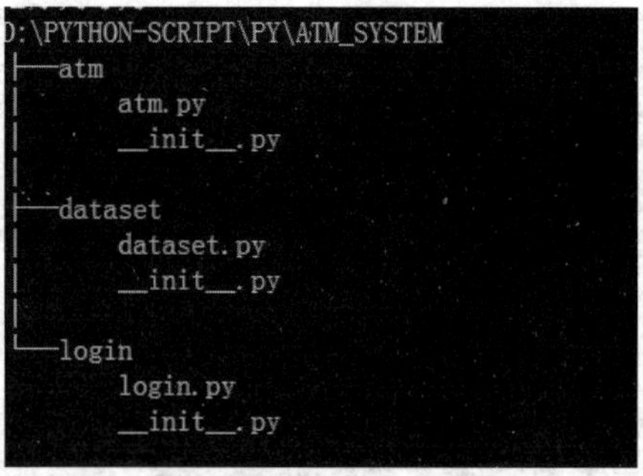

图7-5 实例2的目录结构

2.存取json

json 文件用于存放用户存款信息，有关 json 的介绍可参考 Python 官网 [1]，json 文件放在当前目录（即 D:\python-script\py）下。atm.py 主要是实现功能的各种操作，该模块有 Atm 类；dataset.py 模块用于实现数据集实时更新；login.py 模块中有一个 Login 类，该类含有进入 ATM 系统及弹出图 7-4 界面等功能。

3.关键代码说明

这里主要说明主程序，主程序为 run-atm.py。

```python
#导入模块
import   getpass     #用于密码输入，安全起见，输入的字将用点显示。
import   time        #用于缓存时间
import json           #字典与json交互时需要用到
import codecs         #字典与json交互时需要用到
import random      .  #随机采样时将用到
#导入这次创建的模块
from atm_system.dataset.dataset import dict_json,json_file_to_dict
from atm_system.atm.atm import ATM
from atm_system.login.login import Login


# 主函数
def main():
    # 登录ATM机系统
    login = Login()

    # 进入提示插卡界面
    enterpwd=login.insertcard(users_info)
    #提示输入密码界面

    atm = ATM(enterpwd,users_info)

    while True:
        login.selectfunctions()
        # 等待用户操作
```

---

[1] https://docs.python.org/zh-cn/3/library/json.html

```
        option = input("请输入您的操作: ")

        if option == "1":
            # print("查询")
            atm.searchUserInfo()
        elif option == "2":
            # print("取款")
            atm.getMoney()
        elif option == "3":
            # print("存储")
            atm.saveMoney()
        elif option == "q":
            # print("退出")
            break

        time.sleep(2)
if __name__ == "__main__":
    #把json数据同步到字典
    users_info={}
    users_info.update(json_file_to_dict())
    main()
```

7.9　后续思考

　　在实例 2 中，数据存放在一个 json 文件中，大家可以尝试把 json 改成 MySQL 中的一张表，然后实现 ATM 的功能。

7.10　小结

　　本章是 Python 基础中非常重要的一部分内容，对初学者来说可能不像前面章节那样好理解，但掌握这些也没有捷径，只能多看多练。要想更好地掌握这章内容，关键是要理解类及对象是为解决什么问题而提出的，这点很重要，理解了这点，理解类和对象就比较容易了。从某个方面来说，类就是对函数、变量的更高一级封装，在类中可以定义很多函数和变量，这些函数和变量加上 self 后称为实例函数或变量，就可以在同一个类中调用了。当然，为了解决重复造轮子的问题，可利用类的继承功能，继承的类拥有父类的所有方法和属性。继承的类可以重写父类中的方法。为了让读者更好地理解这部分内容，本章还提供了两个实例。

第8章

文件与异常

前面学习了用Python编程的基础知识和基本技能，接下来将使用Python来解决实际问题。在人工智能、大数据时代，数据是核心内容，也是数据分析、机器学习的原料。如何使用数据、分析与处理相关数据，就显得非常重要。

数据一般是以文件方式存储的，所以如何用Python操作文件是经常会遇到的问题。在Python操作数据的过程中，难免会遇到各种问题，如何保证程序的可靠性、容错性等是衡量程序优劣的重要依据。所以本章除介绍如何操作文件之外，还将介绍如何使Python程序更健壮、更可靠。本章将介绍以下内容。

- 如何读写文件
- 如何操作文件系统
- 如何让代码更健壮

8.1　问题：Python如何获取文件数据？

在磁盘上读写文件的功能都是由操作系统提供的，现代操作系统不允许普通的程序直接操作磁盘，所以读写文件就是请求操作系统打开一个文件对象（通常称为文件描述符），然后通过操作系统提供的接口从这个文件对象中读取数据（读文件），或者把数据写入这个文件对象。

系统中的文件分为两大类：字符文件和二进制文件。用记事本直接操作的文件就是字符文件，也叫文本文件；而图片、语音等属于二进制文件。Python 可以操作这两种类型的文件，本节主要介绍如何处理文本文件，后续章节将介绍 Python 如何处理图像这类二进制文件。

Python 处理文件的步骤包括打开、读写、关闭。首先要以读文件的模式打开一个文件对象，使用 Python 内置的 open() 函数传入文件名和其他参数。open() 函数的常用方式是接收两个参数，即文件名 (file) 和模式 (mode)，如以下代码。

```
open(file, mode='r')
```

完整的语法格式如下。

```
open(file, mode='r', buffering=-1, encoding=None, errors=None,
newline=None, closefd=True, opener=None)
```

其中参数的含义如下。

（1）file: 必需，文件路径（相对或绝对路径）。如果是 Linux 环境，路径一般表示为 './data/file_name'；如果是 Windows 环境，一般表示为 '.\data\file_name'。因反斜杠在 Python 中被视为转义字符，所以为确保路径正确，应以原字符串的方式指定路径，即在开头的单引号前加上 r。

（2）mode: 可选，文件打开模式。

（3）buffering: 可选，设置缓冲。

（4）encoding: 可选，一般使用 utf8。

（5）errors: 可选，报错级别。

（6）newline: 可选，区分换行符，如 \n,\r\n 等。

（7）closefd: 可选，传入的 file 参数类型。

（8）opener: 可选，可以通过调用 *opener* 来自定义 opener。

用 open() 函数打开文件的具体代码如下。

```
myfile = open(r".\data\hello.txt",'r')
contents=myfile.read()
print(contents)
myfile.close()
```

运行结果如下。

```
Python, java
PyTorch, TensorFlow, Keras
```

open() 方法用来打开文件，里面的参数是文件路径和文件名。open() 方法的返回值是一个文件对象（或称为文件句柄），也就是上面代码中的 myfile 变量，对该文件的所有操作都通过 myfile 完成。如果文件打开成功，调用 read() 方法可以一次性读取文件的全部内容，Python 会把内容读到内存。close() 方法是文件对象提供的成员方法，用来关闭磁盘中的文件。整个过程就好比从一个房间中取东西，文件名就是房间号，首先用 open() 开门，其次把东西取出，最后用 close() 关门。

操作系统将文件的操作划分了很多权限，比如读权限、写权限、以追加方式写和以覆盖方式写等。Python 打开文件的常用语法格式是 open(file,mode='r')，第二个参数是字符，其值有规定的内容和含义，如表 8-1 所示。

表8-1 mode参数的取值和含义

参数值	含义
'r'	以只读方式打开已存在的文件
'w'	以写入方式打开文件，如不存在则自动创建
'x'	以可写入方式打开文件
'a'	以追加方式打开文件，新写入的内容会附加在文件末尾
'b'	以二进制方式打开文件
't'	以文本方式打开文件
'+'	以读写方式打开文件
'U'	通用换行符模式打开文件（不建议使用）

上面的参数值可以配合使用，比如 open(file,'ab') 就是以追加方式打开二进制文件。如果 open() 方法不写 mode 参数，则 mode 的默认值是 'rt'，即以只读方式打开文本文件。

如果要打开的文件并不存在，则 open() 方法会报错，如下所示。

```
myfile = open(r".\data\hello2.txt",'r')
FileNotFoundError                          Traceback (most recent call
last)
<ipython-input-9-f555e2ed05df> in <module>()
----> 1 myfile= open(r".\data\hello2.txt",'r')

FileNotFoundError: [Errno 2] No such file or directory: '.\\data\\
hello2.txt'
```

8.2　基本的文件操作

对文件的常用操作包括读取文件和写入文件。读取文件又可以根据文件的大小选择不同的读取方式，如按字节读取、逐行读取、读取整个文件等方式。

8.2.1　读取文件

打开文件后，读取文件使用 read() 方法。一个文本文件由多行字符串组成，而一行字符串又由多个字符组成。read(size) 方法是以字节为单位读取文件内容，比如 read(1) 就是从当前文件指针位置开始，读取 1 个字节的内容。如果 read() 括号中没有数字或数字是负数，则读取整个文件的内容。

1.按字节读取

下面的代码每次从文件中读取固定的 1 个字节。每次读完后，文件指针会指向下一个字节的位置，就好比用瓢从水缸中舀水，每次都舀出相同的水量。

```
myfile = open(r'.\data\hello.txt')
token = myfile.read(1)
print(token) #p
token = myfile.read(1)
print(token) #y
token = myfile.read(2)
print(token)   #th
myfile.close()
```

2.读取整个文件

不指定 read() 括号中的参数，会读取整个文件的内容。

```
myfile = open(r".\data\hello.txt")
token = myfile.read()
print(token)
myfile.close()
# Python, java
#PyTorch, TensorFlow, Keras
```

8.2.2　使用with语句读取文件

无论使用哪种高级语言来读取文件，都是先打开磁盘中的一个物理文件，获得一个文件句柄，通过这个句柄（或称为文件对象）来读取，最后关闭文件对象。如果忘记关闭文件对象，这个文件对象会一直存在于内存中，除非使用 close() 方法来释放这个文件对象所占用的空间。Python 语言为了避免忘记关闭文件，提供了 with 关键字来自动关闭文件。

```
with open(r'.\data\hello.txt') as myfile:
    print(myfile.read())
```

```
#Python, java
#PyTorch, TensorFlow, Keras
```

8.2.3　逐行读取文件

使用 read() 方法要么读取整个文件，要么读取固定字节数，总归不太方便。文本文件都是由多行字符串组成的，Python 也可以使用 readline() 方法逐行读取文件。

```
# cat stu.csv文本文件包含一行标题和三行数据
#no,name,age,gender
01,李康,15,M
02,张平,14,F
03,刘畅,16,M
```

1.逐行读取文件内容并打印

```
with open(r".\data\stu.csv") as myfiles:
    for line in myfiles:
        print(line)
```

运行结果如下。

```
no,name,age,gender

01,李康,15,M

02,张平,14,F

03,刘畅,16,M
```

2.去掉空行

从上面的打印结果可以看出，行之间多了空行。为何会出现这种情况？这是因为在文件中，每行的末尾都有一个不可见的换行符（如 \n），print 语句会加上这个换行符。如何去掉这些空行呢？只要在 print 中使用 rstrip() 或 strip() 即可。

```
with open(r".\data\stu.csv") as myfiles:
    for line in myfiles:
        print(line.rstrip())
```

运行结果如下。

```
no,name,age,gender
01,李康,15,M
02,张平,14,F
03,刘畅,16,M
```

3.使用readline()可以每次读取一行

使用 readline() 也会把文件中每行末尾的回车符读进来，如果要去掉这些空行，同样可以使用

rstrip 或 strip 函数。

```
with open(r".\data\stu.csv") as myfiles:
    line1=myfiles.readline()
    print(line1.rstrip())
    line2=myfiles.readline()
    print(line2.rstrip())
```

8.2.4　读取文件中的所有内容

使用 readline() 方法虽然可以一次读一行，比使用 read(size) 方法一次读一个字节方便了很多。但每次运行 readline() 方法后，文件指针会自动指向下一行，仍然要再调用一次 readline() 方法，才能读取下一行内容，还是不够方便。

1.使用readlines()读取文件中的所有内容

Python 还提供了 readlines() 方法，可以一次性把文件中的所有行都读出来，放入一个列表中。

```
with open(r".\data\stu.csv") as myfiles:
    lists=myfiles.readlines()
    print(type(lists))
    for line in lists:
        print(line.rstrip())
```

2.定义Stu类

下面定义一个 Stu 类，该类实现利用 readlines() 函数返回的列表来处理每行的每列数据，并打印每列的属性值。

```
class Stu:
    def __init__(self,no,name,age,gender):
        self.no = no
        self.name = name
        self.age = age
        self.gender = gender

    def debug(self):
        print("学号：{},姓名：{}, 年龄：{},性别:{}".format(self.no,self.
name,self.age,self.gender))
```

3.处理文件中的每列数据

```
with  open(r".\data\stu.csv") as myfiles:
    for line in myfiles.readlines():
        line = line.strip()
        #不取第一行列名
        if (line[0] != 'n'):
            lst = line.split(',')
            stu = Stu(lst[0],lst[1],lst[2],lst[3])
            stu.debug()
```

```
#上面代码运行的结果如下
学号：01,姓名：李康，年龄：15,性别:M
学号：02,姓名：张平，年龄：14,性别:F
学号：03,姓名：刘畅，年龄：16,性别:M
```

上面介绍的 3 种读文件的方法，都是从文件头开始读，直到遇到文件结束符（EOF）为止。这种读取方式称为顺序读取。如果一个文件有几个 GB 大小，而想读出其中的一小部分内容，可以采取随机读取方式，使用 seek() 或 tell() 方法，有兴趣的读者可以参考 Python 文档资料。

8.2.5 写入文件

write(str) 方法把 str 字符串写入文件，返回值是 str 字符串的长度。写文件前要先使用追加或写入模式打开文件。

```
with open(r'.\data\newfile','a') as myfile:
    myfile.write("hello,Python")
```

上面代码中的文件名为 newfile，如果该文件不存在将自动创建。写入的方式是"a"，即追加的方式，如果 newfile 文件存在，将往里追加记录，没有指定扩展名。但写入的是字符串，仍然是一个文本文件，可以使用记事本查看。write 方法写入的字符串最后不会加上回车 \n。

如果要把多行内容写入文件，可以每行都调用 write 方法，Python 也提供了 writelines(seq) 方法一次性写入多行内容。seq 参数是一个列表或元组。

```
with open(r'.\data\newfile','w') as myfile:
    seq1 = ["第一行\n","第二行\n"]
    seq2 = ("第三行\n","第四行\n")
    myfile.writelines(seq1)
    myfile.writelines(seq2)
```

以 'w' 模式写入文件时，如果文件已存在，会直接覆盖（相当于删掉后新写入一个文件）。上面写入文件的字符串要加入回车键，否则即使调用多次 writelines() 方法，Python 执行时也不会自动加上回车。

8.2.6 中文乱码处理

open 函数中有一个涉及字符集编码的参数 encoding，Windows 环境下的缺省字符集为 GBK，比如上一小节生成的 newfile 文件，若生成该文件时没有指明 encoding，则系统采用 GBK 字符集。如何查看文件的字符集呢？可以用记事本的方式打开该文件，然后选择"另存为"选项，在"另存为"界面的最后一栏有个编码框，那里就显示了当前文件的字符集，如图 8-1 所示。

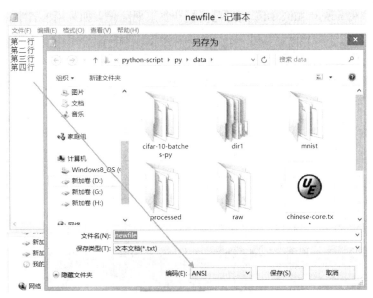

图8-1 查看文件的字符集

默认情况下，Window 记事本的默认编码为 ANSI(汉字表示即为 GBK 编码)。如果采用 utf-8 字符集生成文件，代码如下。

```
with open(r'.\data\newfile-utf8','w',encoding='utf-8') as myfile:
  seq1 = ["第一行\n","第二行\n"]
  seq2 = ("第三行\n","第四行\n")
  myfile.writelines(seq1)
  myfile.writelines(seq2)
```

用记事本打开，可以看到编码是 UTF-8，如图 8-2 所示。

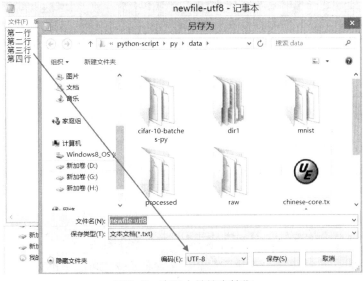

图8-2 查看文件的字符集

　　UTF-8 字符集的 newfile-utf8 如果用浏览器打开将出现乱码，如果用缺省字符集（即 GBK）打
开将报错。

```
with open(r".\data\newfile-utf8",'r') as file_utf:
#with open(r".\data\newfile-utf8",'r',encoding='utf-8') as file_utf:
    lists=file_utf.readlines()
    for line in lists:
        print(line.strip())
```

　　报错信息如下。

```
UnicodeDecodeError: 'gbk' codec can't decode byte 0xac in position 2:
illegal multibyte sequence
```

　　改用 UTF-8 方式打开，则一切都正常。

```
with open(r".\data\newfile-utf8",'r',encoding='utf-8') as file_utf:
    lists=file_utf.readlines()
    for line in lists:
        print(line.strip())
```

　　显示结果如下。

```
第一行
第二行
第三行
第四行
```

8.3　目录操作

　　在操作系统中，除了文件还有目录。文件目录被当作一种特殊类型的文件。在 Python 中操作
目录要比操作文件简单一些。

8.3.1　os简介

　　操作系统中的文件和目录，可以使用 Python 内置的 os 模块，操作文件和目录的函数一部分放
在 os 模块中，另一部分放在 os.path 模块中。os 模块中的主要方法如表 8-2 所示。

表8-2　os模块中的常用方法

方法	含义
os.path.curdir	返回当前程序的运行目录

方法	含义
os.path.abspath(p)	返回文件对象的绝对路径
os.path.exists(p)	判断文件或目录是否存在
os.path.isfile(p)	判断文件对象是否是文件
os.path.isdir(p)	判断文件对象是否是目录
os.path.join(p1,p2)	拼接两个字符串
os.makedirs(p)	创建多级目录
os.mkdir(p)	创建目录
os.unlink(p)	删除文件
os.rmdir(p)	删除空目录

在使用 os 模块前要先引入 import os，下面演示针对文件对象的几个方法。

8.3.2　查看环境变量

利用 os 模块可以查看环境变量，操作系统中定义的环境变量全部保存在 os.environ 这个变量中。

```
os.environ
```

要获取某个环境变量的值，可以调用 os.environ.get('key')。

```
os.environ.get('PYTHONPATH')
```

8.3.3　判断是否为文件或目录

```
import os

#获取当前路径
curpath = os.path.abspath(os.path.curdir)
print(curpath)
#判断指定文件是否存在
filepath = ".\data\hello.txt"
os.path.exists(filepath)    #True
#判断是否为路径
os.path.isdir(filepath)     #False
#判断是否为文件
os.path.isfile(filepath)    #True
```

8.3.4 自动创建文件或目录

以下代码指定了一个绝对路径，如果该路径不存在，就自动创建。

```
import os

mydir = ".\data\dir1\dir2\dir3"
if (os.path.exists(mydir) == False):
    os.makedirs(mydir)
```

自动创建目录和文件在实际开发中经常会用到，也是最基本和最重要的技能之一。除了 os 模块，Python 3 中也提供了 shutil 包，里面的方法可以实现文件之间的复制、移动和目录的移动及递归删除。

8.3.5 join目录

把两个路径合成一个时，不要直接拼字符串，而要通过 os.path.join() 函数，这样可以正确处理不同操作系统的路径分隔符。在 Linux/Unix/Mac 环境下，执行以下命令。

```
os.path.join('path1', 'path2')
```

返回结果如下。

```
'path1/path2'
```

在 Windows 环境下，执行该命令的结果如下。

```
'path1\\path2'
```

8.4　异常处理

程序员最不愿意看到的，就是自己开发的软件出错。错误是无法避免的，但可以分类处理。有一类错误是软件无法控制的，比如磁盘空间满了或其他硬件出故障了，这类错误可以交给操作系统去处理。还有一类错误是软件可以控制的，在 Python 编程中遇到的错误分为两种：一种是语法错误（Syntax Error），即在编写程序时违反了语法规则，运行时马上就会报错，并且有错误信息；另一种是程序运行一直正常，但是突然就挂掉了，而且报了很多出错信息，这种情况多半是由于程序运行所依赖的外部条件变化导致的，这种错误被称为异常（Exception）。

8.4.1 如何使程序更可靠？

写出能运行的程序不是我们的目的，写出能运行且不出错的程序才是最重要的。代码的健壮性和稳定性是衡量一个软件好坏的重要指标，大多数高级语言都提供了异常处理机制来确保代码的健壮性。Python 的异常处理语法简单且功能实用，是必须掌握的要点。

8.4.2　捕获异常

异常处理有两个关键字，即 try 和 except。这两个关键字把程序分成两个代码块，try 中放置程序正常运行的代码，except 中是处理程序出错后的代码，其语句结构如下。

```
try:
<语句>              #运行别的代码
except <异常类型>:
<语句>              #如果在try部份引发了'异常类型'的异常
[except <异常类型>，<数据>:
<语句>              #如果引发了'异常类型'的异常，则获得附加的数据]
[else:
<语句>              #如果没有异常发生]
[finally:
<语句>              #无论代码执行是否成功，都该执行语句]
```

try…except 代码执行过程类似于 if..else，但后者仅限于可以预知的错误，而 except 用来捕获隐藏的错误。下面的代码演示了除数为零的异常。

```
try:
    num1 = 10
    num2 = 0
    print(num1 / num2)
except:
    print("除法运行错误，请检查数值")
#代码运行结果
#除法运行错误，请检查数值
```

在进行文件操作时，也会出现各种异常情况，同样适用 try…except 语法格式。以下代码中要打开的文件并不存在，程序捕捉到这种异常后，会进入 except 模块。

```
try:
  myfile = open("test.txt")
  myfile.read()
  myfile.close()
except:
  print("处理文件出错")
#代码运行结果
#处理文件出错
```

8.4.3　捕获多种异常

Python 中定义的异常类型有很多种，针对不同类型的异常可以做区别处理，常见的几种类型可参考表 8-3。

表8-3 常见异常种类

异常类名	含义
AttributeError	对象缺少属性
IOError	输入/输出操作失败
ImportError	导入模块/对象失败
KeyError	集合中缺少键值错误
NameError	未声明或初始化变量
OSError	操作系统错误
StopIteration	迭代器没有更多的值
ZeroDivisionError	除数为0或用0取模
Exception	常规异常的基类

捕获多种异常的语法格式如下。

```
try:
    #正常执行代码行a
    #正常执行代码行b
    ... ...
except 异常类名1 as 变量名1:
    #处理异常1的代码块
except 异常类名2 as 变量名2:
    #处理异常2的代码块
except 异常类名3 as 变量名3:
    #处理异常3的代码块
```

把上一节的两种异常代码合并处理如下。

```
def demo():

    try:
        num1 = 10
        num2 = 0
        print(num1 / num2)
    except ZeroDivisionError as e:
        print("除法运行错误", e)
    try:
        with open("test.txt") as myfile:
            myfile.read()
    except FileNotFoundError as e:
        print("处理文件出错", e)
```

```
demo()
#除法运行错误 division by zero
#处理文件出错 [Errno 2] No such file or directory: 'test.txt'
```

多个 except 并列时，try 中的代码最先遇到哪个异常种类，就会进入对应的 except 代码块，而忽略其他的异常种类。except...as 后面的变量名 e 是为该异常类创建的实例，可以得到具体的异常信息。

8.4.4　捕获所有异常

有那么多的异常种类，如果每个都捕获，那么代码写起来就太冗长了。Python 的每个常规异常类型被定义成了一个类，这些类都有一个共同的父类，就是 Exception 类。在不需要区分异常类型的情况下，把所有异常都归入 Exception 类也是通用的做法。

```
import sys

try:
    with open('myfile.txt') as files:
        s = files.readline()
except IOError as err:
    print("I/O error: {0}".format(err))
except ValueError:
    print("Could not convert data to an integer.")
except:
    print("Unexpected error:", sys.exc_info()[0])
    raise
#程序运行结果
#I/O error: [Errno 2] No such file or directory: 'myfile.txt'
```

另外需要注意，如果多个 except 并列出现，要把 Exception 基类放在最下面，否则会出现某个异常种类捕捉不到的情况。以下代码就是错误的。

```
def demo():
  try:
    with open("test.txt") as myfile:
        myfile.read()

  except Exception as e:
    print("程序运行异常", e)
  except IOError as e:
    print("IO异常", e)

demo()
#运行结果
#程序运行异常 [Errno 2] No such file or directory: 'test.txt'
```

8.4.5　清理操作

异常处理中还有一个关键字是 finally。final 是最终的意思，finally 代码块放在所有 except 代码的后面，无论是否执行了异常代码，finally 中的代码都会被执行。

```
try:
    num1 = 10
    num2 = 0
    print(num1 / num2)
except Exception as e:
    print("程序运行异常", e)
finally:
    print("程序运行结束")
#程序运行结果
#程序运行异常 division by zero
#程序运行结束
```

finally 关键字只能出现一次，里面的代码主要完成清理工作，比如关闭文件、关闭数据库链接、记录运行日志等。下面把关闭文件放在 finally 中。

```
myfile = open(r".\data\stu.csv")
try:
  print(myfile.read(1))
except Exception as e:
  print("程序运行异常", e)
finally:
  myfile.close()
```

由于 try、except、finally 分属 3 个代码块，因此 myfile 变量需要定义在外面，以便在代码块中可以引用。

8.4.6　try /else/finally/return之间的关系

如果 finally 遇到 return，finally 是必然要执行的。finally 中的 return 语句拥有最高的优先级输出。先看以下代码。

```
def demo():

  try:
    myfile = open(r".\data\stu.csv")
    print(myfile.read(18))
    return 10
  except Exception as e:
    print("程序运行异常", e)
  else:
    print('没有错误')
  finally:
```

```
    myfile.close()
    print("文件已关闭")
    return 100

demo()


#程序运行结果
#no,name,age,gender
#文件已关闭
#100
```

　　为什么 else 部分的代码不执行呢？可以看到，try 部分有个 return 10，而我们的目标是不出错直接 return，那么 else 部分的内容自然就不执行了。但是为什么返回不是 10，而是 100 呢？那是因为 finally 拥有最高的 return 权限。

8.5　后续思考

　　编写一个脚本，实现以下功能。

　　（1）把用户名、用户登录密码写入文件，至少 3 条记录，文件名为 login.txt。

　　（2）文件 login.txt 的列之间用逗号分隔。

　　（3）用 input 函数作为一个登录界面，输入用户名、用户密码。

　　（4）将 input 输入的用户名及用户密码与文件 login.txt 中的用户名及密码进行匹配，如果两项都能匹配上，则提示登录成功，否则提示具体错误，如用户名不存在或密码错误等。

8.6　小结

　　文件和数据库在信息系统中一般被划分为硬件。前 7 章介绍的都是 Python 如何操作内存中的数据，本章重点介绍 Python 如何创建、打开、读写文件。读者通过学习本章内容，应该能掌握 Python 操作文本文件的基本方法，以及操作文件目录的方法。

　　掌握异常处理的概念和用法是一名 Python 程序员的必备技能，所涉及的有 try/except/finally 3 个关键字，以及常用的异常类的类名。不只是操作文件和数据库，正常的编码过程中，都要在适当的地方采用异常处理方式，才能编写出健壮的代码。

第9章
NumPy基础

在机器学习和深度学习中，图像、声音、文本等输入数据最终都要转换为数组或矩阵。如何有效进行数组和矩阵的运算呢？这就需要充分利用NumPy。NumPy是数据科学的通用语言，而且与Pytorch关系非常密切，它是科学计算、深度学习的基石。尤其对Pytorch而言，其重要性更加明显。Pytorch中的Tensor与NumPy非常相似，它们之间可以非常方便地进行转换，掌握NumPy是学好Pytorch的重要基础。

为什么是NumPy？实际上Python本身含有列表（list）和数组（array），但对于大数据来说，这些结构有很多不足。因为列表中的元素可以是任何对象，所以列表中所保存的是对象的指针。例如，为了保存一个简单的[1,2,3]，需要有3个指针和3个整数对象。对于数值运算来说，这种结构显然比较浪费内存和CPU等宝贵资源。至于array对象，它直接保存数值，和C语言的一维数组比较类似。但是由于它不支持多维，再加上里面的函数也不多，因此也不适合做数值运算。

NumPy（Numerical Python）的诞生弥补了这些不足，NumPy提供了两种基本的对象，即ndarray（N-dimensional array object）和 ufunc（universal function object）。ndarray是存储单一数据类型的多维数组，而ufunc则是能够对数组进行处理的函数。

NumPy主要有以下特点。

（1）ndarray是快速运算和节省空间的多维数组，提供数组化的算术运算和高级的广播功能。

（2）使用标准数学函数对整个数组的数据进行快速运算，而不需要编写循环。

（3）可以读取/写入磁盘中的阵列数据和操作存储器映像文件。

（4）具有线性代数、随机数生成和傅里叶变换的能力。

（5）可以集成C、C++、Fortran代码。

本章主要内容如下。

- 如何生成NumPy数组
- 如何存取元素
- NumPy的算术运算
- 数组变形
- NumPy的通用函数
- NumPy的广播机制

9.1　问题：为什么说NumPy是打开人工智能的一把钥匙？

前面的章节介绍了几种数据结构，如列表、元组、字典等。这些数据结构的一大特点是，里面的每个元素都可以是不同类型的数据，保存的是存放地址（即指针），这种存储策略将消耗大量的空间和 CPU，不利于处理大数据。为解决这一问题，NumPy 横空出世。NumPy 的核心就是 ndarray（即多维数组），NumPy 的后端大都是用 C 编写的。这样一来，NumPy 不仅易用、好用，而且性能也不错。另外，NumPy 中还有几百个通用函数（ufunc），这些因素综合在一起，就使 NumPy 成为当今数据处理的最佳选择。

NumPy 是 Python 系列数据处理、数据分析的重要基石，如图 9-1 所示。数据分析、机器学习、深度学习中绝大部分涉及向量、矩阵的运算都离不开 NumPy。

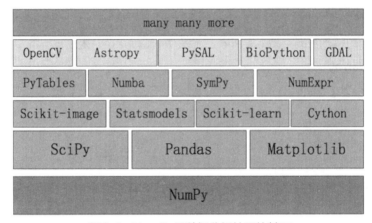

图9-1　NumPy是数据分析处理的基石

NumPy 有一个不足之处，就是无法在 GPU 上运行，但很多深度学习框架中的张量 (Tensor) 可以看成是 NumPy 的延伸。PyTorch 中的 Tensor 与 NumPy 就非常像，而且它们之间的转换只需一个命令即可，很多功能也非常类似，其他框架的张量也大都如此。

数据分析、机器学习、深度学习最后的运算归根结底就是关于向量和矩阵的运算，因此从这个方面来说，NumPy 是打开人工智能大门的一把钥匙。为了让读者更好地理解和使用 NumPy，本章将花较大篇幅介绍 NumPy。

9.2　生成NumPy数组

NumPy 是 Python 的外部库，不在标准库中。因此若要使用它，需要先导入 NumPy。

```
import numpy as np
```

导入 NumPy 后，可通过输入 np. 再按 Tab 键，查看可使用的函数。如果对其中一些函数的使用不是很清楚，还可以在对应函数后加问号，就可很方便地看到如何使用函数的帮助信息。

运行如下命令，便可查看函数 abs 的详细帮助信息。

```
np.abs?
```

NumPy 不但功能强大，而且还非常友好。接下来将介绍 NumPy 的一些常用方法，尤其是与机器学习、深度学习相关的一些内容。NumPy 封装了一个新的数据类型 ndarray（n-dimensional array），它是一个多维数组对象。该对象封装了许多常用的数学运算函数，可以很方便地进行数据处理、数据分析等。下面将介绍生成 ndarray 的几种方式，如从已有数据中创建、利用 random 创建、创建特殊多维数组、使用 arange 函数创建等。

9.2.1　从已有数据中创建数组

直接对 Python 的基础数据类型 (如列表、元组等) 进行转换，来生成 ndarray。

1.将列表转换成 ndarray

```
import numpy as np

lst1 = [3.14, 2.17, 0, 1, 2]
nd1 =np.array(lst1)
print(nd1)
# [3.14 2.17 0.   1.   2.  ]
print(type(nd1))
# <class 'numpy.ndarray'>
```

2.嵌套列表可以转换成多维 ndarray

```
import numpy as np

lst2 = [[3.14, 2.17, 0, 1, 2], [1, 2, 3, 4, 5]]
nd2 =np.array(lst2)
print(nd2)
# [[3.14 2.17 0.   1.   2.  ]
#  [1.   2.   3.   4.   5.  ]]
print(type(nd2))
# <class 'numpy.ndarray'>
```

把上面示例中的列表换成元组也同样可以生成 ndarray。

9.2.2　利用 random 模块生成数组

在深度学习中，经常需要对一些参数进行初始化，为了更有效地训练模型，提高模型的性能，有些初始化还需要满足一定条件，如满足正态分布或均匀分布等。下面将介绍几种常用的方法，

表 9-1 列举了 np.random 模块常用的函数。

表9-1　np.random模块常用函数

函数	描述
np.random.random	生成 0 到 1 的随机数
np.random.uniform	生成均匀分布的随机数
np.random.randn	生成标准正态的随机数
np.random.randint	生成随机的整数
np.random.normal	生成正态分布的随机数
np.random.shuffle	随机打乱顺序
np.random.seed	设置随机数种子
random_sample	生成随机的浮点数

下面来看一些函数的具体使用。

```
import numpy as np

nd3 =np.random.random([3, 3])
print(nd3)
# [[0.43007219 0.87135582 0.45327073]
#  [0.7929617  0.06584697 0.82896613]
#  [0.62518386 0.70709239 0.75959122]]
print("nd3的形状为:",nd3.shape)
# nd3的形状为: (3, 3)
```

为了每次生成同一份数据，可以指定一个随机种子，使用 shuffle 函数打乱生成的随机数。

```
import numpy as np

np.random.seed(123)
nd4 = np.random.randn(2,3)
print(nd4)
np.random.shuffle(nd4)
print("随机打乱后数据:")
print(nd4)
print(type(nd4))
```

输出结果如下。

```
[[-1.0856306   0.99734545  0.2829785 ]
 [-1.50629471 -0.57860025  1.65143654]]
```

随机打乱后的数据如下。

```
[[-1.50629471 -0.57860025  1.65143654]
```

```
[-1.0856306   0.99734545  0.2829785 ]]
```

9.2.3　创建特定形状的多维数组

参数初始化时, 有时需要生成一些特殊矩阵, 如全是 0 或 1 的数组或矩阵, 可以利用 np.zeros、np.ones、np.diag 来实现, 如表 9-2 所示。

表9-2　用NumPy数组创建函数

函数	描述
np.zeros((3, 4))	创建 3x4 的元素全为0的数组
np.ones((3,4))	创建 3x4 的元素全为1的数组
np.empty((2,3))	创建 2x3 的空数组, 空数组中的值并不为0, 而是未初始化的垃圾值
np.zeros_like(ndarr)	以 ndarr 相同维度创建元素全为0的数组
np.ones_like(ndarr)	以 ndarr 相同维度创建元素全为1的数组
np.empty_like(ndarr)	以 ndarr 相同维度创建空数组
np.eye(5)	创建一个5x5的矩阵, 对角线为1, 其余为0
np.full((3,5), 666)	创建 3x5 的元素全为 666 的数组, 666 为指定值

下面通过几个示例来说明。

```python
import numpy as np

# 生成全是0的3x3矩阵
nd5 =np.zeros([3, 3])
#生成与nd5形状一样的全0矩阵
#np.zeros_like(nd5)
# 生成全是1的3x3矩阵
nd6 = np.ones([3, 3])
# 生成3阶的单位矩阵
nd7 = np.eye(3)
# 生成3阶的对角矩阵
nd8 = np.diag([1, 2, 3])

print(nd5)
# [[0. 0. 0.]
#  [0. 0. 0.]
#  [0. 0. 0.]]
print(nd6)
# [[1. 1. 1.]
#  [1. 1. 1.]
#  [1. 1. 1.]]
```

```
print(nd7)
# [[1. 0. 0.]
#  [0. 1. 0.]
#  [0. 0. 1.]]
print(nd8)
# [[1 0 0]
#  [0 2 0]
#  [0 0 3]]
```

有时可能需要把生成的数据暂时保存起来，以备后续使用。

```
import numpy as np

nd9 =np.random.random([5, 5])
np.savetxt(X=nd9, fname='./test1.txt')
nd10 = np.loadtxt('./test1.txt')
print(nd10)
```

输出结果如下。

```
[[0.41092437 0.5796943  0.13995076 0.40101756 0.62731701]
 [0.32415089 0.24475928 0.69475518 0.5939024  0.63179202]
 [0.44025718 0.08372648 0.71233018 0.42786349 0.2977805 ]
 [0.49208478 0.74029639 0.35772892 0.41720995 0.65472131]
 [0.37380143 0.23451288 0.98799529 0.76599595 0.77700444]]
```

9.2.4　利用 arange、linspace 函数生成数组

arange 是 numpy 模块中的函数，其格式如下。

```
arange([start,] stop[,step,], dtype=None)
```

其中 start 与 stop 指定范围，step 设定步长，生成一个 ndarray，start 默认为 0，步长 step 可为小数。Python 有个内置函数 range，功能与此类似。

```
import numpy as np

print(np.arange(10))
# [0 1 2 3 4 5 6 7 8 9]
print(np.arange(0, 10))
# [0 1 2 3 4 5 6 7 8 9]
print(np.arange(1, 4, 0.5))
# [1.  1.5 2.  2.5 3.  3.5]
print(np.arange(9, -1, -1))
# [9 8 7 6 5 4 3 2 1 0]
```

linspace 也是 numpy 模块中常用的函数，其格式如下。

```
np.linspace(start, stop, num=50, endpoint=True, retstep=False,
dtype=None)
```

它可以根据输入的指定数据范围及等分数量，自动生成一个线性等分向量，其中 endpoint （包含终点）默认为 True，等分数量 num 默认为 50。如果将 retstep 设置为 True，则会返回一个带步长的 ndarray。

```
import numpy as np

print(np.linspace(0, 1, 10))
#[0.          0.11111111 0.22222222 0.33333333 0.44444444 0.55555556
# 0.66666667 0.77777778 0.88888889 1.          ]
```

这里并没有像我们预期的那样，生成 0.1, 0.2, …,1.0 这样步长为 0.1 的 ndarray，这是因为 linspace 必定会包含数据起点和终点，那么其步长则为 (1-0) / 9 = 0.11111111。如果需要产生 0.1, 0.2,…,1.0 这样的数据，只需要将数据起点 0 修改为 0.1 即可。

除了上面介绍的 arange 和 linspace，NumPy 还提供了 logspace 函数，该函数的使用方法与 linspace 一样，读者不妨自己动手试一下。

9.3 获取元素

上节介绍了生成 ndarray 的几种方法，数据生成后该如何读取呢？本节将介绍几种常用的数据读取方法。

```
import numpy as np
np.random.seed(2019)
nd11 = np.random.random([10])
#获取指定位置的数据，获取第4个元素
nd11[3]
#截取一段数据
nd11[3:6]
#截取固定间隔数据
nd11[1:6:2]
#倒序取数
nd11[::-2]
#截取一个多维数组的一个区域内的数据
nd12=np.arange(25).reshape([5,5])
nd12[1:3,1:3]
#截取一个多维数组中，数值在一个区间内的数据
nd12[(nd12>3)&(nd12<10)]
#截取多维数组中指定的行,如读取第2,3行
nd12[[1,2]]   #或nd12[1:3,:]
##截取多维数组中指定的列,如读取第2,3列
nd12[:,1:3]
```

如果对上面这些获取方式还不是很清楚，没关系，下面将通过图形的方式进一步说明。如图 9-2

所示，左图为表达式，右图为表达式获取的元素。注意，不同的边界表示不同的表达式。

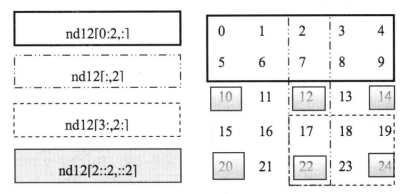

图9-2　获取多维数组中的元素

要获取数组中的部分元素，除通过指定索引标签外，还可以使用一些函数来实现，如通过 random.choice 函数可以从指定的样本中随机抽取数据。

```
import numpy as np
from numpy import random as nr

a=np.arange(1,25,dtype=float)
c1=nr.choice(a,size=(3,4))    #size指定输出数组形状
c2=nr.choice(a,size=(3,4),replace=False)    #replace缺省为True，即可重复抽取。
#下式中参数p指定每个元素对应的抽取概率，缺省为每个元素被抽取的概率相同。
c3=nr.choice(a,size=(3,4),p=a / np.sum(a))
 print("随机可重复抽取")
print(c1)
print("随机但不重复抽取")
print(c2)
print("随机但按制度概率抽取")
print(c3)
```

打印结果如下。

```
随机可重复抽取
[[  7.   22.   19.   21.]
 [  7.    5.    5.    5.]
 [  7.    9.   22.   12.]]
随机但不重复抽取
[[ 21.    9.   15.    4.]
 [ 23.    2.    3.    7.]
 [ 13.    5.    6.    1.]]
随机但按制度概率抽取
[[ 15.   19.   24.    8.]
 [  5.   22.    5.   14.]
 [  3.   22.   13.   17.]]
```

9.4 NumPy的算术运算

在机器学习和深度学习中，涉及大量的数组或矩阵运算，本节将重点介绍两种常用的运算。一种是对应元素相乘，又称逐元乘法（element-wise product），运算符为 np.multiply(),或 *。另一种是点积或内积元素，运算符为 np.dot()。

9.4.1 对应元素相乘

对应元素相乘（element-wise product）是两个矩阵中的对应元素相乘。np.multiply 函数用于数组或矩阵的对应元素相乘，输出与相乘数组或矩阵的大小一致，其格式如下。

```
numpy.multiply(x1, x2, /, out=None, *, where=True,casting='same_kind',
order='K', dtype=None, subok=True[, signature, extobj])
```

其中 x1、x2 之间的对应元素相乘遵守广播规则，NumPy 的广播规则 9.7 节将介绍。以下通过一些示例来进一步说明。

```
A = np.array([[1, 2], [-1, 4]])
B = np.array([[2, 0], [3, 4]])
A*B
##结果如下：
array([[ 2,  0],
       [-3, 16]])
#或另一种表示方法
np.multiply(A,B)
#运算结果也是
array([[ 2,  0],
       [-3, 16]])
```

矩阵 *A* 和 *B* 的对应元素相乘，用图 9-3 可以直观地表示。

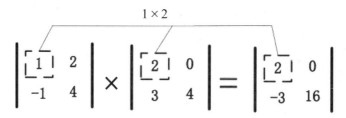

图9-3 对应元素相乘

NumPy 数组不仅可以和数组进行对应元素相乘，也可以和单一数值（或称为标量）进行运算。运算时，NumPy 数组中的每个元素分别和标量进行运算，其间会用到广播机制（9.7 节将详细介绍）。

```
print(A*2.0)
print(A/2.0)
```

输出如下。

```
[[ 2.  4.]
 [-2.  8.]]
[[ 0.5  1. ]
 [-0.5  2. ]]
```

由此，通过使用一些激活函数，数组的输出与输入形状一致。

```
X=np.random.rand(2,3)
def softmoid(x):
    return 1/(1+np.exp(-x))
def relu(x):
    return np.maximum(0,x)
def softmax(x):
    return np.exp(x)/np.sum(np.exp(x))

print("输入参数X的形状: ",X.shape)
print("激活函数softmoid输出形状: ",softmoid(X).shape)
print("激活函数relu输出形状: ",relu(X).shape)
print("激活函数softmax输出形状: ",softmax(X).shape)
```

输入参数 X 的形状：(2,3)。

激活函数 softmoid 输出形状：(2,3)。

激活函数 relu 输出形状：(2,3)。

激活函数 softmax 输出形状：(2,3)。

9.4.2　点积运算

点积运算（dot product）又称为内积，在 NumPy 中用 np.dot 表示，其一般格式为如下。

```
numpy.dot(a, b, out=None)
```

以下通过一个示例来说明 dot 的具体使用方法及注意事项。

```
X1=np.array([[1,2],[3,4]])
X2=np.array([[5,6,7],[8,9,10]])
X3=np.dot(X1,X2)
print(X3)
```

输出结果如下。

```
[[21 24 27]
 [47 54 61]]
```

以上运算可以用图 9-4 表示。

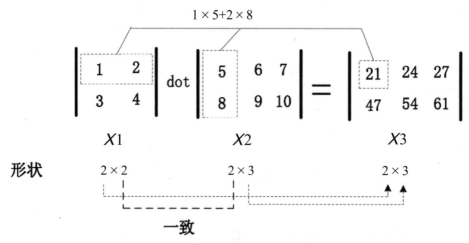

图9-4　矩阵的点积示意图，对应维度的元素个数需要保持一致

如图 9-4 所示，矩阵 $X1$ 和矩阵 $X2$ 进行点积运算，其中 $X1$ 和 $X2$ 对应维度（即 $X1$ 的第 2 个维度与 $X2$ 的第 1 个维度）的元素个数必须保持一致。此外，矩阵 $X3$ 的形状是由矩阵 $X1$ 的行数与矩阵 $X2$ 的列数构成的。

9.5　数组变形

在机器学习以及深度学习的任务中，通常需要将处理好的数据以模型能接受的格式输入模型，然后模型通过一系列的运算，最终返回一个处理结果。然而，由于不同模型所能接受的输入格式不同，往往需要先对其进行一系列的变形和运算，从而将数据处理成符合模型要求的格式。最常见的是矩阵或者数组的运算，经常会遇到需要把多个向量或矩阵按某个轴方向合并或展平（如在卷积或循环神经网络中，在进行全连接之前，需要把矩阵展平）的情况。下面介绍几种常用的数据变形方法。

9.5.1　更改数组的形状

修改指定数组的形状是 NumPy 中最常见的操作之一，常见的操作还有很多，表 9-3 列出了一些常用函数。

表9-3　NumPy中改变向量形状的一些函数

函数	描述
arr.reshape	重新将向量arr的维度进行改变，不修改向量本身

函数	描述
arr.resize	重新将向量arr的维度进行改变，修改向量本身
arr.T	对向量 arr 进行转置
arr.ravel	对向量 arr 进行展平，即将多维数组变成1维数组，不会产生原数组的副本
arr.flatten	对向量 arr 进行展平，即将多维数组变成1维数组，返回原数组的副本
arr.squeeze	只能对维数为1的维度降维。对多维数组使用不会报错，但是不会产生任何影响
arr.transpose	对高维矩阵进行轴对换

下面来看一些示例。

1.reshape

```
import numpy as np

arr =np.arange(10)
print(arr)
# 将向量 arr 的维度变换为2行5列
print(arr.reshape(2, 5))
# 指定维度时可以只指定行数或列数，其他用 -1 代替
print(arr.reshape(5, -1))
print(arr.reshape(-1, 5))
```

输出结果如下。

```
[0 1 2 3 4 5 6 7 8 9]
[[0 1 2 3 4]
 [5 6 7 8 9]]
[[0 1]
 [2 3]
 [4 5]
 [6 7]
 [8 9]]
[[0 1 2 3 4]
 [5 6 7 8 9]]
```

值得注意的是，reshape 函数不支持只指定行数或列数，所以 −1 在这里是必要的。而且所指定的行数或列数一定要能被整除，如上面的代码如果修改为 arr.reshape(3,−1)，就是错误的。

2.resize

```
import numpy as np

arr =np.arange(10)
print(arr)
# 将向量 arr 的维度变换为2行5列
```

```
arr.resize(2, 5)
print(arr)
```

输出结果如下。

```
[0 1 2 3 4 5 6 7 8 9]
[[0 1 2 3 4]
 [5 6 7 8 9]]
```

3.T

```
import numpy as np

arr =np.arange(12).reshape(3,4)
# 向量 arr 为3行4列
print(arr)
# 将向量 arr 进行转置为4行3列
print(arr.T)
```

输出结果如下。

```
[[ 0  1  2  3]
 [ 4  5  6  7]
 [ 8  9 10 11]]
[[ 0  4  8]
 [ 1  5  9]
 [ 2  6 10]
 [ 3  7 11]]
```

4.ravel

```
import numpy as np

arr =np.arange(6).reshape(2, -1)
print(arr)
# 按照列优先，展平
print("按照列优先，展平")
print(arr.ravel('F'))
# 按照行优先，展平
print("按照行优先，展平")
print(arr.ravel())
```

输出结果如下。

```
[[0 1 2]
 [3 4 5]]
按照列优先，展平
[0 3 1 4 2 5]
按照行优先，展平
[0 1 2 3 4 5]
```

5.flatten

把矩阵转换为向量，这种需求经常出现在卷积网络与全连接层之间。

```
import numpy as np
a =np.floor(10*np.random.random((3,4)))
print(a)
print(a.flatten())
```

输出结果如下。

```
[[4. 0. 8. 5.]
 [1. 0. 4. 8.]
 [8. 2. 3. 7.]]
[4. 0. 8. 5. 1. 0. 4. 8. 8. 2. 3. 7.]
```

6.squeeze

这是一个用来降维的重要函数，把矩阵中含 1 的维度去掉。在 Pytorch 中还有一种与之相反的操作 torch.unsqueeze，这个后面将介绍。

```
import numpy as np

arr =np.arange(3).reshape(3, 1)
print(arr.shape)  #(3,1)
print(arr.squeeze().shape)  #(3,)
arr1 =np.arange(6).reshape(3,1,2,1)
print(arr1.shape) #(3, 1, 2, 1)
print(arr1.squeeze().shape) #(3, 2)
```

7.transpose

对高维矩阵进行轴对换，这个操作在深度学习中经常使用，比如把图片中表示颜色的 RGB 顺序改为 GBR 顺序。

```
import numpy as np

arr2 = np.arange(24).reshape(2,3,4)
print(arr2.shape)  #(2, 3, 4)
print(arr2.transpose(1,2,0).shape)   #(3, 4, 2)
```

9.5.2　合并数组

合并数组也是最常见的操作之一，表 9-4 列举了常用的用于数组或向量合并的方法。

表9-4　NumPy数组合并方法

函数	描述
np.append	内存占用大
np.concatenate	没有内存问题

函数	描述
np.stack	沿着新的轴加入一系列数组
np.hstack	堆栈数组垂直顺序(行)
np.vstack	堆栈数组垂直顺序(列)
np.dstack	堆栈数组按顺序深入(沿第三维)
np.vsplit	将数组分解成垂直的多个子数组的列表

【说明】

（1）append、concatnate 以及 stack 都有一个 axis 参数，用于控制数组合并是按行还是按列。

（2）对于 append 和 concatnate，待合并的数组必须有相同的行数或列数（满足一个即可）。

（3）stack、hstack、dstack，待合并的数组必须具有相同的形状（shape）。

下面选择一些常用的函数进行说明。

1.append

合并 1 维数组，代码如下。

```
import numpy as np

a =np.array([1, 2, 3])
b = np.array([4, 5, 6])
c = np.append(a, b)
print(c)
# [1 2 3 4 5 6]
```

合并多维数组，代码如下。

```
import numpy as np

a =np.arange(4).reshape(2, 2)
b = np.arange(4).reshape(2, 2)
# 按行合并
c = np.append(a, b, axis=0)
print('按行合并后的结果')
print(c)
print('合并后的数据维度', c.shape)
# 按列合并
d = np.append(a, b, axis=1)
print('按列合并后的结果')
print(d)
print('合并后的数据维度', d.shape)
```

输出结果如下。

按行合并后的结果
[[0 1]
 [2 3]
 [0 1]
 [2 3]]
合并后的数据维度 (4, 2)
按列合并后的结果
[[0 1 0 1]
 [2 3 2 3]]
合并后的数据维度 (2, 4)

2.concatenate

沿指定轴连接数组或矩阵，代码如下。

```
import numpy as np
a =np.array([[1, 2], [3, 4]])
b = np.array([[5, 6]])

c = np.concatenate((a, b), axis=0)
print(c)
d = np.concatenate((a, b.T), axis=1)
print(d)
```

输出结果如下。

```
[[1 2]
 [3 4]
 [5 6]]
[[1 2 5]
 [3 4 6]]
```

3.stack

沿指定轴堆叠数组或矩阵，代码如下。

```
import numpy as np

a =np.array([[1, 2], [3, 4]])
b = np.array([[5, 6], [7, 8]])
print(np.stack((a, b), axis=0))
```

输出结果如下。

```
[[[1 2]
  [3 4]]

 [[5 6]
  [7 8]]]
```

9.6 通用函数

NumPy 提供了两种基本的对象，即 ndarray 和 ufunc。前面介绍了 ndarray，本节将介绍 NumPy 的另一个对象——通用函数（ufunc）。ufunc 是 universal function 的简写，它是一种能对数组的每个元素进行操作的函数。许多 ufunc 函数都是用 C 语言实现的，因此它们的计算速度非常快。此外，它们比 math 模块中的函数更灵活。math 模块的输入一般是标量，但 NumPy 中的函数可以是向量或矩阵，而利用向量或矩阵可以避免使用循环语句，这点在机器学习、深度学习中非常重要。表 9-5 为 NumPy 常用的几个通用函数。

表9-5　NumPy的常用通用函数

函数	使用方法
sqrt	计算序列化数据的平方根
sin,cos	三角函数
abs	计算序列化数据的绝对值
dot	矩阵运算
log,log10,log2	对数函数
exp	指数函数
cumsum,cumproduct	累计求和，求积
sum	对一个序列化数据进行求和
mean	计算均值
median	计算中位数
std	计算标准差
var	计算方差
corrcoef	计算相关系数

1.math与NumPy函数的性能比较

```
import time
import math
import numpy as np

x = [i * 0.001 for i in np.arange(1000000)]
start = time.clock()
for i, t in enumerate(x):
    x[i] = math.sin(t)
print ("math.sin:", time.clock() - start )
```

```
x = [i * 0.001 for i in np.arange(1000000)]
x = np.array(x)
start = time.clock()
np.sin(x)
print ("numpy.sin:", time.clock() - start )
```

打印结果如下。

```
math.sin: 0.5169950000000005
numpy.sin: 0.05381199999999886
```

由此可见，numpy.sin 比 math.sin 快近 10 倍。

2.循环与向量运算比较

充分使用 Python 的 NumPy 库中的内建函数（built-in function），实现计算的向量化，可以大大提高运行速度。NumPy 库中的内建函数使用了 SIMD 指令。使用的向量化要比使用循环计算速度快得多，代码如下。如果使用 GPU，其性能将更强大，但 NumPy 不支持 GPU。Pytorch 支持 GPU，第 14 章将介绍 Pytorch 如何使用 GPU 来加速算法。

```
import time
import numpy as np

x1 = np.random.rand(1000000)
x2 = np.random.rand(1000000)
##使用循环计算向量点积
tic = time.process_time()
dot = 0
for i in range(len(x1)):
    dot+= x1[i]*x2[i]
toc = time.process_time()
print ("dot = " + str(dot) + "\n for loop----- Computation time = " +
str(1000*(toc - tic)) + "ms")
##使用numpy函数求点积
tic = time.process_time()
dot = 0
dot = np.dot(x1,x2)
toc = time.process_time()
print ("dot = " + str(dot) + "\n verctor version---- Computation time =
" + str(1000*(toc - tic)) + "ms")
```

输出结果如下。

```
dot = 250215.601995
 for loop----- Computation time = 798.3389819999998ms
dot = 250215.601995
 verctor version---- Computation time = 1.885051999999554ms
```

从运行结果上来看，使用 for 循环的运行时间是向量运算的 400 多倍。因此，深度学习算法中一般都使用向量化矩阵运算。

9.7　广播机制

NumPy 的 universal functions 中要求输入的数组 shape 是一致的，当数组的 shape 不相等的时候，则会使用广播机制。不过，调整数组使得其 shape 一致，需满足一定规则，否则将出错。这些规则可归结为以下 4 条。

（1）让所有的输入数组都向其中 shape 最长的数组看齐，不足的部分都通过在前面加 1 补齐。如数组 a 为 2x3x2，数组 b 为 3x2，则 b 向 a 看齐，在 b 的前面加 1，变为 1x3x2。

（2）输出数组的 shape 是输入数组 shape 的各个轴上的最大值。

（3）如果输入数组的某个轴和输出数组的对应轴的长度相同或者其长度为 1，则这个数组能够用来计算，否则出错。

（4）当输入数组的某个轴的长度为 1 时，沿着此轴运算时都用（或者说复制）此轴上的第一组值。

广播在整个 NumPy 中用于决定如何处理形状迥异的数组，涉及算术运算包括 +，-，*，/ 等。这些规则只用文字表述并不直观，下面结合图形与代码进一步说明。

目的：$A+B$。其中 A 为 4x1 矩阵，B 为一维向量 (3,)，要将二者相加，需要做以下处理。

（1）根据规则 1，B 需要向 A 看齐，把 B 变为（1,3）。

（2）根据规则 2，输出的结果为各个轴上的最大值，即输出结果应该为（4,3）。那么 A 如何由（4,1）变为（4,3）矩阵呢？B 如何由（1,3）变为（4,3）矩阵呢？

（3）根据规则 4，用此轴上的第一组值（要区分是哪个轴）进行复制（但在实际处理中不是真正复制，否则太耗内存，而是采用其他对象，如 ogrid 对象，进行网格处理）即可，详细处理如图 9-5 所示。

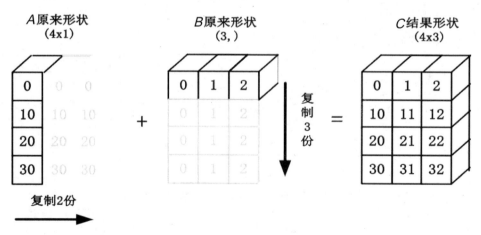

图9-5　NumPy广播规则

代码实现如下。

```
import numpy as np
A = np.arange(0, 40,10).reshape(4, 1)
B = np.arange(0, 3)
print("A矩阵的形状:{},B矩阵的形状:{}".format(A.shape,B.shape))
C=A+B
print("C矩阵的形状:{}".format(C.shape))
print(C)
```

运行结果如下。

```
A矩阵的形状:(4, 1),B矩阵的形状:(3,)
C矩阵的形状:(4, 3)
[[ 0  1  2]
 [10 11 12]
 [20 21 22]
 [30 31 32]]
```

9.8 后续思考

（1）如何将数组转换为平面 1 维数组？

（2）如何在 2 维 NumPy 数组的每一行中找到最大值？

（3）如何计算两个数组之间的欧氏距离？

（4）如何在 NumPy 中为数组生成单热编码（即 one-hot 编码）？

9.9 小结

本章主要介绍了 NumPy 模块的常用操作，尤其涉及对矩阵的操作，这些操作在后续程序中经常使用。NumPy 内容很丰富，这里只列了一些主要内容，如果想了解更多内容，可登录 NumPy 官网 http://www.numpy.org/。

第10章

Pandas基础

有了NumPy的Pandas，用Python处理数据就像使用Excel或SQL一样简单方便。

Pandas是基于NumPy的Python库，可以用其很好地进行分析数据、数据清洗和数据准备等工作。可以把Pandas看作Python版的Excel或Table。Pandas有两种数据结构，即Series和DataFrame。经过几个版本的更新，Pandas已经成为数据清洗、处理和分析的不二选择。

本章主要介绍Pandas的以下两种数据结构。

■ Serial

■ DataFrame

10.1　问题：Pandas有哪些优势?

NumPy 的优势在科学计算方面，但 NumPy 中没有标签，所以数据清理、数据处理就不是其强项了。而 Pandas 中的 DataFrame 有标签，就像 SQL 中的表一样，所以在数据处理方面 Pandas 更胜一筹，Pandas 的优势具体体现在以下 4 个方面。

1.读取数据方面

Pandas 提供了强大的 IO 读取工具，csv 文件、Excel 文件、数据库等都可以非常简便地读取，并且支持大文件的分块读取。

2.数据清洗方面

面对数据集，遇到最多的情况就是存在缺失值，Pandas 把各种类型的缺失值统称为 NaN，Pandas 提供了许多方便快捷的方法来处理 NaN。

3.分析建模方面

在分析建模方面，Pandas 自动且明确的数据对齐特性，使新的对象可以非常方便地与一组标签正确对齐。由此可见，Pandas 可以非常方便地将数据集进行拆分—重组操作。

4.结果可视化方面

我们都知道 Matplotlib 是个数据视图化的好工具，Pandas 与 Matplotlib 搭配，不用复杂的代码，就可以生成多种多样的数据视图。

10.2　Pandas数据结构

Pandas 中两个最常用的对象是 Series 和 DataFrame。使用 Pandas 前，需导入以下内容。

```
import numpy as np
from pandas import Series,DataFrame
import pandas as pd
```

Pandas 主要采用 Series 和 DataFrame 两种数据结构。Series 是一种类似于一维数据的数据结构，由数据（values）及索引（indexs）组成。而 DataFrame 是一个表格型的数据结构，它有一组序列，每列的数据可以是不同类型（NumPy 数据组中的数据要求为相同类型），既有行索引，也有列索引。

```
a1=np.array([1,2,3,4])
a2=np.array([5,6,7,8])
a3=np.array(['a','b','c','d'])
df=pd.DataFrame({'a':a1,'b':a2,'c':a3})
df
```

图 10-1 所示为 DataFrame 结构。

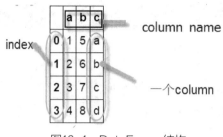

图10-1　DataFrame结构

10.3 Series

第9章介绍了多维数组（ndarray），当然，多维数组中也包括一维数组。Series类似于一维数组，那么 Series 有哪些特点呢？

Series 最大的特点就是可以使用标签索引。序列及 ndarray 也有索引，但都是位置索引或整数索引，这种索引有很多局限性，如根据某个有意义的标签找对应值，切片时采用类似于[2:3]的方法，只能取索引为2的这个元素，无法精确定位。

Series 的标签索引（它的位置索引自然保留）使用起来就方便多了，且定位也更精确，不会产生歧义。以下通过实例来说明。

1.使用Series

```
import numpy as np
from pandas import Series,DataFrame
import pandas as pd

s1=Series([1,3,6,-1,2,8])

s1
```

结果如下。

```
0     1
1     3
2     6
3    -1
4     2
5     8
dtype: int64
```

2.使用Series的索引

```
s1.values        #显示s1的所有值
s1.index         #显示s1的索引（位置索引或标签索引）
```

```
s2=Series([1,3,6,-1,2,8],index=['a','c','d','e','b','g'])    #定义标签索引
s2
```

结果如下。

```
a    1
c    3
d    6
e   -1
b    2
g    8
dtype: int64
```

3.根据索引找对应值

```
s2[['a','e']]       ###根据标签索引找对应值
#Series除标签索引外，还有很多其他优点，如运算的简洁性
s2[s2>1]
s2*10
```

10.4 DataFrame

DataFrame 的索引有位置索引也有标签索引，而且其数据组织方式与 MySQL 的表极为相似。不仅形式相似，很多操作也类似，这给操作 DataFrame 带来了极大的方便。这些又是 DataFrame 的一小部分优点，它还有比数据库表更强大的功能，如统计、可视化等。

DataFrame 有几个要素，如 index、columns、values 等，columns 就像数据库表的列表，index 是索引，values 就是值。

```
####自动生成一个3行4列的DataFrame，并定义其索引（如果不指定，则缺省为整数索引）
####及列名
d1=DataFrame(np.arange(12).reshape((3,4)),columns=['a1','a2','a3','a4'],
index=['a','b','c'])
d1
```

图 10-2 展示了代码 DataFrame 的结果。

	a1	a2	a3	a4
a	0	1	2	3
b	4	5	6	7
c	8	9	10	11

图10-2　DataFrame结果

```
d1.index        #显示索引 (有标签索引则显示标签索引，否则显示位置索引)
d1.columns      ##显示列名
d1.values       ##显示值
```

10.4.1　生成DataFrame

生成 DataFrame 的方法有很多，比较常用的有导入等长列表、字典、NumPy 数组、数据文件等。

```
data={'name':['zhanghua','liuting','gaofei','hedong'],'age':[40,45,
50,46],'addr':['jianxi','pudong','beijing','xian']}

d2=DataFrame(data)
#改变列的次序
d3=DataFrame(data,columns=['name','age','addr'],index=['a','b','c',
'd'])
d3
```

10.4.2　获取数据

获取 DataFrame 结构中的数据可以采用 obj[]、obj.iloc[]、obj.loc[] 等命令。

1.使用obj[ ]来获取列或行

```
d3[['name']]              #选择某一列
d3[['name','age']]        ##选择多列
d3['a':'c']               ##选择行
d3[1:3]                   ##选择行（利用位置索引）

d3[d3['age']>40]          ###使用过滤条件
```

2.使用obj.loc[ ] 或obj.iloc[ ]获取行或列

loc 与 iloc 的主要区别如下。

（1）loc 通过行标签获取行数据，iloc 通过行号获取行数据。

（2）loc 在 index 的标签上进行索引，范围包括 start 和 end。

（3）iloc 在 index 的位置上进行索引，不包括 end。

这两者的主要区别可参考如下示例。

```
import pandas as pd
data = [[1,2,3],[4,5,6],[7,8,9]]
index = ['a','b','c']
columns=['c1','c2','c3']
df = pd.DataFrame(data=data, index=index, columns=columns)
###########loc的使用###########
df.loc[['a','b']]                    #通过行标签获取行数据
df.loc[['a'],['c1','c3']]            #通过行标签、列名称获取行列数据
```

```
df.loc[['a','b'],['c1','c3']]    #通过行标签、列名称获取行列数据

#########iloc的使用###############
df.iloc[1]                       #通过行号获取行数据
df.iloc[0:2]                     #通过行号获取行数据，不包括索引2的值
df.iloc[1:,1]                    ##通过行号、列行获取行、列数据
df.iloc[1:,[1,2]]                ##通过行号、列行获取行、列数据
df.iloc[1:,1:3]                  ##通过行号、列行获取行、列数据
```

【说明】

除使用 iloc 及 loc 外，早期版本还有 ix 格式。但 Pandas 0.20.0 及以上版本中，ix 已经丢弃，所以请尽量使用 loc 和 iloc。

10.4.3　修改数据

可以像操作数据库表一样操作 DataFrame，比如删除数据，插入数据，修改字段名、索引名、数据等，以下通过一些实例来说明。

```
data={'name':['zhanghua','liuting','gaofei','hedong'],'age':[40,45,50,
46],'addr':['jianxi','pudong','beijing','xian']}
d3=DataFrame(data,columns=['name','age','addr'],index=['a','b','c','d'])
d3
```

运行结果如下（DataFrame 自动生成的表格）。

	name	age	addr
a	zhanghua	40	jianxi
b	liuting	45	pudong
c	gaofei	50	beijing
d	hedong	46	xian

```
d3.drop('d',axis=0)       ###删除行，如果欲删除列，使axis=1即可
d3   ###从副本中删除，原数据没有被删除
d3.drop('addr',axis=1)    ###删除第addr列

###添加一行，注意需要使ignore_index=True，否则会报错
d3.append({'name':'wangkuan','age':38,'addr':'henan'},ignore_index-
=True)
d3   ###原数据未变

###添加一行，并创建一个新DataFrame
d4=d3.append({'name':'wangkuan','age':38,'addr':'henan'},ignore_index-
=True)
d4.index=['a','b','c','d','e']        ###修改d4的索引
d4.loc['e','age']=39  ###修改索引为e，列名为age的值
```

131

10.4.4　汇总统计

Pandas 有一组常用的统计方法，可以根据不同轴方向进行统计，当然也可按不同的列或行进行统计，非常方便。表 10-1 展示了 Pandas 常用的统计方法。

表10-1　Pandas常用统计方法

统计方法	说明
count	统计非NA的数量
describe	统计列的汇总信息
min、max	计算最小值和最大值
sum	求总和
mean	求平均数
var	样本的方差
std	样本的标准差

以下通过实例来说明这些方法的使用。

1.把csv数据导入Pandas

```
from pandas import DataFrame
import numpy as np
import pandas as pd
inputfile = r'C:\Users\lenovo\data\stud_score.csv'
data = pd.read_csv(inputfile,encoding='gbk')
#其他参数,
###header=None 表示无标题,此时缺省列名为整数；如果设为0,表示第0行为标题
###names, encoding, skiprows等
#读取excel文件, 可用 read_excel
df=DataFrame(data)
df.head(3) ###显示前3行
```

运行结果如下。

	stud_code	sub_code	sub_nmae	sub_tech	sub_score	stat_date
0	2015101000	10101	数学分析	NaN	90	NaN
1	2015101000	10102	高等代数	NaN	88	NaN
2	2015101000	10103	大学物理	NaN	67	NaN

2.查看df的统计信息

```
df.count()    #统计非NaN行数
```

```
df['sub_score'].describe()      ##汇总学生各科成绩
df['sub_score'].std()      ##求学生成绩的标准差
df['sub_score'].var()          ##求学生成绩的方差
```

【说明】

（1）var：表示方差，具体计算方式如式（10.1）所示。

$$\sigma^2 = \frac{\sum(x - \mu)^2}{N}$$

（10.1）

即各项 – 均值的平方求和后再除以 *N*。

（2）std 表示标准差，是 var 的平方根。

10.4.5　选择部分列

这里选择学生代码、课程代码、课程名称、课程成绩、注册日期等字段。

```
#根据列的索引来选择
df.iloc[:,[0,1,2,4,5]]
#或根据列名称来选择
df1=df.loc[:,['stud_code','sub_code','sub_name','sub_score','stat_date']]
```

10.4.6　删除重复数据

如果有重复数据（针对 df1 的所有列），则删除最后一条记录。

```
df1.drop_duplicates(keep='last')
```

10.4.7　补充缺省值

1.用指定值补充NaN值

这里要求把 stat_date 的缺省值（NaN）改为 '2018-09-01'。

```
df2=df1.fillna({'stat_date':'2018-11-05'})
df2.head(3)
```

运行结果如下。

	stud_code	sub_code	sub_name	sub_score	stat_date
0	2015101000	10101	数学分析	90	2018-11-05
1	2015101000	10102	高等代数	88	2018-11-05
2	2015101000	10103	大学物理	67	2018-11-05

2.可视化，并在图形上标注数据

```
df21=df2.loc[:,['sub_name','sub_score']].head(5)
df22=pd.pivot_table(df21, index='sub_name', values='sub_score')
df22
```

运行结果如下。

sub_name	sub_score
大学物理	67
数学分析	90
电磁学	89
计算机原理	78
高等代数	88

导入一些库及支持中文的库。

```
import pandas as pd
from pandas import DataFrame
import Matplotlib.pyplot as plt
import Matplotlib
from Matplotlib.font_manager import FontProperties
font = FontProperties(fname=r"c:\windows\fonts\simkai.ttf", size=14)
%Matplotlib inline
```

画图代码如下。

```
plt.figure(figsize=(10,6))
#设置x轴柱子的个数
x=np.arange(5)+1
#设置y轴的数值，需将numbers列的数据先转化为数列，再转化为矩阵格式
y=np.array(list(df22['sub_score']))
xticks1=list(df22.index)  #构造不同课程类目的数列
#画出柱状图
plt.bar(x,y,width = 0.35,align='center',color = 'b',alpha=0.8)
#设置x轴的刻度，将构建的xticks代入。同时由于课程类目文字较多，放在一起会比较拥挤且可
能会重叠，因此需设置字体和对齐方式
plt.xticks(x,xticks1,size='small',rotation=30,fontproperties=font)
#x、y轴标签与图形标题
plt.xlabel('课程主题类别',fontproperties=font)
plt.ylabel('sub_score')
plt.title('不同课程的成绩',fontproperties=font)
#设置数字标签
for a,b in zip(x,y):
    plt.text(a, b+0.05, '%.0f' % b, ha='center', va= 'bottom',font-
size=14)
#设置y轴的范围
plt.ylim(0,100)
plt.show()
```

运行结果如图 10-3 所示。

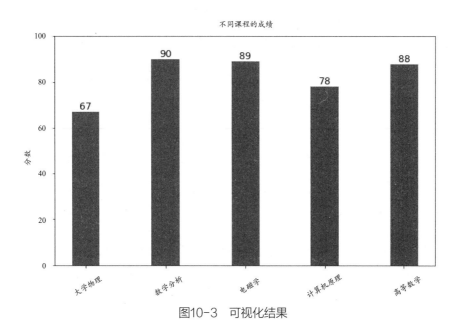

图10-3　可视化结果

10.4.8　从MySQL中获取数据

（1）从 MySQL 数据库中获取学生基本信息表。

```
import numpy as np
import pandas as pd
from pandas import DataFrame
import pymysql

conn = pymysql.connect(host='localhost', port=3306, user='root', pass-
wd='feigu', db='feigudb', charset='gbk')
#学生代码直接从数据库读取为字符型，而df2中的学生代码为整数型，故需要进行类型转换
df_info= pd.read_sql('select cast(stud_code as signed) as stud_code,
stud_name from stud_info', conn)
```

（2）查看 df_info 的前 3 行数据。

```
df_info.head(3)
```

运行结果如下。

	stud_code	stud_name	stud_sex	birthday	log_date	orig_addr	lev_date	college_code	college_name	state
0	2015101002	张飞	M	1996-10-21	2014-09-02	济南	None	10	理学院	1
1	2015101003	刘婷	F	1998-01-10	2014-09-01	北京	None	10	理学院	1
2	2015101004	卢家	M	1997-08-01	2014-09-01	南京	None	10	理学院	1

（3）选择前两个字段。

```
df_info1=df_info.iloc[:,[0,1]]
```

（4）df2 与 df_info1 根据字段 stud_code 进行内关联。

```
df3=pd.merge(df_info1,df2,on='stud_code',how='inner')
df3.head(3)
```

运行结果如下。

	stud_code	stud_name	sub_code	sub_name	sub_score	stat_date
0	2015101002	张飞	10101	数学分析	98	2018-11-05
1	2015101002	张飞	10102	高等代数	97	2018-11-05
2	2015101002	张飞	10103	大学物理	95	2018-11-05

（5）对 df3 根据字段 stud_code,sub_code 进行分组，并求每个同学各科的平均成绩。

```
df4=df3.groupby(['stud_name','sub_name'],as_index=False).mean()
df4.head(3)
```

运行结果如下。

	stud_name	sub_name	stud_code	sub_code	sub_score
0	刘婷	大学物理	2015101003	10103	65
1	刘婷	数学分析	2015101003	10101	70
2	刘婷	电磁学	2015101003	10105	76

【备注】

如果需要合计学生的各科成绩，可用如下语句。

```
df3.groupby(['stud_name'],as_index=False).sum().head(3)
```

运行结果如下。

	stud_name	stud_code	sub_code	sub_score
0	刘婷	10075505015	50515	396
1	刘芳菲	10075505035	50515	410
2	刘莉	12091206006	120621	393

（6）选择数学分析课程，并根据成绩进行降序排序。

```
df4[df4['sub_code'].isin(['10101'])].sort_values(by='sub_score',
ascending=False)
```

运行结果如下。

	stud_name	sub_name	stud_code	sub_code	sub_score
44	张飞	数学分析	2015101002	10101	98
72	貂蝉	数学分析	2015101008	10101	96
83	韩林	数学分析	2015101005	10101	82
67	西施	数学分析	2015101009	10101	81
6	刘芳菲	数学分析	2015101007	10101	73
1	刘婷	数学分析	2015101003	10101	70
17	卢家	数学分析	2015101004	10101	65
34	吴霞	数学分析	2015101010	10101	61
39	张景和	数学分析	2015101006	10101	60

（7）取前 5 名。

```
df_top5=df4[df4['sub_code'].isin(['10101'])].sort_values(by='sub_score',
ascending=False).head(5)
df_top5
```

运行结果如下。

	stud_name	sub_name	stud_code	sub_code	sub_score
44	张飞	数学分析	2015101002	10101	98
72	貂蝉	数学分析	2015101008	10101	96
83	韩林	数学分析	2015101005	10101	82
67	西施	数学分析	2015101009	10101	81
6	刘芳菲	数学分析	2015101007	10101	73

注意，DataFrame 数据结构的函数或方法有很多，可以通过输入 df 并按 Tab 键的方式查看，具体命令的使用方法，如 df.count()，可以在 IPython 命令行下输入 ?df.count() 进行查看。要想退出帮助界面，按 q 键即可。

10.4.9　把Pandas数据写入Excel

把 Pandas 数据写入 Excel 中的 sheet 中，代码如下。

```
with pd.ExcelWriter(r'C:\Users\lenovo\test1107.xlsx') as writer:
    df2.to_excel(writer,sheet_name='df2',index=False)      #不保存序列号
    df1.to_excel(writer,sheet_name='学生成绩')              #同时保存序列号
    writer.save()
df2.to_csv("test1107.csv",index=False,sep=',')   #把Pandas数据写入csv文件
```

10.4.10　应用函数及映射

数据库中有很多函数可作用于表中元素，DataFrame 也可将函数（内置或自定义）应用到各列

或行上，而且非常方便和简洁。具体可以通过 DataFrame 的 apply，使用 applymap 或 map，也可以作用到元素级。以下通过实例说明具体作用方式。

```
d1=DataFrame(np.arange(12).reshape((3,4)),index=['a','b','c'],col-
umns=['a1','a2','a3','a4'])
d1
```

运行结果如下。

	a1	a2	a3	a4
a	0	1	2	3
b	4	5	6	7
c	8	9	10	11

```
d1.apply(lambda x:x.max()-x.min(),axis=0)  ###列级处理
d1.applymap(lambda x:x*2)     ###处理每个元素
d1.iloc[1].map(lambda x:x*2)     ###处理每行数据
```

10.4.11　时间序列

Pandas 最基本的时间序列类型就是以时间戳（即时间点，通常以 Python 字符串或 datetime 对象表示）为索引的 Series，代码如下。

```
dates = ['2017-06-20','2017-06-21','2017-06-22','2017-06-23','2017-06-
24']
ts = pd.Series(np.random.randn(5),index = pd.to_datetime(dates))
ts
```

索引为日期的 DataFrame 数据的索引、选取以及子集构造的代码如下。

```
ts.index
#传入可以被解析成日期的字符串
ts['2017-06-21']
#传入年或年月
ts['2017-06']
#以时间范围进行切片
ts['2017-06-20':'2017-06-22']
```

10.4.12　数据离散化

如何离散化连续数据？在一般的开发语言中，可以通过控制语句来实现。但如果分类较多，那么这种方法不但烦琐，效率也比较低。在 Pandas 中是否有更好的方法呢？如果有，又该如何实现呢？

Pandas 中有现成的方法来实现数据的分类，如 cut 或 qcut 等，不需要编写代码，至于如何实现，可参考以下代码。

```
import numpy as np
import pandas as pd
from pandas import DataFrame
df9=DataFrame({'age':[21,25,30,32,36,40,45,50],'type':['1','2','1','2',
'1','1','2','2']},columns=['age','type'])
df9
```

运行结果如下。

	age	type
0	21	1
1	25	2
2	30	1
3	32	2
4	36	1
5	40	1
6	45	2
7	50	2

现在需要对 age 字段进行离散化，划分为 (20,30],(30,40],(40,50]，代码如下。

```
level=[20,30,40,50]        ##划分为(20,30],(30,40],(40,50]
groups=['A','B','C']       ##对应标签为A,B,C
df9['age_t']=pd.cut(df9['age'],level,labels=groups)    ##新增字段为age_t
df10=df9[['age','age_t','type']]
df10
```

运行结果如下。

	age	age_t	type
0	21	A	1
1	25	A	2
2	30	A	1
3	32	B	2
4	36	B	1
5	40	B	1
6	45	C	2
7	50	C	2

10.4.13 交叉表

我们平常看到的数据格式大多类似于数据库中的表，比如表 10-2 所示的客户购买图书的基本信息。

表10-2 客户购买图书的基本信息

书名	书代码	客户类型	购买量
python机器学习	p211	A	1
python机器学习	p211	B	1
Spark机器学习	sp2	A	1
Spark机器学习	sp2	B	1
Hadoop基础	hd28	A	1
Hadoop基础	hd28	C	1

这样的数据比较规范，适用于一般的统计分析。但如果想查看客户购买各种书的统计信息，就需要把以上数据转换为表 10-3 所示的格式。

表10-3 客户购买图书的对应关系

客户类型	p211	sp2	hd28
A	1	1	1
B	1	1	0
C	0	0	1

不难发现，把表 10-3 中的书代码列旋转为行就得到表 10-2 的数据。如何实现行列的互换呢？编码能实现，但比较麻烦，还好 Pandas 提供了现成的方法及函数，如 stack、unstack、pivot_table 函数等。以下以 pivot_table 为例说明具体实现。

```python
import numpy as np
import pandas as pd
from pandas import DataFrame
df=DataFrame({'书代码':['p211','p211','sp2','sp2','hd28','hd28'],'客户类型':['A','B','A','B','A','C'],'购买量':[1,2,3,2,10,1]},columns=['书代码','客户类型','购买量'])
df
```

运行结果如下。

	书代码	客户类型	购买量
0	p211	A	1
1	p211	B	2
2	sp2	A	3
3	sp2	B	2
4	hd28	A	10
5	hd28	C	1

实现行列互换，把书代码列转换为行或索引，代码如下。

```
pd.pivot_table(df,values='购买量',index='客户类型',columns='书代码')
```

运行结果如下。

书代码	hd28	p211	sp2
客户类型			
A	10.0	1.0	3.0
B	NaN	2.0	2.0
C	1.0	NaN	NaN

```
####转换后出现了一些NaN值或空值，可以把NaN修改为0
pd.pivot_table(df,values='购买量',index='客户类型',columns='书代码',fill_
value=0)
```

运行结果如下。

书代码	hd28	p211	sp2
客户类型			
A	10	1	3
B	0	2	2
C	1	0	0

10.5　后续思考

（1）生成一个类似于表 10-4 的 DataFrame，C、D 两列为随机数，具体数据不一致。

表10-4　生成DataFrame

序号	A	B	C	D
0	foo	one	0.585883	-0.132037
1	bar	one	-1.191658	0.214056
2	foo	two	0.069688	0.404364
3	bar	three	-0.141388	0.140177
4	foo	two	1.624389	-2.049529
5	bar	two	0.981508	-0.26781
6	foo	one	-0.144395	0.413784
7	foo	three	-0.304201	-0.465118

（2）求第（1）题的 DataFrame 中，C 列的平均值和最大值。

（3）从第（1）题的 DataFrame 中得到表 10-5 所示的交叉表。

表10-5　生成结果

A	B	C	D
bar	one	-1.191658	0.214056
	three	-0.141388	0.140177
	two	0.981508	-0.26781
foo	one	0.441488	0.281747
	three	-0.304201	-0.465118
	two	1.694077	-1.645165

10.6　小结

本章介绍了 Pandas 的两个数据类型，即 Series 和 DataFrame。Series 是一种一维的数据类型，其中的每个元素都有各自的标签。DataFrame 是一个二维的、表格型的数据结构。Pandas 的 Dataframe 可以储存许多不同类型的数据，并且每个轴都有标签，可以把它当作一个 Series 的字典。Pandas 在数据清理、数据处理、数据可视化等方面有比较明显的优势。

第11章

数据可视化

　　数据可视化简单来说就是用图来表现数据，那么用图表现数据有何优势呢？很多数据的特征、规则或规律，如果仅停留在数据层面，往往很难发现。但如果用图来表现，一眼就能看出。报表分析需要数据可视化，数据分析需要可视化，机器学习、深度学习更是离不开可视化。可以说无论是大数据还是小数据，统计还是挖掘，人们最终想看到的数据都是越直观越好，所以这就涉及数据的可视化问题。

　　关于数据可视化，Python提供了一个强大的工具——Matplotlib，用它可画多种图形，实现也非常方便。本章涵盖以下内容。

- ■ 利用Matplotlib实现数据可视化
- ■ 其他的可视化工具和方法
- ■ Seaborn简介
- ■ 词云图实例

11.1 问题：为何选择Matplotlib？

要回答这个问题，需要先了解 Matplotlib 是什么，以及和其他可视化工具相比，它有哪些优势。

什么是 Matplotlib 呢？简单来说，Matplotlib 是 Python 的一个绘图库。它包含大量的工具，可以使用这些工具创建各种图形，包括简单的散点图、折线图、饼图、柱状图、等高图等，还包括三维的曲面图、三维柱状图等，可以说日常需要的图，基本都可以用它来完成。Matplotlib 可用于 Python 脚本、PythonShell、Jupyter Notebook 及 Web 应用程序服务器等。

除了 Matplotlib，Python 还有很多可视化工具，如 Seaborn、Pandas、Bokeh、ggplot、Pygal、Plotly 等。其中 Seaborn、Pandas、ggplot 都是基于 Matplotlib 的工具，并以简单的方式提高 Matplotlib 可视化的视觉感染力；Bokeh 不依赖于 Matplotlib，它实现的是面向现代浏览器的可视化；Pygal 在创建互动式 SVG 图表和 PNG 文件方面是独一无二的，但它不如基于 Matplotlib 的解决方案灵活。Plotly 区别于其他工具，是数据分析和可视化的在线工具。

Python 的可视化工具很多，并各有特点，但是 Maplotlib 是最基础的 Python 可视化库。如果学习 Python 数据可视化，那么 Maplotlib 是理想选择。学完 Matplotlib，再学习其他可视化工具就方便多了。

11.2 可视化工具Matplotlib

Matplotlib 在 Anaconda 安装包里，使用时只要导入即可。接下来将介绍如何使用 Matplotlib，先从最简单的问题开始，然后循序渐进，逐步深入。更多内容可访问 Matplotlib 官网 [1]。

11.2.1 简单示例

从简单的二维平面直线开始。要实现数据可视化，首先需要有数据。这和手工画图一样，要在一个坐标系中画图，需要先知道一些点的 x 和 y 坐标，然后用光滑的曲线连接这些坐标点。我们用 Matplotlib 来画高中学过的抛物线，假设抛物线方程如下。

如果要手工画出这条抛物线，首先要选择一些点，然后在坐标轴上确定这些点，最后用一条光滑的曲线把这些点连接起来即可。用 Matplotlib 来画这个抛物线，步骤和手工相似，但更简单、更高效。先选择一些点，如 (0,0)、(1,1)、(2,4)、(3,9)、(4,16)、(5,25)、(6,36)、(7,49)、(8,64)、(9,81)。根据这些点，就可以确定x轴上的数据为[0,1,2,3,4,5,6,7,8,9]，y轴上对应的数据为[0,1,4,9,16,25,36,49,

---

[1] https://Matplotlib.org/

64,81]。这两个列表分别用 x、y 表示，即 x=[0,1,2,3,4,5,6,7,8,9]，y=[0,1,4,9,16,25,36,49,64,81]。数据有了，接下来就是用 Matplotlib 画图。先导入 Matplotlib 模块，然后调用其中的画图函数 plot，下面用代码实现这个过程。

```
#导入Matplotlib模块
import Matplotlib.pyplot as plt

#生成数据
x=[0,1,2,3,4,5,6,7,8,9]
y=[0,1,4,9,16,25,36,49,64,81]

plt.plot(x,y)  #画图
plt.show()     #显示图形
```

运行结果如图 11-1 所示。

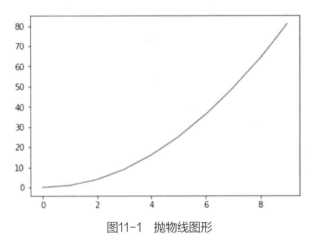

图11-1　抛物线图形

生成数据后，调用函数 plot() 即可，非常简单。当然这个图比较简单，接下来我们在这个基础上增加一些功能。

11.2.2　添加标签和修改粗细

图 11-1 中没有 x 轴、y 轴的名称，这个图也没有标题，接下来我们把这些信息加上，具体代码如下。

```
#导入Matplotlib模块
import Matplotlib.pyplot as plt

#得到数据
x=[0,1,2,3,4,5,6,7,8,9]
y=[0,1,4,9,16,25,36,49,64,81]

#画图
```

```
plt.plot(x,y)
#增加标题
plt.title("抛物线")
#增加x轴、y轴名称
plt.xlabel("x轴")
plt.ylabel("y轴")
plt.show()
```

运行结果如图 11-2 所示。

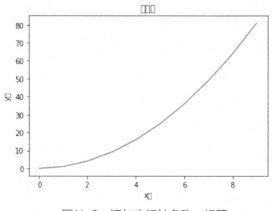

图11-2　添加坐标轴名称、标题

由图 11-2 可知，坐标轴名称、标题都加上了，但结果不是我们期望的，中文部分是一个个小方块，这说明图形使用的字体不支持中文。如果要正常显示中文，需要修改图形中的字体。

11.2.3　添加中文标注

在原程序中添加一行（即 plt.rcParams['font.sans-serif']=['SimHei']），把字体改为中文字体"SimHei"，其他不变，详细代码如下。

```
#导入Matplotlib模块
import Matplotlib.pyplot as plt

#得到数据
x=[0,1,2,3,4,5,6,7,8,9]
y=[0,1,4,9,16,25,36,49,64,81]

#修改图形的字体，以支持中文
plt.rcParams['font.sans-serif']=['SimHei']

#画图
plt.plot(x,y)
#增加标题
plt.title("抛物线")
#增加x轴、y轴名称
```

```
plt.xlabel("x轴")
plt.ylabel("y轴")
plt.show()
```

运行结果如图 11-3 所示。

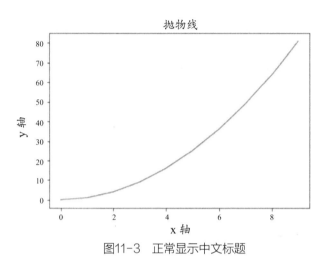

图11-3　正常显示中文标题

图 11-3 中的中文显示正常。不过字体比较小，可以修改其大小。另外，也可以修改线的粗细和颜色、图形的标注等内容。下一小节将实现这些功能。

11.2.4　让图像更美观、信息更丰富

要修改坐标轴名称及刻度字体大小、图形标注及颜色，请看下面的代码。保存图形也很方便，使用 savefig() 函数即可，详细代码如下。

```
#导入Matplotlib模块
import Matplotlib.pyplot as plt

#得到数据
x=[0,1,2,3,4,5,6,7,8,9]
y=[0,1,4,9,16,25,36,49,64,81]

#修改图形的字符集，以支持中文
plt.rcParams['font.sans-serif']=['SimHei']

#画图，修改线的粗细、标注和颜色
plt.plot(x,y,label="y=x*x",color="red",linewidth=4)
#增加标题,修改字体大小
plt.title("抛物线",fontsize=20)
#增加x轴、y轴名称,修改字体大小
plt.xlabel("x轴",fontsize=16)
plt.ylabel("y轴",fontsize=16)
#修改x轴、y轴刻度字体大小
```

```
plt.tick_params(axis='both',labelsize=12)
#显示图形标注信息
plt.legend()
#保存图形
plt.savefig('fig01.png')
#显示图形
plt.show()
```

运行结果如图 11-4 所示。

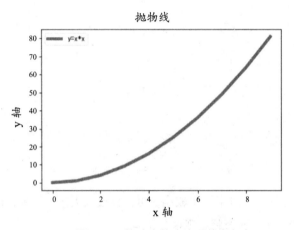

图11-4　修改字体大小及线条颜色

11.2.5　改变图形形状

如果想改变使用 plt.plot() 函数画出的图形的形状，如改成散点图、柱状图等，只要用相关的函数替换 plt.plot() 即可。如果想画散点图，可用 plt.scatter() 函数，其中的参数都不变。

```
plt.scatter(x,y,label="y=x*x",color="red",linewidth=4)
```

运行结果如图 11-5 所示。

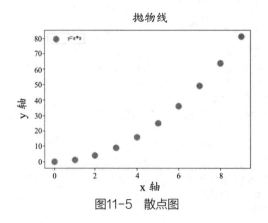

图11-5　散点图

除曲线、散点图形外，还可选择其他图形，如直方图。把 plt.plot() 改为下面这行代码即可，其他不变，包括 bar() 中的参数也和 plot() 函数中相同。

```
plt.bar(x,y,label="y=x*x",color="red",linewidth=4)
```

运行结果如图 11-6 所示。

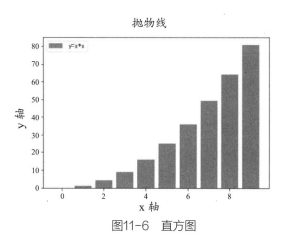

图11-6　直方图

11.2.6　隐藏坐标轴

有时不需要坐标轴，可以用 plt.axis('off') 语句，这样图形显得更简洁，如图 11-7 所示。

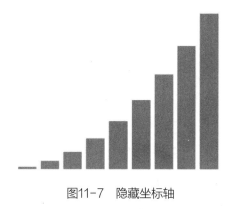

图11-7　隐藏坐标轴

11.3　绘制多个子图

　　Matploglib 能够绘制出很多精美的图表，但有些时候，我们希望把绘制的多个子图放在一起进行比较，有没有什么好的方法呢？Matplotlib 中提供的 subplot 函数可以很好地解决这个问题。在

Matplotlib 中，一个图（figure）对象可以包含多个子图对象，可以使用 subplot() 函数快速绘制，subplot() 函数的原型如下。

```
subplot(numRows, numCols, plotNum)
```

其中参数的含义如下。

（1）图表的整个绘图区域被分成 numRows 行和 numCols 列。

（2）按照从左到右，从上到下的顺序对每个子区域进行编号，左上的子区域的编号为 1。

（3）plotNum 参数指定创建的子图对象所在的区域。

如果 numRows = 2, numCols = 2, 那整个图表的区域大小就是 2*2, 用坐标表示如下。

```
(1, 1), (1, 2)
(2, 1), (2, 2)
```

当 plotNum = 2 时，表示的坐标为 (1,1), 即第一行第二列的子图。如果 numRows、numCols 和 plotNum 这 3 个数都小于 10, 可以把它们缩写为一个整数，例如， subplot(323) 和 subplot(3,2,3) 是相同的。subplot 会在 plotNum 指定的区域中创建一个轴对象。如果新创建的轴和之前创建的轴重叠，之前的轴将被删除。

如果遇到不规则的情况，如图 11-8 所示，该如何划分呢?

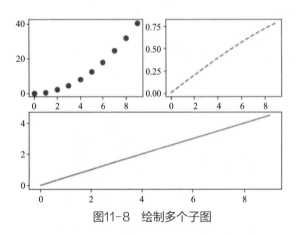

图11-8　绘制多个子图

按照 2*2 划分上面两个图，分别划分为 (2,2,1) 和 (2,2,2)。但是下面的第三个图占用了 (2,2,3) 和 (2,2,4)，显然需要对其重新划分。按照 2 * 1 划分上面两个图占用了 (2,1,1) 的位置，因此，下面的第三个图占用了 (2,1,2) 的位置。

```
import Matplotlib.pyplot as plt
import math
t1=range(0,10)
y1=[0.5*math.pow(i,2) for i in t1]
y2=[math.sin(0.1*i) for i in t1]
y3=[0.5*i for i in t1]
```

```
plt.figure(12)
plt.subplot(221)
plt.plot(t1, y1, 'bo')

plt.subplot(222)
plt.plot(t1, y2, 'r--')

plt.subplot(212)
plt.plot(t1, y3)
plt.show()
```

11.4　Seaborn简介

　　Seaborn 是基于 Python 且非常受欢迎的图形可视化库，在 Matplotlib 的基础上进行了更高级的封装，使得作图更加方便快捷。即便是没有编程基础的人，也能通过极简的代码，做出具有分析价值并且十分美观的图形。

　　Seaborn 可以实现 Python 环境下的绝大部分探索性的分析任务，图形化的表达可以帮助用户对数据进行分析，而且对 Python 的其他库（比如 NumPy、Pandas、Scipy）也有很好的支持。

　　Seaborn 的安装可以使用 pip，具体命令为 pip install seabor。

11.4.1　查看单变量的分布规律

　　通常在分析一组数据时，首先要看的就是变量的分布规律，而直方图提供了简单快速的方式来查看这一规律，在 Seaborn 中可以用 distplot() 实现。

```
import numpy as np
import Matplotlib.pyplot as plt
import seaborn as sns
%Matplotlib inline

#随机生成满足正态分布的100个数
x = np.random.normal(size=100)
sns.distplot(x)
```

　　运行结果如图 11-9 所示。

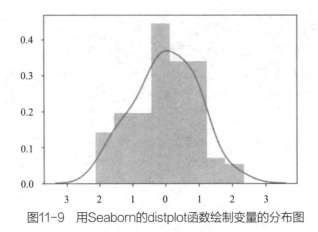

图11-9　用Seaborn的distplot函数绘制变量的分布图

11.4.2　查看多变量之间的关系

查看两两变量之间的关系，在 Seaborn 中可以用 pairplot() 实现，pairplot 函数的格式为如下。

```
pairplot(data, hue=None, hue_order=None, palette=None, vars=None, x_
vars=None, y_vars=None, kind='scatter', diag_kind='auto', markers=None,
height=2.5, aspect=1, dropna=True, plot_kws=None, diag_kws=None, grid_
kws=None, size=None)
```

其中的关键参数说明如下。

（1）data：数据集。

（2）vars: 与 data 一起使用，否则使用 data 的全部变量。

（3）height：图像大小。

选择共享单车的数据集，这个数据集记录了共享单车系统每小时自行车的出租次数。另外还包括日期、时间、天气、季节和节假日等相关信息（数据集下载地址为 http://archive.ics.uci.edu/ml/datasets/Bike+Sharing+Dataset）。其业务与我们平时租用摩拜单车类似。这里使用两个特征，即气温（temp）和体感温度（atemp），通过 Seaborn 查看这两个特征的各种分布及它们之间的关系。

```
import pandas as pd
import seaborn as sns
import Matplotlib.pyplot as plt
%Matplotlib inline

#利用Padas导入数据
data1=pd.read_csv(r'./data/hour.csv',header=0)
#如果是Windows环境，上句应改为下句
#data1=pd.read_csv(r'.\data\hour.csv',header=0)
sns.set(style='whitegrid',context='notebook')
cols=['temp','atemp']
sns.pairplot(data1[cols],height=2.5)
plt.show()
```

运行结果如图 11-10 所示。

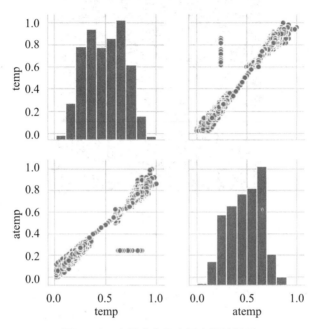

图11-10　变量分布及变量之间的关系

11.5　图像处理与显示

本节使用 PIL 模块实现加载图片、对图片进行缩放、改变图片颜色等，使用 Matplotlib 显示图像。

```
from PIL import Image
import Matplotlib.pyplot as plt

#加载图像
img=Image.open(r".\data\shanghai.jpg")
out = img.resize((512, 512)) # 改变大小
#out=out.convert("L")    #转换成灰色图片
plt.imshow(out)
plt.axis('off') # 不显示坐标轴
plt.show()
```

运行结果如图 11-11 所示。

图11-11　显示图像

11.6　Pyecharts简介

Pyecharts 由 Python 与 Echarts 合并而成，用于生成 Echarts 图表的类库。 Echarts 是百度开源的一个数据可视化 js 库。主要用于数据可视化，更详细的介绍请参考官网 [1]。

11.6.1　Pyecharts安装

Pyecharts 兼容 Python 2 和 Python 3。安装 Pyecharts 的方法如下。

（1）登录 Pyecharts 官网（https://pypi.org/project/pyecharts/0.5.11/#files），下载 pyecharts-0.5.11-py2.py3-none-any.whl。

（2）运行以下代码安装 Pyecharts。

```
pip install pyecharts-0.5.11-py2.py3-none-any.whl
```

11.6.2　降水量和蒸发量柱状图

绘制某地的降水量和蒸发量柱状图，代码如下。

```
from pyecharts import Bar

attr = ["{}月".format(i) for i in range(1, 13)]
v1 = [2.0, 4.9, 7.0, 23.2, 25.6, 76.7, 135.6, 162.2, 32.6, 20.0, 6.4,
```

[1] https://pyecharts.org

```
3.3]
v2 = [2.6, 5.9, 9.0, 26.4, 28.7, 70.7, 175.6, 182.2, 48.7, 18.8, 6.0,
2.3]
bar = Bar("柱状图示例")
bar.add("蒸发量", attr, v1, mark_line=["average"], mark_point=["max",
"min"])
bar.add("降水量", attr, v2, mark_line=["average"], mark_point=["max",
"min"])
bar.render("bar01.html")
```

打开 bar10.html，运行结果如图 11-12 所示。

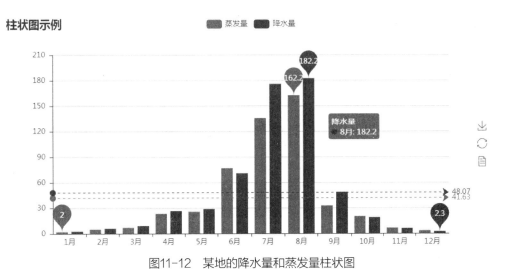

图11-12　某地的降水量和蒸发量柱状图

11.6.3　从上海出发的航线图

用 Pyecharts 中的 GeoLines、Style 模块，可以很方便地对带有起点和终点信息的线数据进行绘图，主要用于地图上的航线、路线的可视化。这里使用这些模块绘制从上海到北京、广州、南京等城市的飞行路线图，具体代码如下。

```
from pyecharts import GeoLines, Style

style = Style(
    title_top="#fff",
    title_pos = "center",
    width=1200,
    height=600,
    background_color="#31CAF6"
)

data_shanghai = [
    ["上海", "广州"],
```

```
    ["上海", "北京"],
    ["上海", "南京"],
    ["上海", "重庆"],
    ["上海", "兰州"],
    ["上海", "南昌"],
    ["上海", "武汉"],
    ["上海", "福建"],
    ["上海", "杭州"]
]

style_geo = style.add(
    is_label_show=True,
    line_curve=0.2,
    line_opacity=0.6,
    legend_text_color="#eee",
    legend_pos="right",
    geo_effect_symbol="plane",
    geo_effect_symbolsize=15,
    label_color=['#a6c84c', '#ffa022', '#46bee9'],
    label_pos="right",
    label_formatter="{b}",
    label_text_color="#eee",
)
geolines = GeoLines("GeoLines 示例", **style.init_style)
geolines.add("从上海出发", data_shanghai, **style_geo)
geolines.render("shanghai-out.html")
```

打开 shanghai-out.html，即可看到运行结果。

11.7 实例：词云图

词云图又叫文字云，是对文本数据中出现频率较高的关键词予以视觉上的突出，形成"关键词的渲染"，从而过滤掉大量次要信息，使人一眼就可以领略文章的核心要义。

11.7.1 实例概况

实例环境：Windows 或 Linux，Python 3.6+，jieba[1]（中文分词），PIL（图像处理），WordCloud[2]（词云表现）、Matplotlib（图像显示）等。其中 jieba、wordcloud 需要用 pip 安装。具体安装方法如下。

---

[1] https://pypi.org/project/jieba/

[2] https://amueller.github.io/word_cloud/

```
pip  install  jieba
pip  install wordcloud
```

文本信息：使用环球时报上的一篇文章，题为《“中国芯”亟待顶层设计》。

11.7.2 代码实现

```
import numpy as np
from PIL import Image
import Matplotlib.pyplot as plt          #绘图库
import jieba                             #分词库
from wordcloud import WordCloud,STOPWORDS,ImageColorGenerator    #词云库

#1.读入txt文本数据
text = open(r'.\data\chinese-core.txt',"rb").read()

#2.结巴分词，默认精确模式。可以添加自定义词典userdict.txt,然后调用jieba.load_us-
erdict(file_name) ,file_name为文件类对象或自定义词典的路径
# 自定义词典格式和默认词库dict.txt一样，一个词占一行，每一行分三部分——词语、词频
（可省略）、词性（可省略），用空格隔开，顺序不可颠倒

cut_text= jieba.cut(text)
result= "/".join(cut_text)#必须用符号分隔开分词结果来形成字符串,否则不能绘制词云
#print(result)
#3.初始化自定义背景图片
image = Image.open(r'.\data\back.jpg')
graph = np.array(image)


#4.生成词云图，这里需要注意的是，WordCloud默认不支持中文，所以需要提前下载好中文字
库

#5.绘制文字的颜色，以背景图颜色为参考
image_color = ImageColorGenerator(graph)#从背景图片生成颜色值
#无自定义背景图：需要指定生成词云图的像素大小，默认背景颜色为黑色,统一文字颜色:
mode='RGBA'和colormap='pink'
wc = WordCloud(font_path=r".\data\ttf\msyh.ttc",max_font_size=50,back-
ground_color='white',
max_words=1000,color_func=image_color,mode='RGBA',color-
map='pink')#background_color='white'
wc.generate(result)

#wc.recolor(color_func=image_color)
wc.to_file(r".\data\wordcloud.png")  #按照设置的像素宽、高度保存绘制好的词云图

# 6.显示图片
plt.figure("词云图") #指定所绘图名称
plt.imshow(wc)              #以图片的形式显示词云
```

```
plt.axis("off")          #关闭图像坐标系
plt.show()
```

运行结果如图 11-13 所示。

图11-13　词云图

11.8　后续思考

（1）尝试用其他主题文章进行词云展示。

（2）11.7.2 小节直接使用 WordCloud 模块画词云图，读者可尝试使用 Pyecharts 的 WordCloud
画一下词云图，然后比较这两者的异同。

11.9　小结

本章主要介绍了 Python 的可视化工具 Matplotlib，Matplotlib 能够创建多种类型的图表，如条
形图、散点图、条形图、饼图、堆叠图、3D 图和地图等。Seaborn 在 Matplotlib 的基础上进行了更
高级的封装，使得作图更加方便快捷。Seaborn 可以实现 Python 环境下的绝大部分探索性的分析任
务，图形化的表达可帮助用户对数据进行分析，而且对 Python 的其他库（比如 NumPy、Pandas、
Scipy）也有很好的支持。

第12章
机器学习基础

机器学习是人工智能的一个分支，也是实现人工智能的一个途径，即以机器学习为手段来解决人工智能中的问题。机器学习从数据中学习规律，并利用所学规律对未知数据进行预测。

机器学习已广泛应用于计算机视觉、自然语言处理、生物特征识别、搜索引擎、医学诊断、检测信用卡欺诈、证券市场分析、DNA序列测序、语音和机器人等领域。

本章首先介绍机器学习中常用的监督学习、无监督学习等常用算法，其次介绍神经网络及相关算法，最后介绍传统机器学习中的一些不足及优化方法，主要涵盖如下内容。

- 机器学习的常用算法
- 机器学习的一般流程
- 机器学习的常用技巧
- 通过两个实例进一步说明机器学习的常用算法及其使用方法

12.1　问题：机器学习如何学习？

机器学习学什么？如何学？学到的知识存放哪里？把这些问题了解清楚了，机器学习就基本入门了。

机器学习学什么？答案是学数据，数据是给机器的原料、能源，大量的优质数据是决定机器学习优劣的重要前提和基础。当然，光有数据还不够，还需要让机器学习起来，那么机器如何学呢？需要先给定一个学习目标，这个目标就是目标函数（或称为损失函数、代价函数等），然后朝着这个目标，基于某个算法或模型进行迭代或循环，直到达到满意的效果为止。在学习过程中，机器把学习的结果存放在哪里呢？答案是存放在一些变量（又称权重）中，而变量又存储在模型中。

这里仅仅做了一些简单描述，至于机器到底是如何学习的，接下来将通过一些实例做具体说明。

12.2　机器学习常用算法

机器学习的算法很多，如果根据所给的数据是否带目标值或标签来划分，机器学习算法可划分为3类，即有标签的监督学习、无标签的无监督学习和有部分标签的半监督学习。当然，还有很多其他的划分方式，这里就不展开介绍了。

12.2.1　监督学习

监督学习是最常见的一种机器学习类型，其特点就是给定学习目标，这个学习目标又称标签、标注或实际值等，整个学习过程围绕如何使预测与目标更接近。监督学习的一般流程如图 12-1 所示。

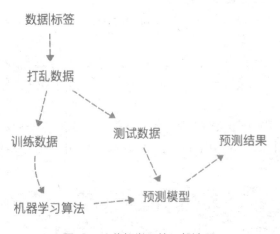

图12-1　监督学习的一般流程

从图 12-1 中可以看出，监督学习先把数据分成训练数据和测试数据两部分，然后利用训练数据训练模型，得到预测模型后，再用测试数据来验证模型。

监督学习根据预测的目标值是离散还是连续，又可分为分类和回归。带有离散分类标签的监督学习也被称为分类任务。例如，预测是否下雨，预测结果要么是下雨，要么是不下雨。监督学习的另一个子类被称为回归，其预测结果是连续的数值。

1.分类

分类是监督学习的一个分支，其目的是根据过去的观测结果来预测新样本的分类标签。这些分类标签是离散的无序值，如果分类标签只有两种，就是二分类，如下雨或不下雨两种结果；如果分类标签大于两种，称为多分类，如识别 0 ~ 9 的数字，标签共有 10 个。图 12-2 为典型的二分类示例，共有 30 个点（或称为样本数据），通过算法找到一条直线，把带 + 的点和带 − 的圆圈区分开。

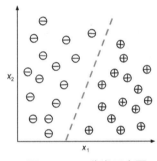

图12-2　二分类示意图

2.回归

监督学习中对连续结果的预测也称回归分析。回归分析包括一些预测变量和一个连续的响应变量，机器学习就是寻找那些能够预测结果的变量之间的关系。图 12-3 是线性回归的示意图，给定预测变量和响应变量，对数据进行线性拟合，求样本点和拟合线之间的平均最小距离（距离方差）。用从训练数据中学习到的模型（图中的曲线）来预测新数据的结果。

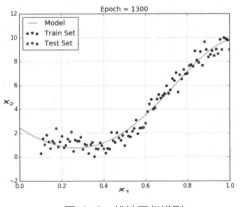

图12-3　线性回归模型

12.2.2 无监督学习

监督学习的输入数据中有标签或目标值，但在实际生活中，很多数据是没有标签的。这些没有标签的数据也可能包含很重要的规则或信息，从这类数据中学习到一个规则或规律的过程称为无监督学习。在无监督学习中，需要通过推断输入数据的结构来建模，模型包括聚类、降维等。

1.聚类

"物以类聚，人以群分"，在自然科学和社会科学中，存在着大量的分类问题。聚类分析又称群分析，它是研究（样品或指标）分类问题的一种统计分析方法。聚类与分类的不同在于，聚类所划分的类是未知的。

聚类是探索性的数据分析技术，可以在事先不了解组员的情况下，将信息分成有意义的组群。为分析过程中出现的每个群定义一组对象，同一个群中的对象之间具有一定程度的相似性，并与其他群中的对象存在较大的差异性。

图 12-4 展示了应用聚类把无标签数据根据 x1 和 x2 的相似性分成 3 组。

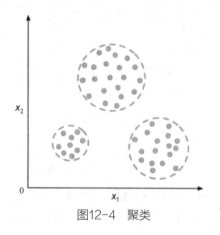

图12-4 聚类

2.降维

降维属于无监督学习，高维数据对系统资源和算法性能等常常是一大挑战。降维方法常用于特征预处理中的数据去噪，在降低维度的同时保留了大部分相关信息。降维不仅可以节省空间，还可以让学习算法运行得更快。图 12-5 为降维示例，通过降维方法，把三维降为二维。

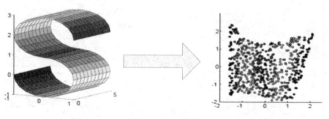

图12-5 降维

12.2.3　半监督学习

半监督学习是监督学习与无监督学习相结合的一种学习方法。半监督学习使用大量的未标记数据，同时对部分数据使用标记进行模式识别。半监督学习目前越来越受到人们的重视和欢迎。

自编码器是一种半监督学习，其生成的目标就是未经修改的输入。语言处理中根据给定文本中的词预测下一个词，也是半监督学习的例子。

对抗生成式网络也是一种半监督学习，给定一些真图像或语音，然后通过对抗生成网络，生成一些与真图片或语音非常相近的图像或语音。

12.3　机器学习的一般流程

机器学习的一般流程是，首先明确目标、收集数据、探索数据、预处理数据，其次训练模型、评估模型，最后优化模型并部署，如图 12-6 所示。

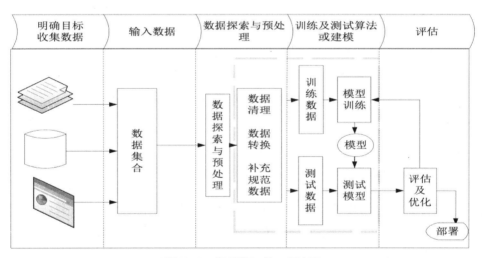

图12-6　机器学习的一般流程

通过图 12-6 可以直观地看到机器学习的一般步骤或整体框架，接下来将对各部分分别加以说明。

12.3.1　明确目标

在实施一个机器学习项目之初，定义需求、明确目标、了解要解决的问题，以及目标涉及的范围等非常重要，它们直接影响后续工作的质量甚至成败。明确目标，首先需要明确大方向，比如当前需求是分类问题还是预测问题或聚类问题等。清楚大方向后，需要进一步明确目标的具体含义。

如果是分类问题，还需要区分是二分类、多分类或多标签分类；如果是预测问题，要区分是标量预测还是向量预测；其他问题类似。确定问题和明确目标有助于选择正确的模型、合理的损失函数及评估方法等。

此外，明确目标还包含需要了解目标的可行性，因为并不是所有问题都可以通过机器学习来解决的。

12.3.2　了解并收集数据

目标明确后，接下来就是了解数据。为了实现目标需要哪些数据？数据是否充分？哪些数据能获取？哪些无法获取？这些数据是否包含我们学习的一些规则等，都需要全面把握。

了解数据后，就可以开始收集数据了。数据可能涉及不同平台、不同系统、不同部门、不同形式等，对数据的了解有助于确定具体的数据收集方案、数据处理方法等。收集数据的过程要实现自动化、程序化。

12.3.3　探索数据

收集到的数据不一定规范和完整，这就需要对数据进行初步分析或探索，然后根据探索结果与实现目标，来确定数据的预处理方案。

对数据的探索包括了解数据的大致结构、数据量、各特征的统计信息、整个数据质量情况、各特征数据的分布情况、各特征是否存在缺失数据或孤立点等。为了更好地体现数据分布情况，可以将数据进行可视化。

12.3.4　预处理数据

通过对数据的探索，可能发会现不少问题，如存在缺失数据、数据不规范、数据分布不均衡、存在奇异数据、有很多非数值数据、存在很多无关或不重要的数据等。这些问题的存在直接影响数据质量，因此，预处理数据就是接下来的重点工作。预处理数据是机器学习过程中必不可少的步骤，特别是在生产环境中的机器学习，数据往往是原始的、未加工处理过的，预处理数据常常占据整个机器学习过程的大部分时间。

预处理数据一般包括数据清理、数据向量化、数据转换、规范数据、特征选择等工作，这些工作统称为特征工程。

12.3.5　选择模型

数据准备好以后，接下就是根据目标选择模型。可以先选择一个简单的、自己比较熟悉的算法，用这个算法开发一个原型或比基准更好一点的模型。这个简单的模型有助于快速了解整个项目的主要内容，具体作用如下。

（1）了解整个项目的可行性、关键点。

（2）了解数据质量、数据是否充分等。

（3）为开发一个更好模型奠定基础。

在选择模型时，一般不存在某种对任何情况都很适用的算法。因此，在实际选择时，一般会选用几种不同的方法来训练模型，然后比较它们的性能，从中选择最优的那个。表 12-1 为选择模型的常用算法及其优缺点。

表12-1　选择模型的常用算法及其优缺点

算法	优点	缺点	任务
线性回归	简单、直观、易解释，并且还能通过正则化来降低过拟合的风险	不够灵活，无法捕捉更复杂的模式	回归
逻辑回归	输出有很好的概率解释，并且算法也能正则化，从而避免过拟合	在多条或非线性决策边界时性能比较差	分类
支持向量机	能对非线性决策边界建模，对过拟合有相当大的鲁棒性，在高维空间中尤其突出	对核函数较敏感	分类
朴素贝叶斯	很容易实现并能随数据集的更新而扩展	算法比较简单，性能一般	分类
集成方法	能学习非线性关系，对异常值也具有很强的鲁棒性	单棵树很容易过拟合	回归、分类
神经网络	学习能力强	不易解释	回归、分类
K均值聚类	足够快速、简单、高效，是最流行的聚类算法	需要指定集群的数量，而 K 值的选择通常都不是那么容易确定的	聚类
层次聚类	易扩展到大数据集	对K值选择较敏感	聚类

12.3.6　定义损失函数

一般来说，在进行机器学习任务时，需要确定一个学习目标（或目标函数），算法的求解过程就是对这个目标函数的优化过程。在分类或者回归问题中，通常使用损失函数（或称为目标函数、代价函数）。损失函数用来评价模型的预测值和真实值不一样的程度，损失值越小，说明模型的性能越好。不同的算法使用的损失函数不一样。回归问题一般使用衡量目标值与预测值接近程度的均方误差作为损失函数；分类问题由于输出的结果是概率，因此通常使用衡量分布或概率接近程度的交叉熵作为损失函数。

12.3.7 评估模型

模型确定后，还需要确定一种评估模型性能的方法，即评估方法。评估方法大致有以下 3 种。

1.留出法

留出法的步骤相对简单，一种方案是直接将数据集划分为两个互斥的集合，其中一个集合作为训练集，另一个作为测试集。在训练集上训练出模型后，用测试集来评估测试误差，作为泛化误差的估计。还有一种方案是把数据分成 3 部分，即训练数据集、验证数据集、测试数据集。训练数据集用来训练模型，验证数据集用来调优超参数，测试数据集用来测试模型的泛化能力，数据量较大时可采用这种方案。

不过使用留出法对数据集的划分比较敏感，评价会因样本的不同而发生变化。为避免这个问题，可以采用 K 折交叉验证方法。

2.K折交叉验证

不重复地随机将训练数据集划分为 K 个，其中 $K-1$ 个用于模型训练，剩余的一个用于测试。图 12-7 所示为假设 $K=3$ 的 K 折交叉验证，最后的评分 E 是各折评分的均值。

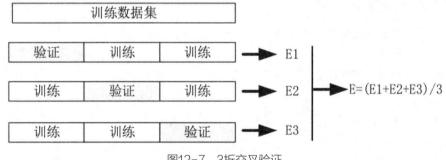

图12-7　3折交叉验证

3.重复的K折交叉验证

当数据量比较小，并且数据分布不很均匀时可以采用这种方法。

使用训练数据构建模型后，通常使用测试数据对模型进行测试。如果对模型的测试结果满意，就可以用此模型对以后的数据进行预测；如果对测试结果不满意，可以优化模型。优化的方法很多，其中网格搜索参数是一种有效方法，当然也可以选择手动调节参数等方法。如果出现过拟合，尤其是回归类问题，可以考虑使用正则化方法来降低模型的泛化误差。

12.3.8 性能评估指标

对于回归问题，通常使用损失值、均方差等来衡量模型的性能；对于分类问题，衡量指标比较多，如准确率、精确率、召回率等，具体图 12-8 所示。

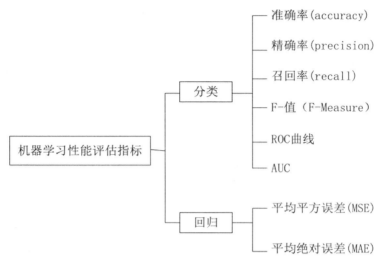

图12-8　机器学习性能评估指标

12.3.9　自动调参（优化模型）

机器学习中的参数可分为两类，一类是在学习过程中修改的参数，这是学习参数或权重参数；另一类是需要手动修改的参数，如迭代次数、学习率、正则化参数、树的深度等，这类参数又称超参数。超参数往往不止一个，在众多参数中，选择一个最佳组合往往既费时又费神。好在我们可以采用网格搜索方法，自动选择一组最佳组合参数。在 Scikit-Learn 中有一个 GridSearchCV 对象，提供了网格自动搜索超参的功能。

12.4　机器学习常用技巧

在训练模型的过程中，刚开始训练时训练和测试精度往往不高（或损失值较大），通过增加迭代次数或不断优化，训练精度和测试精度会逐渐提升。但有时随着训练迭代次数的增加或不断优化，可能会出现训练精度或损失值持续改善，但测试精度或损失值不降反升的情况，如图 12-9 所示。

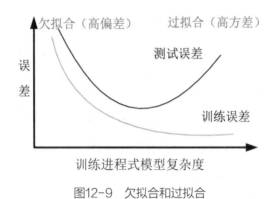

图12-9　欠拟合和过拟合

　　出现这种情况，说明优化过头了，模型把训练数据中一些无关紧要的甚至错误的模式也学到了，这就是通常说的过拟合。机器学习中有很多方法可以解决这类问题，常用的方法有正则化、数据增强等，接下来将介绍这两种方法。

12.4.1　正则化

　　在机器学习中，被显式地用来减少测试误差的策略统称为正则化。正则化旨在减少泛化误差而不是训练误差。为使读者对正则化的作用及原理有一个直观的理解，先看正则化示意图 12-10 。

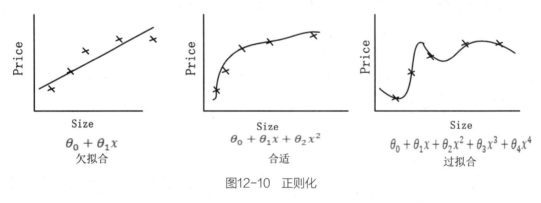

图12-10　正则化

　　图 12-11 是根据房屋面积（Size）预测房价（Price）的回归模型。过拟合往往与模型过于复杂有关，那么正则化是如何解决模型过复杂这个问题的呢？答案是通过正则化使参数变小甚至趋于原点。图 12-11 最右边的图，其模型或目标函数是一个 4 次多项式，因它把一些噪声数据也包括进来了，所以导致模型很复杂，实际上房价与房屋面积应该是 2 次多项式函数，如图 12-11 中间的图。

　　要降低模型的复杂度，可以通过缩减它们的系数来实现，如把第 3 次、第 4 次项的系数 θ_3、θ_4 缩减到接近于 0 即可。

　　这个损失函数是我们的优化目标，也就是说，需要尽量减少损失函数的均方误差。

　　给这个函数添加一些正则项，如加上 10000 乘以 θ_3 的平方，再加上 10000 乘以 θ_4 的平方，得到式（12.1）的函数。

$$L(\theta_1, \theta_2) + 10000 \times \theta_3^2 + 10000 \times \theta_4^2 \qquad\qquad （12.1）$$

这里取 10000 只是用来代表一个"大值"，如果要最小化这个新的损失函数，需要让 θ_3 和 θ_4 尽可能小。因为如果在原有损失函数的基础上加上 10000 乘以 θ_3 这一项，那么新的损失函数将变得很大。所以最小化新的损失函数时，将使 θ_3 的值接近于 0，同样，θ_4 的值也接近于 0，就像忽略了这两个值一样。如果做到这一点（θ_3 和 θ_4 接近 0），那么将得到一个近似二次函数的函数，如图 12-11 所示。

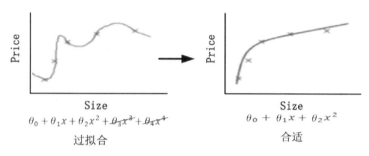

图12-11 利用正则化提升模型泛化能力

希望通过上面的简单介绍，能让大家有个直观的理解。传统意义上的正则化一般分为 $L0$、$L1$、$L2$、$L\infty$ 等。

12.4.2 数据增强

数据对模型的性能有时起决定性的作用，如果缺乏数据，再好的算法或模型都是不可靠的。模型出现过拟合，很多时候是训练数据代表性不足所致，比如训练数据仅包含部分规则或训练数据不具代表性，那么由此得到的模型自然也存在很大的局限性。当然，获取代表各个角度的数据也是不现实的，因为获取更多数据意味着更大的成本。不过也有很多成本很低的方法，如通过特征组合、衍生一些新特征、重采样、增加一些噪声数据等。如果是图像数据，还可以采用旋转、改变颜色、移动、截取等方法。

12.5 实例1：机器学习是如何学习的？

这是一个简单的回归实例，希望通过这个实例，能帮助读者更好地了解机器学习是如何学习的、学习的目标是什么、学习的内容是什么、学习内容存放在哪里等问题。

12.5.1　实例概述

这里使用的数据集是房屋面积与房价，共有 44 条记录，以这些数据为依据，设计一个模型。根据这些数据的分布情况，假设模型为一条直线：y=kx+b。模型明确后，定义学习目标，即损失函数，然后利用梯度下降方法，通过多次迭代运算，最后求出使损失函数的值最小化的参数 k 和 b。参数 k 和 b 就是要学习的内容，这些内容一旦确定，模型也就确定了。利用迭代法求损失函数最小值的过程如图 12-12 所示。

利用迭代法，每次迭代沿梯度的反方向，逐步靠近或收敛到最小值点。

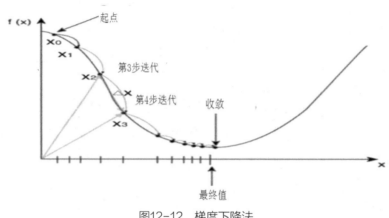

图12-12　梯度下降法

12.5.2　查看数据分布情况

为了确定使用哪种模型（即多项式的最高次数是一次、二次还是高次等），需要先浏览一下这些数据的大致分布情况，然后再选择。根据可视化的结果，这里假设预测模型为一条直线。

```
%Matplotlib inline
#导入需要的库
import numpy as np
import Matplotlib.pyplot as plt
# 定义存储输入数据、目标数据的数组
x, y = [], []
#遍历数据集，变量row对应每个样本
for row in open(r".\data\prices.txt", "r"):
    x1, y1 = row.split(",")
    x.append(float(x1))
    y.append(float(y1))
#把读取后的数据转换为NumPy数组
x, y = np.array(x), np.array(y)
# 对x数据进行标准化处理
x = (x - x.mean()) / x.std()
# 可视化原数据
```

```
plt.figure()
#c设置点的颜色，s设置点的大小
plt.scatter(x, y, c="r", s=20)
plt.show()
```

运行结果如图 12-13 所示。

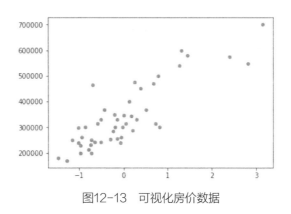

图12-13　可视化房价数据

12.5.3　利用迭代方法求出参数

把求模型参数转换为求损失函数最小值，这里采用梯度下降方法求损失函数的最小值，通过求损失函数的最小值来得到参数 k 和 b，代码如下。

```
# 随机初始化参数
k = np.random.rand(1,1)
b = np.random.rand(1,1)

lr =0.01 # 学习率
#利用迭代方法求参数k和b
for i in range(100):
    # 前向传播
    y_pred = x*k + b
    # 定义损失函数
    loss = 0.5 * (y_pred - y) ** 2
    loss = loss.sum()
    #计算梯度
    grad_w=np.sum((y_pred - y)*x)
    grad_b=np.sum((y_pred - y))
    #使用梯度下降法，使loss最小
    k -= lr * grad_w
    b -= lr * grad_b
```

12.5.4 可视化模型

求得参数 k、b 后，为更直观地查看模型与样本的拟合程度，把模型可视化，代码如下。

```
plt.plot(x, y_pred[0],'r-',label='predict')
plt.scatter(x, y,color='blue',marker='o',label='true') # true data
plt.xlim(-2,4)
#plt.ylim(2,6)
plt.legend()
plt.show()
print(k,b)
```

运行结果如图 12-14 所示。

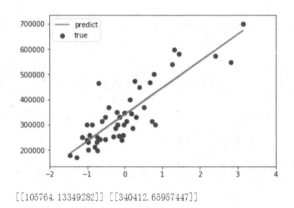

[[[105764.13349282]]] [[340412.65957447]]]

图12-14　模型可视化

从图 12-15 中可知，模型比较真实地反映了数据分布信息。通过这个简单的实例，我们对机器学习如何学习、学什么等问题有了一个直观的理解。这个实例虽然简单，但展示了机器学习的核心内容，后续将涉及更多、更复杂的类似问题。尤其是当参数涉及复合函数时，如何更新这些参数，后续将详细讲解。

12.6 　实例2：用Scikit-Learn实现电信客户流失预测

通过 12.3 节的图 12-6 可知，完成一个机器学习任务需要很多步骤。为了更好地理解整个机器学习的流程，本节将展示用 Scikit-Learn 工具实现一个机器学习任务的完整过程。

12.6.1 Scikit-Learn简介

自 2007 年发布至今，Scikit-Learn 已经成为 Python 的重要机器学习库。Scikit-Learn 简称

Sklearn，是 Scipy 的扩展，建立在 NumPy 和 Matplotlib 库的基础上。它支持分类、回归和聚类三大机器学习算法，还包含降维、模型选择、数据预处理三大模块。利用这些模块和库的优势，可以大大提高机器学习的效率。

在实际项目中，用 Python 手写代码来从头实现一个算法的可能性非常低，这样不仅耗时耗力，还不一定能够写出构架清晰、稳定性强的模型。Sklearn 提供了机器学习的相关包和模块，充分利用这些包，可以高效地实现算法应用。其官网地址为 https://scikit-learn.org/stable/index.html。

Sklearn 的安装推荐使用 Anaconda 安装包，里面已经内置了 NumPy、SciPy、Sklearn 等模块，可直接使用。或者使用 Conda 进行包管理。

```
conda install scikit-learn
```

也可使用 pip 安装，安装以后，可用以下命令进行验证。

```
import sklearn          #导入Sklearn
sklearn.__version__      #查看Sklearn版本
```

如果没有报错，说明 Sklearn 可以使用或安装成功。

12.6.2　实例概述

本实例以一段时间内的电信客户数据作为数据集，使用机器学习工具 Sklearn 进行客户流失的预测。为了比较各种算法的性能，本实例将采用多种算法，然后对各种算法进行比较。

12.6.3　明确目标

明确项目目标非常重要，任何不明确的定义都会严重影响模型的准确性和应用时的效果。首先，在客户流失分析系统中，需要明确客户流失的定义。其次，通过该模型发现客户流失的现象及背后的原因。最后，把模型推广应用，使客户管理上一个台阶。

12.6.4　导入数据

这里以一段时间内的电信客户数据作为数据集，其数据很简单，如表 12-2 所示。

表12-2　电信客户数据表字段含义

序号	字段	说明
1	State	州名
2	Account Length	账户长度
3	Area Code	区号

续表

序号	字段	说明
4	Phone	电话号码
5	Int'l Plan	国际计划
6	VMail Plan	语音计划
7	VMail Message	语音邮箱
8	Day Mins	白天通话分钟数
9	Day Calls	白天电话个数
10	Day Charge	白天收费
11	Eve Mins	晚间通话分钟数
12	Eve Calls	晚间电话个数
13	Eve Charge	晚间收费
14	Night Mins	夜间通话分钟数
15	Night Calls	夜间电话个数
16	Night Charge	夜间收费
17	Intl Mins	国际分钟数
18	Intl Calls	国际电话个数
19	Intl Charge	国际收费
20	CustServ Calls	客服电话数
21	Churn?	流失与否

这是一个二分类问题，数据包括 20 个特征及 1 个标签，标签值为 False（在网）或 True（流失）。

利用 Pandas 把 cvs 格式的数据导入内存，步骤如下。

1.导入需要的模块

```
import pandas as pd
import numpy as np
import Matplotlib.pyplot as plt
import json
#修改图形的字符集，以支持中文
plt.rcParams['font.sans-serif']=['SimHei']
#防止坐标轴上的负号变为方块
plt.rcParams['axes.unicode_minus']=False

#代入数据预处理、算法等模块
```

```
from sklearn.model_selection import train_test_split,KFold
from sklearn.preprocessing import StandardScaler
from sklearn.svm import SVC
from sklearn.ensemble import RandomForestClassifier as RF
%Matplotlib inline
```

2.导入数据

```
churn_df = pd.read_csv(r'.\data\churn.csv')
col_names = churn_df.columns.tolist()
```

3.查看数据集的基本信息

```
print(col_names)    #显示各列的名称
#查看churn_df的数据类型
print(type(churn_df))
#查看数据集的形状
print(churn_df.shape)
#查看数据前3行样本
print(churn_df.head(3))
#查看各列的数据类型
print(churn_df.info())
```

运行结果如下。

```
['State', 'Account Length', 'Area Code', 'Phone', "Int'l Plan", 'VMail
Plan', 'VMail Message', 'Day Mins', 'Day Calls', 'Day Charge', 'Eve
Mins', 'Eve Calls', 'Eve Charge', 'Night Mins', 'Night Calls', 'Night
Charge', 'Intl Mins', 'Intl Calls', 'Intl Charge', 'CustServ Calls',
'Churn?']
<class 'pandas.core.frame.DataFrame'>
(3333, 21)
  State Account Length  Area Code       Phone Int'l Plan VMail Plan  \
0    KS            128        415    382-4657         no        yes
1    OH            107        415    371-7191         no        yes
2    NJ            137        415    358-1921         no         no

   VMail Message  Day Mins  Day Calls  Day Charge  ...    Eve Calls  \
0             25     265.1        110       45.07  ...           99
1             26     161.6        123       27.47  ...          103
2              0     243.4        114       41.38  ...          110

   Eve Charge  Night Mins  Night Calls  Night Charge  Intl Mins  Intl
Calls  \
0       16.78       244.7           91         11.01       10.0
3
1       16.62       254.4          103         11.45       13.7
3
2       10.30       162.6          104          7.32       12.2
5
```

```
     Intl Charge   CustServ Calls   Churn?
0          2.70                1    False.
1          3.70                1    False.
2          3.29                0    False.

[3 rows x 21 columns]
<class 'pandas.core.frame.DataFrame'>
RangeIndex: 3333 entries, 0 to 3332
Data columns (total 21 columns):
State             3333 non-null object
Account Length    3333 non-null int64
Area Code         3333 non-null int64
Phone             3333 non-null object
Int'l Plan        3333 non-null object
VMail Plan        3333 non-null object
VMail Message     3333 non-null int64
Day Mins          3333 non-null float64
Day Calls         3333 non-null int64
Day Charge        3333 non-null float64
Eve Mins          3333 non-null float64
Eve Calls         3333 non-null int64
Eve Charge        3333 non-null float64
Night Mins        3333 non-null float64
Night Calls       3333 non-null int64
Night Charge      3333 non-null float64
Intl Mins         3333 non-null float64
Intl Calls        3333 non-null int64
Intl Charge       3333 non-null float64
CustServ Calls    3333 non-null int64
Churn?            3333 non-null object
dtypes: float64(8), int64(8), object(5)
memory usage: 546.9+ KB
None
```

由此可知，整个数据集有 3333 条数据，20 个特征，最后一项是分类标签。20 个特征中有些数据类型是 object，这些特征需要进行类型转换。

12.6.5　探索数据

导入数据后，在对数据进行预处理之前，需要先探索数据，查看数据的统计信息、是否有缺失值、主要特征的分布等内容，为下一步的数据预处理提供重要依据。

1.查看数据集的统计信息

可以用 DataFrame 中的 describe() 函数。

```
#查看数据集的统计信息
print(churn_df.describe())
```

2.查看各州客户流失的统计信息

```
#查看各州客户流失信息
churn_df.groupby(["State", "Churn?"]).size().unstack().plot(kind='bar',
stacked=True, figsize=(30,10))
```

运行结果如图 12-15 所示。

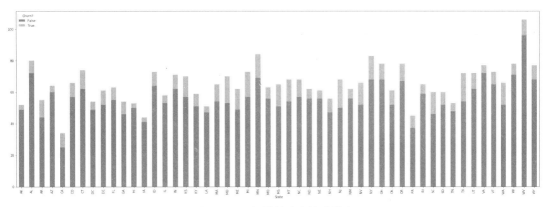

图12-15　各州的客户流失信息

3.查看一个特征的分布

```
#查看重要特征的分布信息
churn_df['Day Mins'].plot(kind='kde')     # plots a kernel desnsity
estimate of customer
plt.xlabel("分钟")# plots an axis lable
plt.ylabel("密度")
plt.title("白天通话时间的分布")
```

运行结果如图 12-16 所示。

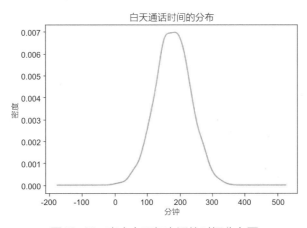

图12-16　客户白天打电话的时间分布图

从图 12-16 可以看出，客户白天打电话的时间分布接近正态分布，说明这数据符合我们的预期。

4.查看客户服务电话与客户流失的关系

```
#查看客户服务电话与客户流失的关系
cus_0 = churn_df['CustServ Calls'][churn_df['Churn?'] == 'False.'].
value_counts()
cus_1 = churn_df['CustServ Calls'][churn_df['Churn?'] == 'True.'].
value_counts()
df=pd.DataFrame({'流失':cus_1, '在网':cus_0})
df.plot(kind='bar', stacked=True)
plt.title("打客户电话与客户流失间的关系")
plt.xlabel("打客户电话")
plt.ylabel("用户数量")
```

运行结果如图 12-17 所示。

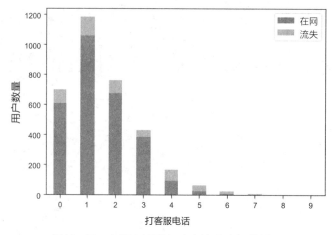

图12-17　客服电话数与客户流失之间的关系

从图 12-18 可以看出，客服电话的多少和最终的结果是强相关的，客服电话在 3 次以上的流失率比例急速升高，说明这是一个非常关键的指标。

12.6.6　数据预处理

删除不相关的列，并将字符串转换为布尔值，对一些比较大的数据进行规范化。

1.数据类型转换

将标签列" Churn?"转换为 0 或 1 形式，即把 False 转换为 0，把 True 转换为 1。

```
churn_result = churn_df['Churn?']
y = np.where(churn_result == 'True.',1,0)
#查看前16个数据
```

运行结果如下。

```
array([0, 0, 0, 0, 0, 0, 0, 0, 0, 0, 1, 0, 0, 0, 0, 1])
```

2.删除一些不必要的特征或列

删除一些无关列，如州名、电话、区号。

```
fields_drop = ['State','Area Code','Phone','Churn?']
churn_feats = churn_df.drop(fields_drop,axis=1)
```

3.把yes或no转换为1或0

对于有些特征，它本身并不是数值类型的，不能被算法直接使用，所以需要处理一下。将属性值 yes 或 no 转化为布尔值，即 False 或 True。对 False 或 True 进行类型转换时，Numpy 将自动把 False 转换为 0，True 转换为 1。

```
yes_no_cols = ["Int'l Plan","VMail Plan"]
churn_feats[yes_no_cols] = churn_feats[yes_no_cols] == 'yes'

#获取各特征的名称
features = churn_feats.columns
#把数据转化为float类型
X = churn_feats.as_matrix().astype(np.float)
```

4.规范化数据

对数量级差距较大的数据，需要进行规范化处理。例如，篮球队每场比赛的得分要比他们的获胜率高几个数量级，但这并不意味着后者的重要性低 n 个数量级，故需要进行标准化处理。规范化的公式为 (X-mean)/std，在计算时需要对每个属性 / 每一列分别进行处理。

将数据按期属性（按列进行）减去其均值，并除以其方差。得到的结果是，对于每个属性 / 每一列来说，所有数据都聚集在 −1 到 1 附近，方差为 1。这里直接使用 Sklearn 库中的数据预处理模块 StandardScaler，代码如下。

```
scaler = StandardScaler()
X = scaler.fit_transform(X)
```

12.6.7   选择模型

为便于比较，这里使用多种模型。导入模型，代码如下。

```
# 使用多种模型
models = []
models.append(('LR', LogisticRegression(solver='lbfgs')))
models.append(('LDA', LinearDiscriminantAnalysis()))
models.append(('KNN', KNeighborsClassifier()))
models.append(('CART', DecisionTreeClassifier()))
models.append(('SVM', SVC(gamma='scale')))
models.append(('RF', RandomForestClassifier(n_estimators=100)))
models.append(('GB', GradientBoostingClassifier(n_estimators=100)))
```

12.6.8　评估模型

这里使用 K 折交叉验证模型，代码如下。

```
# 使用多种模型
models = []
models.append(('LR', LogisticRegression(solver='lbfgs')))
models.append(('LDA', LinearDiscriminantAnalysis()))
models.append(('KNN', KNeighborsClassifier()))
models.append(('CART', DecisionTreeClassifier()))
models.append(('SVM', SVC(gamma='scale')))
models.append(('RF', RandomForestClassifier(n_estimators=100)))
models.append(('GBC', GradientBoostingClassifier(n_estimators=100)))
#评估模型
results = []
names = []
scoring = 'accuracy'
for name, model in models:
    kfold = KFold(n_splits=5, random_state=7)
    cv_results = cross_val_score(model, X, y, cv=kfold, scoring=scor-
ing)
    results.append(cv_results)
    names.append(name)
    msg = "%s: %.2f (%.4f)" % (name, cv_results.mean(), cv_results.
std())
    print(msg)
```

运行结果如下。

```
LR: 0.86 (0.0146)
LDA: 0.85 (0.0145)
KNN: 0.89 (0.0131)
CART: 0.91 (0.0103)
SVM: 0.92 (0.0086)
RF: 0.96 (0.0049)
GBC: 0.96 (0.0055)
```

从以上结果不难看出，使用集成方法效果较好，SVM、CART 效果也不错。

12.6.9　模型解释与应用

得到最优的模型以后，需要业务人员针对得到的模型做出一些合理的业务解释。业务人员的解释有助于发现真正的问题或遗漏的问题，当然，也可能在与业务员的沟通过程中发现一些业务员没注意到的问题。如果能够根据业务知识解释得到模型，就可以证明模型在业务上的合理性，就可以更有效地把模型应用于业务活动中。

推广模型应用时，可以先选择在某一时段选择一个试点单位。试运行后，如果发现效果不错，就可大面积推广；如果试运行过程中发现一些不足，可以及时调整。

12.7　后续思考

读者可以用房屋销售数据为数据集（house-price），使用 Skleern 的多种算法进行预测，然后比较各种算法的效果。

12.8　小结

本章为机器学习入门基础，首先介绍了各种常用算法；其次介绍了机器学习的一般流程，以及优化机器学习的一些技巧；最后通过两个实例，实践机器学习的一般流程。

第13章

神经网络

前面的章节介绍了机器学习中的几种常用算法，如线性模型、SVM、集成学习等监督学习，这些算法都可以用神经网络来实现。神经网络不仅在功能上能够实现传统机器的学习算法，而且效率、便捷性也优于传统的机器学习，尤其在大数据、非结构化数据方面（如图像、语音等），更能体现神经网络的优势。因此，近些年神经网络发展非常快，应用也非常广。本章主要介绍神经网络，涵盖以下内容。

■ 单层神经网络
■ 多层神经网络
■ 输出层
■ 损失函数
■ 正向传播
■ 误差反向传播
■ 实例：用Python实现手写数字识别

13.1 问题：神经网络能代替传统机器学习吗？

前面介绍了传统机器学习的一些常用方法，并通过一些实例具体说明了如何使用这些算法。前些年传统机器学习基本占据主导地位，但近些年，尤其从 2016 年后，随着深度学习的应用范围越来越广，人们开始把注意力转向神经网络和深度学习，传统机器学习好像要让位于神经网络了。为何会出现这种情况？神经网络、深度学习相比传统机器学习有哪些优势，又有哪些不足呢？

在处理非结构化数据方面，如图像、自然语言、语音等，神经网络的优势非常明显，在性能、效率、易用性方面都远强于传统机器学习。比如神经网络无须花费大量时间手动选择特征，一些用大数据训练好的模型也可直接迁移到类似任务中，并且神经网络中有很多优化器、GPU 加速、避免过拟合等方法。这些都是神经网络、深度学习的一些优势，当然最大的优势还是在功能方面，深度学习可以进行目标检测、风格迁移、生成新图片、语音识别等。

对一些数据量不大的结构化数据，虽然也可使用神经网络，但因数据量不足，可能容易出现过拟合。而如果使用传统机器学习，泛化能力可能比用神经网络强。

神经网络或深度学习的性能跟数据量有很大关系，如果数据量不足，可能还不如传统机器学习，如图 13-1 所示。

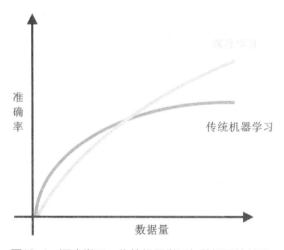

图13-1 深度学习、传统机器学习与数据量的关系

13.2 单层神经网络

一个神经元模型包含输入、计算、输出等功能。图 13-2 是一个典型的神经元模型，包含 3 个输入、1 个输出，并具备计算功能（先求和，然后把求和结果传递给激活函数）。

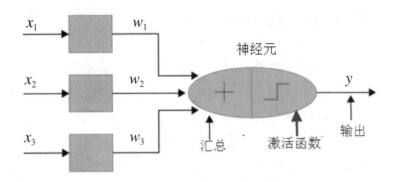

图13-2　神经元结构图，其中 $y = f(z)$，$z = \sum\limits_{i=1}^{3} x_i \times w_i$

输入与神经元间的箭头线称为"连接"。每个连接上有一个"权值"，如上图的 w_1，权值是最重要的内容。一个神经网络的训练算法就是将权值调整到最佳，以使整个网络的预测效果最好。

使用 x 来表示输入，用 w 来表示权值。一个表示连接的有向箭头可以理解为：在初端，传递的信号大小仍然是 x，中间有加权参数 w，经过这个加权后的信号会变成 $x \times w$，因此在连接的末端，信号的大小就变成了 $x \times w$。

输出 y 是在输入和权值的线性加权及叠加了一个函数 f 后的值。在神经元里，函数 f 又称激活函数，它是阶跃函数。激活函数将数据压缩到一定区间内，其值的大小将决定该神经元是否处于活跃状态。如果把阶跃函数换成其他函数，就进入神经网络世界了。

激活函数一般是非线性函数，常用的有以下几种。

1.sigmoid函数

它是典型的激活函数，对于任意输入，它的输出范围都是 (0,1)，常用来计算分类的概率。其表达式为式（13.1）。

$$f\left(x\right) = \frac{1}{1 + exp\left(-x\right)} \tag{13.1}$$

该函数对应的图形为图 13-3。

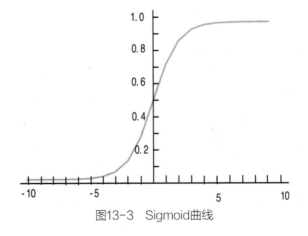

图13-3　Sigmoid曲线

用 Python 定义 sigmoid 函数，代码如下。

```
#导入Numpy
import numpy as np
#定义sigmoid函数
def sigmoid(x):
    return 1/(1+np.exp(-x))
```

2.ReLU函数

ReLU 函数常用来抵抗深度学习中的梯度消失，因其导数为 1，不会因传入多层网络导致梯度变得非常小或非常大，其表达式为式（13.2）。

$$f(x)=\max(x,0) \tag{13.2}$$

其图形为图 13-4。

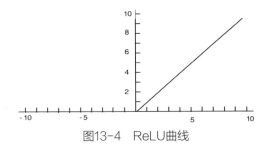

图13-4　ReLU曲线

用 Python 定义 ReLU 函数，代码如下。

```
def relu(x):
    return np.maximum(0,x)
```

3.tanh函数

tanh（或称为双曲正切）是另一个深度神经网络中常用的激活函数。类似于 sigmoid 函数，它也是将输入转化到良好的输出范围内。具体来说，就是对于任意输入，tanh 都会产生一个介于 -1 与 1 之间的值，其表示式为式（13.3）。

$$f\left(x\right)=\frac{1-e^{-2x}}{1+e^{-2x}} \tag{13.3}$$

tanh 函数的图形如图 13-5 所示。

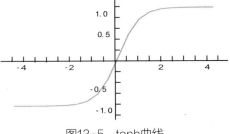

图13-5　tanh曲线

用 Python 定义 tanh 函数，代码如下。

```
def tanh(x):
    exp2x=np.exp(-2*x)
    return (1-exp2x)/(1+exp2x)
```

4.softmax 函数

softmax 用于多分类，它将多个神经元的输出映射到（0,1）区间内，类似于概率值，从而可用来实现多分类任务，其表达式为式（13.4）。

$$\sigma_i(z)=\frac{e^{z_i}}{\sum_{j=1}^{m}e^{z_j}}$$

（13.4）

softmax 的流程如图 13-6 所示。

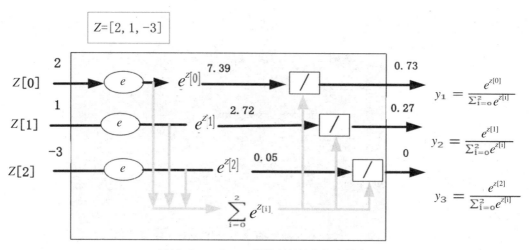

图13-6　softmax把输入转换为概率输出

假设有一个输入向量 [2,1,-3]，该向量通过 softmax 函数后，就映射成为 [0.73,0.27,0]，这些值的和为 1（满足概率的性质），那么就可以将它理解成概率。假设对应的标签依次为（小猫，小狗，小鸡），就可以选取概率最大值对应的类别作为预测类别，根据图 13-6 的结果，可以推断 z 为小猫。

单层神经网络选择不同的激活，可以实现一些简单的分类或回归任务，如选用 softmax 或 sigmoid 作为激活函数可进行分类；如果选择 ReLU 函数或恒等函数，可实现回归任务。

用 Python 定义 softmax 函数，代码如下。

```
#为防止计算np.exp(x)时出现溢出问题，一般采用如下方法定义softmax函数
def softmax(x):
    max_x=np.max(x)      #得到向量x的最大值
    x=x-max_x            #每项减去最大值
    sum_expx=np.sum(np.exp(x))
    return np.exp(x)/sum_expx
```

　　因单层神经网络只有输入层和输出层，没有中间的隐含层，所以其功能非常有限，如著名的异或门问题就无法解决。要增强神经网络的功能，增加层数是有效方法，接下来将介绍多层神经网络。

13.3　多层神经网络

　　单层神经网络结构简单，功能也相对简单。增加网络层是增强其功能的有效途径，随着层数的增加，网络的性能也在不断提升，同时面临的挑战也越来越大。因此，发展出了针对此类深层神经网络的处理方法或算法，即所谓的深度学习。

13.3.1　多层神经网络架构简介

　　本节将介绍多层神经网络，先看一个简单的三层神经网络，如图 13-7 所示。

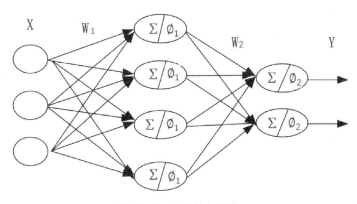

图13-7　三层神经网络

　　图 13-7 的三层神经网络有以下特点。

　　（1）神经元按层布局，左边的是输入层，负责接收数据；中间的是隐含层；右边的是输出层，负责输出数据。

　　（2）同一层神经元之间没有连接。

　　（3）前后两层的所有神经元进行连接（又称为全连接）。

　　（4）前一层的输出是后一层的输入。

　　（5）每个连接都有一个权重。

13.3.2　各层之间的信息传输

　　神经网络层之间的信息传输，大致流程如下。

（1）从输入层到隐含层，再从隐含层到到输出层。

（2）通常使用损失函数来衡量输出层的值是否满足需求，损失函数表示输出值（或预测值）与实际值的接近程度，可以是任何函数。不过回归问题一般使用均方误差，分类问题一般使用交叉熵误差。

（3）基于损失函数更新各层参数，具体使用误差的反向传播，从输出层到输入层，依次更新每层的权重参数。

（4）执行前向传播，计算损失值，依次循环，直到精度达到指定值或循环达到指定次数为止。

下面介绍整个流程中的几个关键节点，如输出层、损失函数、误差反向传播等，然后用 Python 实现整个流程。

13.4　输出层

输出层的设计包括确定输出层的激活函数、输出层的神经元个数，确定这些因素与机器学习任务有关。如果是回归任务，可以使用恒等函数或 ReLU 函数；如果是分类问题，可以使用 sigmoid 或 softmax 函数。输出神经元的个数一般是分类的类别数，当然也可以是一个神经元，但输出是一个向量，如 [0.8,0.1,0.1]。

13.4.1　回归问题

神经网络可以解决回归问题，直接输出输出层的汇总信息即可，无须添加激活函数。如图 13-8 所示。

图13-8　输出层中的激活函数为恒等式

13.4.2　二分类

假设有 10000 张图片，这些图片要么是小狗，要么是小猫，不存在一张图片上既有小狗又有小猫的情况。对这些图片进行分类，可以使用 sigmoid 函数，输出层只用一个神经元，具体如图 13-9

所示。

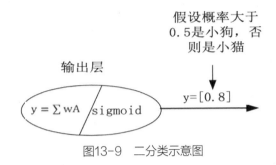

图13-9　二分类示意图

13.4.3　多分类

如果遇到多分类问题，如 10000 张图片共有 4 种类型，包括汽车、飞机、动物、植物，但每张图片只能属于其中一类，不能包含两类或两类以上，即这些类别是互斥的。具体实现可采用如下两种方式。

1.采用one-hot格式

多分类问题可以把类转换为 one-hot 格式，假设 one-hot 对应的列为 [" 汽车 "," 飞机 "," 动物 "," 植物 "]，这样输出一个神经元即可。激活函数用 softmax，如图 13-10 所示。

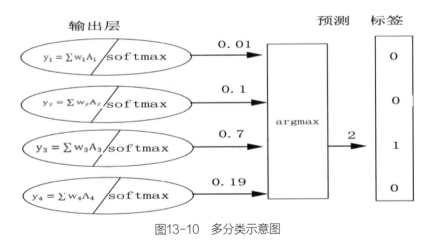

图13-10　多分类示意图

其中 y=[2,3,8,5]，这个样本应该属于哪一类？

```
y=np.array([2,3,8,5])
#y通过激活函数softmax得到z
z=softmax(y)
#查看z属于哪一类
np.argmax(z)  #2
```

运行结果为 2，在列表 [" 汽车 "," 飞机 "," 动物 "," 植物 "] 中，索引是 2 的对应类别是 " 动物 "。

2.不采用one-hot格式

多分类如果不转换为 one-hot 格式，需要输出 4 个神经元，激活函数用 sigmoid，具体实现如图 13-11 所示。

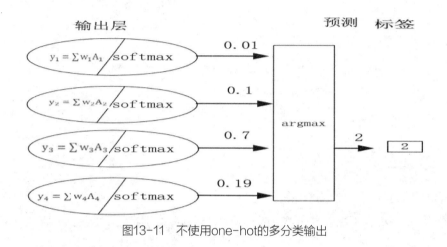

图13-11　不使用one-hot的多分类输出

13.4.4　多标签分类

一张图片中可能同时含有汽车、飞机、动物、植物中的一种或多种，这些类别不是互斥的，这就是多标签分类。这类分类在无人驾驶的目标识别中经常遇到。对标签采用类似于one-hot的格式，只不过这个 one-hot 可以有多个 1（一般的 onet-hot 每行只有一个 1）。使用 sigmoid 激活函数为每个值设置一个阈值，根据这个阈值判断对应类别，具体实现如图 13-12 所示。

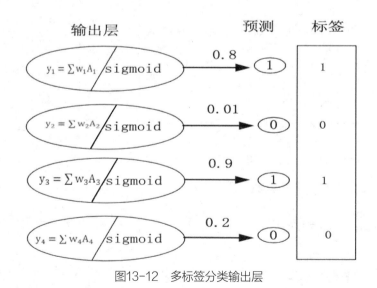

图13-12　多标签分类输出层

13.5　损失函数

机器学习都是基于损失函数来学习的，在使损失函数最小化的过程中不断更新参数，参数更新后代入损失函数，不断迭代，最终得到使损失值最小的权重。

损失函数可以是任何函数，不过一般使用均方误差和交叉熵。

13.5.1　均方误差

均方误差通常用来衡量回归问题中预测值与目标值的差距，均方误差的表达式为式（13.5）。

$$E = \frac{1}{2}\sum_{k=1}^{n}(y_k - t_k)^2 \qquad\qquad (13.5)$$

其中 y_k 为预测值或模型输出值，t_k 为目标值或实际值。

下面以简单的实例来说明如何使用均方误差。

假设我们需要预测手写数字 0~9 是否为对应的数字，类别是 10，把标签转换为 one-hot 编码，即每行只有一个是 1，其余都是 0。数字 3 标签对应的 one-hot 编码为 t=[0,0,0,1,0,0,0,0,0,0]。假设手写数字 3 图片经过 softmax 函数后的输出值为 y=[0.1,0.01,0.2,0.5,0.1,0.05,0.04,0.0,0.0,0.0]。

以下用 Python 求出均方差。

（1）定义标签及输出值。

```
t=[0,0,0,1,0,0,0,0,0,0]
y=[0.1,0.01,0.2,0.5,0.1,0.05,0.04,0.0,0.0,0.0]
```

（2）定义均方误差损失函数。

```
#定义均方差函数，这里实际使用了广播机制
def mse_loss(y,t):
    return 0.5*np.sum((y-t)**2)
```

（3）为便于使用广播机制，需要把序列转换为 NumPy 数组，计算均方误差。

```
#把y、t序列转换为NumPy数组
y1=np.array(y)
t1=np.array(t)
a=mse_loss(y1,t1)
print("均方误差：{:.4f}".format(a))    #均方误差：0.1571
```

13.5.2　交叉熵误差

交叉熵误差用来衡量分类模型概率分布与真实概率分布之间的差异。对应分类问题，最后一层输出一般采用 softmax() 函数为激活函数，将输出转化为概率分布，实际输出采用 one-hot 编码。交

叉熵误差的表达式为式（13.6）。

$$E = -\sum_{k=1}^{n} t_k \log y_k$$

（13.6）

其中 y_k 为模型输出值，$y_k = \dfrac{e^{z_k}}{\sum_{i=1}^{n} e^{z_i}}$，$t_k$ 为实际标签值，标签值转换为 one-hot 后，只有对应位置的值为 1，其他位置的值都是 0，因此交叉熵误差实际上只计算输出最大概率的自然对数。

为更好地理解这个交叉熵损失函数，接下来用 Python 实现一个简单实例。还是以手写标签数字 3 为例。

数字 3 标签对应的 one-hot 编码为 t=[0,0,0,1,0,0,0,0,0,0]。假设手写数字 3 图片经过 softmax 函数后的输出值为 y=[0.1,0.01,0.2,0.5,0.1,0.05,0.04,0.0,0.0,0.0]。

以下用 Python 求出交叉熵误差。

（1）准备数据。

```
t=[0,0,0,1,0,0,0,0,0,0]
y=[0.1,0.01,0.2,0.5,0.1,0.05,0.04,0.0,0.0,0.0]
```

（2）定义交叉熵损失函数。

```
#定义交叉熵损失函数
def ce_loss(y,t):
    #为防止0对数的情况，这里添加一个非常小的常数
    d=1e-6
    return -np.sum(t*np.log(y+d))
```

（3）把序列转换为 NumPy 数组，计算交叉熵误差。

```
#把y、t序列转换为NumPy数组
y1=np.array(y)
t1=np.array(t)
b=ce_loss(y1,t1)
print(«交叉熵误差: {:.4f}».format(b)) #交叉熵误差: 0.6931
```

（4）假设手写 3 的另一个输出值。

```
#假设手写3的另一个输出值
z=[0.0,0.0,0.1,0.8,0.05,0.05,0.0,0.0,0.0,0.0]
z应该比y更理想，我们看一下交叉熵是否更小。
```

（5）计算 z 交叉熵误差。

```
z1=np.array(z)
c=ce_loss(z1,t1)
print("交叉熵误差: {:.4f}".format(c))   #交叉熵误差: 0.2231
```

这个结果符合我们的预期。

13.6　正向传播

前面介绍了神经网络结构，包括各层之间的信息传递流程、输出层及损失函数等内容。本节将把这些内容组合起来，用 Python 实现数据从输入层通过隐含层，最后抵达输出层的过程。神经网络架构以 13.3.1 小节的图 13-7 为准，简便起见，这里不考虑偏移量。

13.6.1　定义输入层

根据 13.3.1 小节的图 13-7 可知，输入有 3 个节点，因此不妨设 X 为含 3 个元素的向量。

```python
import numpy as np

#定义输入数据
X=np.array([1.0,1.5,0.5])
```

13.6.2　实现从输入层到隐含层

输入层到隐含层的权重矩阵为 W_1，隐含层到输出层的权重矩阵为 W_2，隐含层的激活函数$\emptyset_1$为 sigmoid 函数，输出层的激活函数$\emptyset_2$为 softmax 函数。

1.计算隐含层的加权和

隐含层的加权和 $Z_1 = XW_1$，用 Python 实现的代码如下。

```python
#初始化权重,W₁为3x4矩阵
W₁=np.array([[0.1,0.2,0.3,0.4],[0.2,0.5,0.1,0.3],[0.3,0.4,0.2,0.1]])
#查看W₁的形状
print(W₁.shape)  #(3,4)
#计算加权和,使用点积运算,具体可参考9.4.2小节
Z₁=np.dot(X,W1)
#查看Z₁的形状
print(Z₁.shape) #(4,)
```

2.计算隐含层加权和被激活函数转换后的值

隐含层加权和被激活函数转换后的值为 $A_1 = sigmoid(Z_1)$，用 Python 实现的代码如下。

```python
A₁=sigmoid(Z₁)
print(A₁) #[0.63413559 0.75951092 0.63413559 0.7109495 ]
```

13.6.3　实现从隐含层到输出层

隐含层的输出为 A_1，A_1 与权重矩阵 W_2 相乘，可得输出层的加权和 Z_2，Z_2 通过激活函数转换后，得到输出值 Y。用 Python 实现的代码如下。

1.计算隐含层到输出层的加权和

```
#初始化加权矩阵W₂,W₂是一个4x2的矩阵
W₂=np.array([[0.1,0.2],[0.3,0.1],[0.2,0.1],[0.5,0.1]])
#计算加权和z₂
Z₂=np.dot(A₁,W₂)
#查看z₂的形状
print(Z₂.shape)  #(2,0)
print(Z₂)  #[0.7735687  0.33728672]
```

2.计算输出值

```
Y=softmax(Z₂)
print(Y) #[0.60737275 0.39262725]
```

13.6.4 根据输出层计算损失值

假设样本 X 对应的标签 label=[1,0]，则可以算出它的交叉熵损失值。

```
t=[1,0]
#把t转换为NumPy数组
t₁=np.array(t)
#代入交叉熵损失函数
ce_loss(Y,t₁)
```

13.7 误差反向传播

前面介绍了正向传播，即根据输入数据、权重数据、激活函数等得到输出值。这里的权重是初始化的值，不是使损失函数最小的权重值。那么如果要获取最小权重值呢？

我们的目标是获取损失函数最小的权重参数，但处理神经网络往往涉及高维特征空间的权重参数。在高维损失函数的平面上有许多凹陷和凸起，因此需要尽力避免陷入局部极值。

通过多年的不懈努力，人们终于找到一种高效解决此类问题的方法，这种方法也称为自动微分。自动微分包含两种模式：正向积分模式和反向积分模式。反向传播是反向积分模式的特例。采用反向传播的诀窍在于，从微分中的链式法则右边开始计算，这样可避免矩阵与矩阵的相乘，只需将矩阵与向量相乘，这也是反向传播成为神经网络训练中最常用的算法的重要原因。

反向传播又称 BP（Back Propagation）算法。BP 算法以损失函数或目标函数为基础，采用梯度下降法，通过比较实际输出和期望输出得到误差信号，把误差信号从输出层逐层传播到各层，再通过调整各层的连接权重以减小误差，经过多次迭代，最终获取最小权重。

为使读者对 BP 算法有一个直观的认识，下面介绍在简单运算下的 BP 算法是如何实现的。

13.7.1　链式法则

反向传播算法利用导数下降方法，而求导又是基于导数的链式法则。导数的链式法则实际上就是复合函数的求导，其具体定义是：复合函数的导数可以用构成复合函数的各个函数的导数的乘积表示。

例如，对复合函数 $z = f\big(g(x)\big)$ 求微分，根据微分的链式法则，可得式（13.7）。

$$\frac{\partial z}{\partial x} = \frac{\partial f}{\partial g}\frac{\partial g}{\partial x}$$

（13.7）

根据链式法则，不难求出复合函数 $z=t^2$（其中 $t=x+y$）x 的导数为 $\frac{\partial z}{\partial x} = \frac{\partial z}{\partial t}\frac{\partial t}{\partial x}$，复合函数 z 的关于 y 的导数为式（13.8）。

$$\frac{\partial z}{\partial y} = \frac{\partial z}{\partial t}\frac{\partial t}{\partial y}$$

（13.8）

13.7.2　加法的反向传播

设 $z=x+y$，z 作为网络的输出值，对应的损失函数为 L。整个过程可看作一个简化的神经网络，x、y 分别表示输入节点，$z=x+y$ 是神经元，z 为该神经元的输出值，其网络结构如图 13-13 所示。

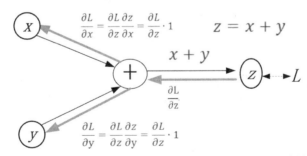

图13-13　加法反向传播（细线表示正向传播，粗线表示反向传播）

由图 13-13 可知，加法的反向传播只是把复合函数 z 的导数 $\frac{\partial L}{\partial z}$ 传入到下一个节点。

13.7.3　乘法的反向传播

设 $z=xy$，z 作为网络的输出值，对应的损失函数为 L。这个操作过程可用简化的神经网络图 13-14 表示。

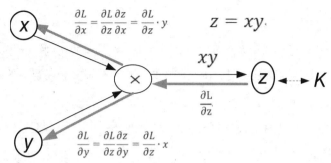

图13-14　乘法的反向传播（细线表示正向传播，粗线表示反向传播）

由图 13-14 可知，乘法的反向传播把复合函数 z 的导数 $\dfrac{\partial L}{\partial z}$ 乘以正向传播的翻转值，然后传入下一个节点。

13.7.4　混合运算的反向传播

根据加法和乘法的反向传播，可以得到减法和除法的反向传播，进而得到混合运算的反向传播。接下来以 $L = \left(Y - \hat{Y}\right)^2$ 为例来讲解混合运算的反向传播，其中 $Y = XW + B$，$\hat{Y}$ 假设为实际标签值。把整个运算放在一个类似于神经网络的环境中，L 是关于 Y 的损失函数，XW 假设为一个神经元节点，Y 是该节点的输出。根据反向传播法，不难求得 L 关于 X、W、B、Y 的导数。具体运算如图 13-15 所示。

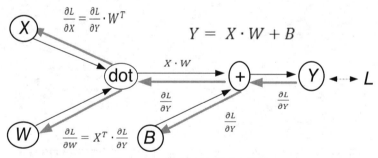

图13-15　混合运算的反向传播

接下来用 Python 实现图 13-15 的正向传播和反向传播。

1.正向传播

```
def forward(self,x):
        self.x=x
        y=np.dot(x,self.w)+self.b
        return y
```

2.反向传播

```
def backword(self,l):
        dx=np.dot(l,self.w.T)
```

```
#为了使用广播机制，需要把x的形状由(3,)变为(3,1)
dw=np.dot(np.expand_dims(self.x.T,axis=1),l)
db=np.sum(l)
return dw,db
```

13.7.5 用Python实现神经网络

前面介绍了神经网络的正向传播和反向传播，本节将用 Python 实现神经网络图 13-17 的正向传播和反向传播。

1.定义network类

在 network 类中，定义初始化函数、正向传播函数、反向传播函数。

```
import numpy as np

#定义一个类，这个类里包括正向传播和反向传播
class network:
    #初始化参数
    def __init__(self,w,b):
        self.w=w
        self.b=b
        self.x=None
        self.dw=None
        self.db=None


     #定义正向传播函数
    def forward(self,x):
        self.x=x
        y=np.dot(x,self.w)+self.b
        return y
    #定义反向传播函数
    def backword(self,l):
        dx=np.dot(l,self.w.T)
        #为了使用广播机制，需要把x的形状由(3,)变为(3,1)
        dw=np.dot(np.expand_dims(self.x.T,axis=1),l)
        db=np.sum(l,axis=0)
        return dw,db
```

2.实例化network

```
#定义输入数据
X=np.array([1.0,1.5,0.5])
#初始化权重,w1为3x4矩阵
W=np.array([[0.1,0.2,0.3,0.4],[0.2,0.5,0.1,0.3],[0.3,0.4,0.2,0.1]])
#定义B1偏移量
B=np.array([0.1,0.2,0.3,0.4])
#实例化network类
```

```
nt=network(W,B)
```

3.正向传播

计算输出值。

```
nt.forward(X)  #array([0.65, 1.35, 0.85, 1.3 ])
```

4.反向传播

求损失函数关于 w、b 的导数。

```
L=np.array([[0.21,0.15,0.05,0.45]])
dw,db=nt.backword(L)
print("dw:",dw)
print("db:",db)
dw: [[0.21  0.15  0.05  0.45 ]
 [0.315 0.225 0.075 0.675]
 [0.105 0.075 0.025 0.225]]
db: [0.21 0.15 0.05 0.45]
```

13.8 实例：用Python实现手写数字的识别

本节用 Python 实现手写数字的识别，数据集来自 MNIST。作为本章内容的综合练习，这个实例把本章相关内容以及前面各章节的内容融会贯通，同时运用知识解决实际问题。

13.8.1 实例简介

本实例将使用 Python 实现识别手写数字的全过程，具体包括数据加载、数据预处理、数据可视化、创建神经网络模型、训练评估模型等内容。

13.8.2 数据说明

这里以 MNIST 为数据集，MNIST 是一个手写数字 0~9 的数据集，它有 60000 个训练样本和10000 个测试样本。

MNIST 数据库官方网址为 http://yann.lecun.com/exdb/mnist/，下载 4 个文件，可用 gzip*ubyte.gz -d 解压缩。解压缩后存在 4 个文件，具体内容如下。

（1）训练数据集 train-images-idx3-ubyte.gz（9.9 MB, 解压后 47 MB, 包含 60000 个样本）。

（2）训练标签集 train-labels-idx1-ubyte.gz（29 KB, 解压后 60 KB, 包含 60000 个标签）。

（3）测试数据集 t10k-images-idx3-ubyte.gz（1.6 MB, 解压后 7.8 MB, 包含 10000 个样本）。

（4）测试标签集 t10k-labels-idx1-ubyte.gz（5KB, 解压后 10 KB, 包含 10000 个标签）。

这些图像数据都保存在二进制文件中，每个样本图像的宽高为 28*28。为了方便读者使用，我们提供了加压后的数据集。

13.8.3　神经网络架构

下面用一个神经网络作为模型，该模型包括输入层、隐含层和输出层，输出层共 10 个节点，这 10 个节点对应 10 个类别，具体结构如图 13-16 所示。

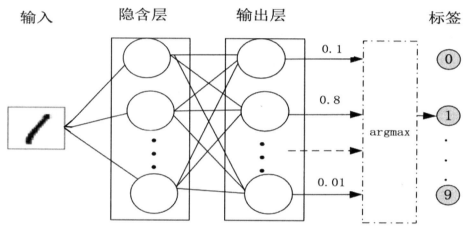

图13-16　Python识别手写数字的神经网络架构

输入前将 28*28 矩阵转换为 784 个向量，所以输入层共有 784 个节点。输出层经 softmx 激活函数作用后，得到 10 个概率值（这些值的和为 1），通过 argmax 函数就可知道对应的标签。

13.8.4　准备数据

把解压后的 4 个文件存放在当前目录的 data\mnist 目录下，然后利用 Python 程序导入内存，具体代码如下。

1.导入需要的库

```
import os
import struct
import numpy as np
```

2.定义把分类转换为one-hot编码的函数

```
def dense_to_one_hot(labels_dense, num_classes=10):
    """将类标签从标量转换为一个one-hot向量"""
    num_labels = labels_dense.shape[0]
    index_offset = np.arange(num_labels) * num_classes
    labels_one_hot = np.zeros((num_labels, num_classes))
```

```
labels_one_hot.flat[index_offset + labels_dense.ravel()] = 1
return labels_one_hot
```

3.定义加载数据的函数

```
def load_mnist(path, kind='train',normal=False,onehot=False):
    """根据指定路径加载数据集"""
    labels_path = os.path.join(path, '%s-labels-idx1-ubyte' % kind)
    images_path = os.path.join(path, '%s-images-idx3-ubyte' % kind)

    with open(labels_path, 'rb') as lbpath:
        magic, n = struct.unpack('>2I',lbpath.read(8))
        labels = np.fromfile(lbpath, dtype=np.uint8)
        if onehot:
            labels=dense_to_one_hot(labels)

    with open(images_path, 'rb') as imgpath:
        magic, num, rows, cols = struct.unpack(">4I",imgpath.read(16))
        if normal:
            images = np.fromfile(imgpath, dtype=np.uint8).reshape(len(-
labels), 784)/255
        else:
            images = np.fromfile(imgpath, dtype=np.uint8).reshape(len(-
labels), 784)

    return images, labels
```

4.加载数据

```
x_train, y_train = load_mnist(r'.\data\mnist', kind='train',normal=True)
print('Rows: %d, columns: %d' % (x_train.shape[0], x_train.shape[1]))
print('Rows: %d' % ( y_train.shape[0]))

x_test, y_test = load_mnist(r'.\data\mnist', kind='t10k',normal=True)
print('Rows: %d, columns: %d' % (x_test.shape[0], x_test.shape[1]))
```

运行结果如下。

```
Rows: 60000, columns: 784
Rows: 60000
Rows: 10000, columns: 784
```

5.查看样本数据

抽取 10 张手写的数字图片，代码如下。

```
import Matplotlib.pyplot as plt
%Matplotlib inline

fig, ax = plt.subplots(nrows=2, ncols=5, sharex=True, sharey=True,)
```

```
ax = ax.flatten()
#0到9的数字中每个取一个
for i in range(10):
    #img = x_train[np.argmax(y_train,axis=1)==i][0].reshape(28, 28)
    img = x_train[y_train==i][0].reshape(28, 28)
    ax[i].imshow(img, cmap='Greys', interpolation='nearest')

#不显示坐标轴
plt.xticks([])
plt.yticks([])
```

运行结果如图 13-17 所示。

图13-17　可视化手写数字

13.8.5　初始化参数

对权重参数进行初始化，这里使初始化数据满足正态分布。

```
def initialize_with_zeros(n_x,n_h,n_y,std=0.001):
    np.random.seed(2)
    W1=np.random.randn(n_h,n_x)*std
    b1=np.zeros((n_h,1))
    W2=np.random.randn(n_y,n_h)*std
    b2=np.zeros((n_y,1))


    parameters = {"W1": W1,
                  "b1": b1,
                  "W2": W2,
                  "b2": b2}


    return parameters
```

13.8.6　构建神经网络

构建神经网络，代码如下。

```
def forward(X,parameters):
    W1=parameters["W1"]
```

```
        b1=parameters["b1"]
        W2=parameters["W2"]
        b2=parameters["b2"]
        # print W1,X,b1
        Z1=np.dot(W1,X)+b1
        # A1=sigmoid(Z1)
        A1=np.tanh(Z1)
        Z2=np.dot(W2,A1)+b2
        A2=sigmoid(Z2)

        dict = {"Z1": Z1,
                "A1": A1,
                "Z2": Z2,
                "A2": A2}
        return A2, dict
```

13.8.7 定义损失函数

这里采用交叉熵作为损失函数。

```
def loss(A2,Y,parameters):
    #定义一个小常数，防止log中的值为0
    t=1e-6
    logprobs=np.multiply(np.log(A2+t),Y) + np.multiply(np.log(1-
A2+t),(1-Y))
    loss1=np.sum(logprobs,axis=0,keepdims=True)/A2.shape[0]

    return loss1*(-1)
```

13.8.8 误差反向传播

误差的反向传播代码如下。

```
def backward(parameters,dict,X,Y):
    # 获取参数
    W1=parameters["W1"]
    W2=parameters["W2"]
    A1 = dict["A1"]
    A2 = dict["A2"]
    Z1=dict["Z1"]
    #误差的反向传播
    dZ2=A2-Y

    dW2=np.dot(dZ2,A1.T)
    db2=np.sum(dZ2,axis=1,keepdims=True)
    dZ1=np.dot(W2.T,dZ2)*(1-np.power(A1,2))
    dW1=np.dot(dZ1,X.T)
```

```
    db1=np.sum(dZ1,axis=1,keepdims=True)
    grads = {"dW1": dW1,
             "db1": db1,
             "dW2": dW2,
             "db2": db2}

    return grads
```

13.8.9　梯度更新

使用梯度下载方法更新梯度。

```
def gradient(parameters, grads, learning_rate ):
    W1 = parameters["W1"]
    b1 = parameters["b1"]
    W2 = parameters["W2"]
    b2 = parameters["b2"]
    dW1 = grads["dW1"]
    db1 = grads["db1"]
    dW2 = grads["dW2"]
    db2 = grads["db2"]
    #更新参数梯度
    W1=W1-learning_rate*dW1
    b1=b1-learning_rate*db1
    W2=W2-learning_rate*dW2
    b2=b2-learning_rate*db2

    parameters = {"W1": W1,
                  "b1": b1,
                  "W2": W2,
                  "b2": b2}
    return parameters
```

13.8.10　训练模型

接下来进行模型的训练，代码如下。

```
if __name__ == '__main__':
    train_images = x_train
    train_labels = y_train
    test_images = x_test
    test_labels = y_test

    count=0
    n_x=28*28
    n_h=100
    n_y=10
```

```python
lr=0.01
loss_all=[]
train_size=100
train_size=60000
parameters=initialize_with_zeros(n_x,n_h,n_y)
for i in range(10000):
    #每次取一个样本
    img_train=train_images[i]
    label_train1=train_labels[i]
    label_train=np.zeros((10,1))
    #批量运行，随机取样
    #batch_mask = np.random.choice(train_size, batch_size)
    #x_batch = x_train[batch_mask]
    #t_batch = y_train[batch_mask]

    #动态修改学习率
    if i%2000==0:
        lr=lr*0.99
    #转换为one-hot编码
    label_train[int(train_labels[i])]=1
    # 转换为二维向量
    imgvector=np.expand_dims(img_train,axis=1)

    A2,dict=forward(imgvector,parameters)
    pre_label=np.argmax(A2)
    #统计损失值

    loss1=loss(A2,label_train,parameters)
    grads = backward(parameters, dict, imgvector, label_train)
    parameters = gradient(parameters, grads, learning_rate = lr)
    grads["dW1"]=0
    grads["dW2"]=0
    grads["db1"]=0
    grads["db2"]=0
    #每循环200次，打印一次
    if i%200==0:
        print("迭代：{} 次的损失值:{:.6f}".format(i,loss1[0][0]))
        loss_all.append(loss1[0][0])


# 评估模型
for i in range(10000):
    img_test=test_images[i]
    vector_image=np.expand_dims(img_test,axis=1)
    label_trainx=test_labels[i]
    aa2,xxx=forward(vector_image,parameters)
    predict_value=np.argmax(aa2)
    if predict_value==int(label_trainx):
        count+=1
```

```
print("准确率:",count/10000)
```

运行结果如下。

```
迭代: 9200 次的损失值:0.010278
迭代: 9400 次的损失值:0.009637
迭代: 9600 次的损失值:0.002607
迭代: 9800 次的损失值:0.085736
准确率: 0.9028
```

这里只运行了 10000 次，准确率已到达 90%，效果还不错。不过还有很多提升空间，而且开发过程有点烦琐，下一章将使用 PyTorch 深度学习架构实现这个目录。PyTorch 中有很多工具包，利用这些工具包，可以自动微分、自动更新参数等，而且还可以使用 GPU 加速。

13.8.11　可视化结果

将结果进行可视化，代码如下。

```
import Matplotlib.pyplot as plt
%Matplotlib inline

plt.plot(range(0,10000,200),loss_all)
```

运行结果如图 13-18 所示。

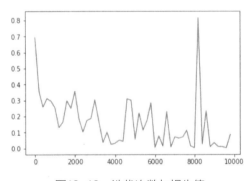

图13-18　迭代次数与损失值

这里训练时采用单个样本，迭代 8000 左右时，振幅较大。如何避免这样的振幅呢？答案是采用批处理方法，即每次训练时，同时训练批量样本。

13.9　后续思考

作为项目的后续思考，读者可以从以下几个方面着手。

（1）如何实现批量训练？

（2）如何增加一个隐含层？

（3）如何把这些函数放在类或模块中？

13.10　小结

神经网络在很多方面远胜传统机器学习，本章从神经网络的网络结构、输出层、损失函数、正向传播和反向传播等方面进行说明，最后用一个实例把整章内容串联起来。

第14章

用PyTorch实现神经网络

PyTorch是Facebook团队于2017年1月发布的一个深度学习框架，虽然晚于TensorFlow、Keras等框架，但自发布之日起，其关注度就不断上升，目前在GitHub上的热度已超过Theano、Caffe、MXNet等框架。

PyTorch是一个开源的Python机器学习库，基于Torch库，应用于人工智能领域，如视觉处理、自然语言处理等。PyTorch主要有以下两大特征。

（1）使用强大的GPU加速的Tensor计算（类似于 NumPy）。

（2）基于autograd系统的深度神经网络。

PyTorch 1.0版本增加了很多新功能，对原有内容进行了优化，并整合了Caffe 2，使用更方便，生产能力大大提高，所以其热度也迅速上升。

本章主要介绍PyTorch的一些基础且常用的概念和模块，具体包括以下内容。

■ 为何选择PyTorch

■ PyTorch环境的安装与配置

■ Tensor简介

■ Autograd简介

■ 构建神经网络的常用工具

■ 数据处理工具

■ 2个实例：一个关于分类，另一个关于回归

14.1 为何选择PyTorch?

PyTorch 是一个建立在 Torch 库之上的 Python 包，旨在加速深度学习的应用。它提供了一种类似于 NumPy 的抽象方法来表征张量（或多维数组），可以利用 GPU 来加速训练。由于 PyTorch 采用了动态计算图（Dynamic Computational Graph）结构，且基于 autograd 系统的深度神经网络。而其他很多框架，比如 TensorFlow（TensorFlow 2.0 也加入了动态网络的支持）、Caffe、CNTK、Theano 等，都采用静态计算图。使用 PyTorch，通过一种称为 Reverse-Mode Auto-Differentiation（反向模式自动微分）的技术，可以零延迟或零成本地任意改变网络行为。

torch 是 PyTorch 中的一个重要包，它包含了多维张量的数据结构以及基于其上的多种数学操作。

自 2015 年谷歌开源 TensorFlow 以来，深度学习框架之争越来越激烈，全球多个看重 AI 研究与应用的科技巨头均在加大这方面的投入。PyTorch 从 2017 年年初发布以来，可谓是异军突起，短时间内取得了一系列成果，成为深度学习的明星框架。最近 PyTorch 进行了一些较大的版本更新，PyTorch 0.4 版本把 Varable 与 Tensor 进行了合并，增加了对 Windows 的支持。PyTorch 1.0 版本增加了 JIT（全称 Justintimecompilation，即时编译，它弥补了研究与生产部署的差距）、更快的分布式、C++ 扩展等。

PyTorch 1.0 稳定版已发布，PyTorch 1.0 从 Caffe 2 和 ONNX 移植了模块化和产品导向的功能，并将它们和 PyTorch 已有的灵活、专注研究的特性相结合。PyTorch 1.0 中的技术已经让 Facebook 的很多产品和服务变得更强大，包括每天执行 60 亿次文本翻译。

PyTorch 由以下 4 个主要包组成。

（1）torch：类似于 NumPy 的通用数组库，可将张量类型转换为 torch.cuda.TensorFloat，并在 GPU 上进行计算。

（2）torch.autograd：用于构建计算图形并自动获取梯度的包。

（3）torch.nn：具有共享层和损失函数的神经网络库。

（4）torch.optim：具有通用优化算法（如 SGD、Adam 等）的优化包。

14.2 安装配置

安装 PyTorch 时，请核查当前环境是否有 GPU，如果没有，则安装 CPU 版；如果有，则安装 GPU 版。

14.2.1　安装CPU版PyTorch

安装 CPU 版的 PyTorch 比较简单。PyTorch 是基于 Python 开发的, 如果系统没有安装 Python, 则需要先安装 PyTorch, 然后再安装 PyTorch。具体步骤如下。

（1）下载 Python。安装 Python 建议采用 Anaconda 方式, 登录 Anaconda 官网 https://www.anaconda.com/distribution, 如图 14-1 所示。

图14-1　下载Anaconda界面

下载 Anaconda 3 的最新版本, 如 Anaconda3-5.0.1-Linux-x86_64.sh, 建议使用 3 系列, 3 系列代表未来的发展方向。另外, 下载时要根据自己的环境选择操作系统。

（2）在命令行, 执行如下命令, 开始安装 Python:

```
Anaconda3-2019.03-Linux-x86_64.sh
```

（3）接下来根据安装提示, 直接按回车键即可。其间会提示选择安装路径, 如果没有特殊要求, 可以按回车键使用默认路径（~/ anaconda3）, 然后开始安装。

（4）安装完成后, 程序提示是否把 Anaconda 3 的 binary 路径加入当前用户的 .bashrc 配置文件中, 建议添加。添加以后, 就可以在使用 Python、IPython 命令时自动使用 Anaconda 3 的 Python 环境了。

（5）安装 PyTorch。登录 PyTorch 官网 https://pytorch.org/, 登录后可看到图 14-2 所示界面, 然后选择对应项。

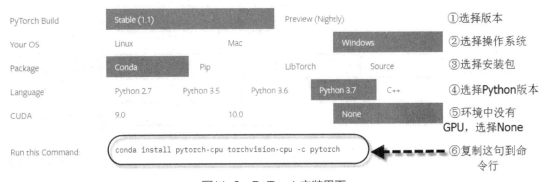

图14-2　PyTorch安装界面

把第⑥项内容复制到命令行，执行即可进行安装。

```
conda install pytorch-cpu torchvision-cpu -c pytorch
```

（6）验证安装是否成功。启动 Python，然后执行如下命令，如果没有报错，说明安装成功。

```
>>> import torch              导入 torch
>>> print(torch.__version__)  显示版本
```

14.2.2　安装GPU版PyTorch

安装 GPU 版本的 PyTorch 稍微复杂一点，除需要安装 Python、PyTorch 外，还需要安装 GPU 的驱动（如英伟达的 Nvidia）及 CUDA、cuDNN 计算框架，主要步骤如下。

（1）安装 NVIDIA 驱动。下载地址为 https://www.nvidia.cn/Download/index.aspx?lang=cn，登录可以看到图 14-3 所示界面。

图14-3　NVIDIA的下载界面

选择产品类型、操作系统等，然后单击搜索按钮，进入图 14-3 所示的下载界面。

安装完成后，在命令行输入 nvidia-smi，用来显示 GPU 卡的基本信息。如果出现图 14-4 所示的界面，则说明安装成功。如果报错，则说明安装失败，请搜索其他安装驱动的方法。

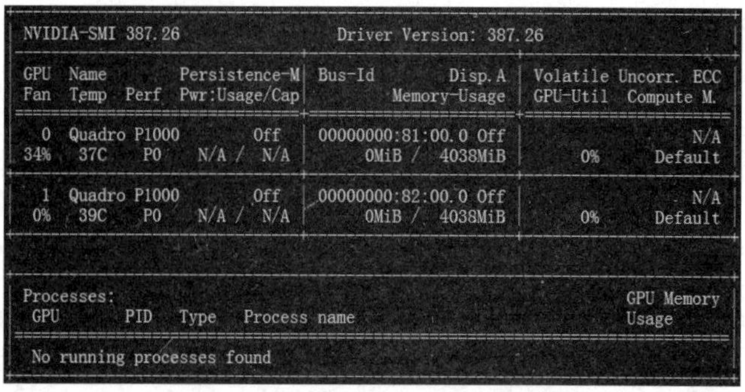

图14-4　显示GPU卡的基本信息

（2）安装 CUBA。CUDA(Compute Unified Device Architecture)，是英伟达公司推出的一种基于新的并行编程模型和指令集架构的通用计算架构，它能利用英伟达 GPU 的并行计算引擎，比 CPU 更高效地解决许多复杂的计算任务。安装 CUDA Driver 时，需与 NVIDIA GPU Driver 的版本一致，CUDA 才能找到显卡。

（3）安装 cuDNN。NVIDIA cuDNN 是用于深度神经网络的 GPU 加速库，注册 NVIDIA 并下载 cuDNN 包，地址为 https://developer.nvidia.com/rdp/cudnn-archive。

（4）安装 Python 及 PyTorch。此步骤与 14.2.1 小节安装 CPU 版 PyTorch 的步骤相同，只是选择 CUBA 时不是选 None，而是对应的 CUBA 版本号，如图 14-5 所示。

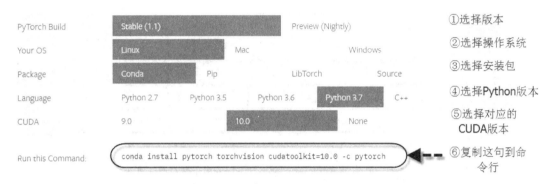

图14-5　安装GPU版PyTorch

（5）验证。验证 PyTorch 是否安装成功与 14.2.1 小节一样，如果想进一步验证 PyTorch 是否在使用 GPU，可以运行以下测试 GPU 的程序 test_gpu.py。

```
#cat test_gpu.py
import torch

if __name__ == '__main__':
    #测试 CUDA
    print("Support CUDA ?: ", torch.cuda.is_available())
    x = torch.tensor([10.0])
    x = x.cuda()
    print(x)

    y = torch.randn(2, 3)
    y = y.cuda()
    print(y)
    z = x + y
    print(z)

    # 测试 CUDNN
    from torch.backends import cudnn
    print("Support cudnn ?: ",cudnn.is_acceptable(x))
```

在命令行运行以下脚本。

```
python test_gpu.py
```

如果可以看到图 14-6 或图 14-7 的结果，说明安装 GPU 版 PyTorch 成功。

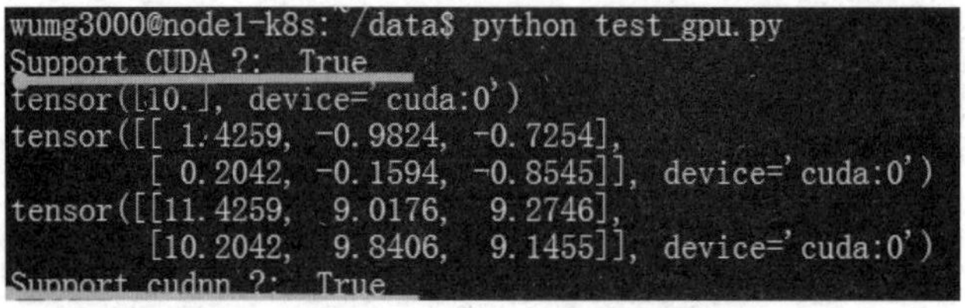

图14-6　运行test_gpu.py的结果

在命令行运行 nvidia-smi，可以看到图 14-7 所示的界面。

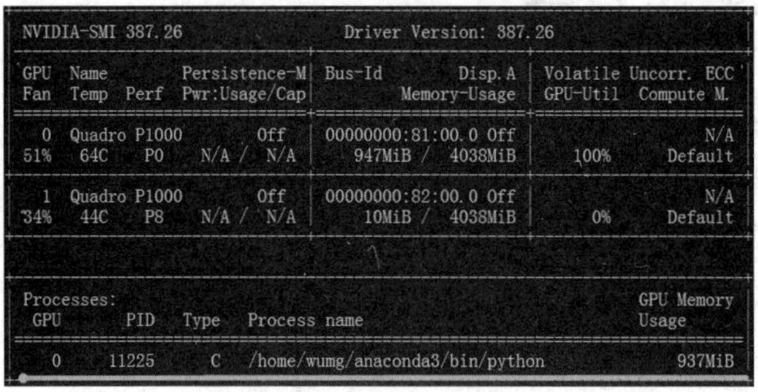

图14-7　含GPU进程的显卡信息

14.3　Tensor简介

第 9 章介绍了 NumPy，知道其存取数据非常方便，而且还拥有大量的函数，所以深得数据处理人员、机器学习者的喜爱。本节将介绍 PyTorch 的 Tensor，它可以是零维（又称标量或一个数）、一维、二维及多维的数组。Tensor 被称为神经网络界的 NumPy，它与 NumPy 相似，它们共享内存，两者之间的转换也非常方便和高效。不过它们也有不同之处，最大的区别就是 NumPy 会把 ndarray 放在 CPU 中加速运算，而由 torch 产生的 Tensor 会放在 GPU 中加速运算。

14.3.1　Tenor的基本操作

对 Tensor 的操作很多，从接口的角度来划分，可以分为以下两类。

（1）torch.function，如 torch.sum、torch.add 等。

（2）tensor.function，如 tensor.view、tensor.add 等。

这些操作对大部分 Tensor 都是等价的，如 torch.add(x,y) 与 x.add(y) 等价。实际使用中可以根据个人喜好选择。

如果从修改方式的角度，可以分为以下两类。

（1）不修改自身数据，如 x.add(y),x 的数据不变，返回一个新的 Tensor。

（2）修改自身数据，如 x.add_(y)（运行符带下画线后缀），运算结果存在 x 中，x 被修改。

```
import torch

x=torch.tensor([1,2])
y=torch.tensor([3,4])
z=x.add(y)
print(z)
print(x)
x.add_(y)
print(x)
```

运行结果如下。

```
tensor([4, 6])
tensor([1, 2])
tensor([4, 6])
```

14.3.2 如何创建Tensor?

新建 Tensor 的方法很多，可以从列表或用 ndarray 等类型进行构建，也可根据指定的形状构建。以下是创建 Tensor 的简单实例。

```
import torch

#根据list数据生成Tensor
torch.Tensor([1,2,3,4,5,6])
#根据指定形状生成Tensor
torch.Tensor(2,3)
#根据给定的Tensor的形状创建
t=torch.Tensor([[1,2,3],[4,5,6]])
#查看Tensor的形状
t.size()
#shape与size()方式等价
t.shape
#根据已有形状创建Tensor
torch.Tensor(t.size())
```

14.3.3 比较PyTorch与NumPy

PyTorch 与 NumPy 有很多相似的地方，并且有很多相同的操作函数名称，有的虽然函数名称不同，但含义相同；也有一些函数虽然名称相同，但含义不同。因此，有时很容易混淆，下面把一些主要的区别进行汇总，具体可参考表 14-1。

表14-1　PyTorch与NumPy函数对照表

操作类别	NumPy	PyTorch
数据类型	np.ndarray	torch.Tensor
	np.float32	torch.float32; torch.float
	np.float64	torch.float64; torch.double
	np.int64	torch.int64; torch.long
从已有数据构建	np.array([3.2, 4.3], dtype=np.float16)	torch.tensor([3.2, 4.3], dtype=torch.float16)
	x.copy()	x.clone()
	np.concatenate	torch.cat
线性代数	np.dot	torch.mm
属性	x.ndim	x.dim()
	x.size	x.nelement()
形状操作	x.reshape	x.reshape; x.view
	x.flatten	x.view(-1)
类型转换	np.floor(x)	torch.floor(x); x.floor()
比较	np.less	x.lt
	np.less_equal/np.greater	x.le/x.gt
	np.greater_equal/np.equal/np.not_equal	x.ge/x.eq/x.ne
随机种子	np.random.seed	torch.manual_seed

14.4　autograd机制

使用 Python 实现梯度及参数更新时，需要编写很多代码，包括如何求梯度、如何根据梯度更新参数等。这里介绍一种新的、高效的方法，即自动求导的方法，这就是 PyTorch 中的 autograd 机制。

14.4.1 autograd简介

PyTorch 作为一个深度学习平台，在深度学习任务中比 NumPy 强大很多，除支持 GPU 外，PyTorch 的自动求导机制（autograd）也是重要因素。

求导是深度学习最核心的一个步骤，即根据损失函数，利用误差反向传播求权重参数（weights）的导数，然后根据得出的导数修改对应 weights，让 loss 最小化。整个过程如果用 Python 实现的话比较烦琐，但用 PyTorch 的 autograd 就简单多了。为使读者有一个直观的理解，我们先用 autograd 实现 13.6.3 小节中的乘法的反向传播方法。

```
import torch

#定义两个张量，并说明这两个张量需要求导
a = torch.tensor(2.0, requires_grad=True)
b = torch.tensor(3.0, requires_grad=True)
#定义两个张量的运算
c = a*b
#使用autograd机制进行反向传播，求c关于a或b的导数
c.backward() # 执行求导
#查看c关于a的导数
print(a.grad)  #tensor(3.)
#查看c关于b的导数
print(b.grad)  #tensor(2.)
```

这个结果和预期是一致的，而且步骤非常简单，只要以下两步。

（1）对需要求导的张量的属性注明需要求导，即 requires_grad=True。

（2）调用 backward() 函数。

14.4.2 使用antograd解决回归问题

本小节将用 PyTorch 的 autograd 机制解决一个简单的回归问题，其中调用 backward() 函数求梯度，无须手工计算梯度，以下是具体实现代码。

（1）导入需要的库。

```
import torch as t
%Matplotlib inline
from Matplotlib import pyplot as plt
```

（2）生成训练数据，并可视化数据分布情况。

```
t.manual_seed(10)
dtype = t.float
#生成x坐标数据，x为Tenor，在torch中只能处理二维数据
#故需要把x的形状转换为100x1
x = t.unsqueeze(torch.linspace(0, 1, 100), dim=1)
#生成y坐标数据，y为Tenor，形状为100x1，另加上一些噪声
```

```
y = 3*x.pow(2) +2+ 0.2*torch.rand(x.size())

# 画图，把Tensor数据转换为NumPy数据
plt.scatter(x.numpy(), y.numpy())
plt.show()
```

运行结果如图 14-8 所示。

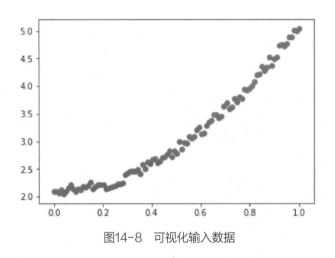

图14-8　可视化输入数据

（3）初始化权重参数。

```
# 随机初始化参数，参数w、b为需要学习的参数，故需使requires_grad=True
w = t.randn(1,1, dtype=dtype,requires_grad=True)
b = t.zeros(1,1, dtype=dtype, requires_grad=True)
```

（4）训练模型。

```
lr =0.001 # 学习率

for ii in range(800):
    # 前向传播，并定义损失函数loss
    y_pred = x.pow(2).mm(w) + b
    loss = 0.5 * (y_pred - y) ** 2
    loss = loss.sum()

    # 自动计算梯度，梯度存放在grad属性中
    loss.backward()

    # 手动更新参数，需要用torch.no_grad()，使上下文环境切断自动求导的计算
    with t.no_grad():
        w -= lr * w.grad
        b -= lr * b.grad

    # 梯度清零
        w.grad.zero_()
        b.grad.zero_()
```

（5）可视化训练结果。

```
plt.plot(x.numpy(), y_pred.detach().numpy(),'r-',label='predict')#pre-
dict
plt.scatter(x.numpy(), y.numpy(),color='blue',marker='o',label='true')
# true data
plt.xlim(0,1)
plt.ylim(2,6)
plt.legend()
plt.show()

print(w, b)
```

运行结果如图 14-9 所示。

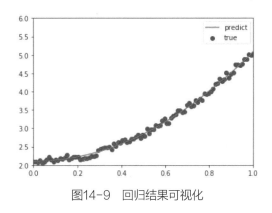

图14-9　回归结果可视化

14.5　构建神经网络的常用工具

之前用 Python 构建多层神经网络时，需要考虑很多因素，包括定义激活函数、定义权重参数、定义各层的操作。此外，还要手动实现神经网络的正向传播、反向传播、梯度更新等。层数越多，其复杂度越高。那么，构建网络是否有更简单、高效的方法呢？当然有，PyTorch 提供了配置式的网络工具箱 nn，利用 nn 工具箱构建网络非常简单，只要配置一下参数即可，梯度更新也无须编写很多代码，直接使用 optim 即可。接下来将介绍 nn、optim 工具的基本内容及使用方法。

14.5.1　神经网络构建工具箱nn

使用 autograd 可实现自动求导，但参数更新还需要编写不少代码，很多激活函数、优化器等还需要自己编写代码，如果用其来实现深度学习模型，需要编写的代码量极大。为解决这一问题，PyTorch 提供了 torch.nn（neural network，nn），这是一个专门为神经网络、深度学习而设计的模块。

torch.nn 的核心数据结构是 Module，这是一个抽象的概念，既可以表示神经网络中的某个层（layer），也可以表示一个包含很多层的神经网络。在实际使用中，最常见的做法是继承 nn.Module，撰写自己的网络 / 层。torch.nn 已经提供了常用的网络层，如下所示。

（1）卷积层 (Conv)。

（2）池化层 (Pool)。

（3）全连接层 (Linear)。

（4）批量规范化层 (BatchNorm)。

（5）随机失活层 (Dropout)。

（6）激活函数 (Activation function)。

（7）优化器 (Optimizer)。

其中全连接层其实就是前面介绍的一般神经网络层，卷积层、池化层、优化器等后续将介绍。接下来用 torch.nn.Sequential（）来构建一个简单的三层网络结构，这个有点类似于 Keras 的 models.Sequential()，使用起来就像搭积木一样，非常方便，代码示例如下。

```
#导入nn包
from torch import nn
#设置超参数
in_dim=1
n_hidden_1=30
n_hidden_2=60
out_dim=1

class Net(nn.Module):
    def __init__(self, in_dim, n_hidden_1, n_hidden_2, out_dim):
        super().__init__()
        #依次定义各网络层及激活函数
        self.layer = nn.Sequential(
            nn.Linear(in_dim, n_hidden_1),
            nn.ReLU(True),
            nn.Linear(n_hidden_1, n_hidden_2),
            nn.ReLU(True),
            # 最后一层不需要添加激活函数
            nn.Linear(n_hidden_2, out_dim)
            )
    #定义正向传导函数
    def forward(self, x):
        x = self.layer(x)
        return x
```

14.5.2　优化算法工具optim

torch.optim 是一个实施各种优化算法的包，Pytoch 常用的优化方法都封装在 torch.optim 中，其设计很灵活，可以扩展为自定义的优化方法。所有的优化方法都继承自基类 optim.Optimizer，并实现了自己的优化步骤。最常用的优化算法有随机梯度下降法（SGD）、动量法（Momentum）、自适应优化器等。

所有的优化器均有 step() 方法，这个方法用来更新参数，一旦梯度通过 backward() 计算，就可以调用 step()，代码如下。

```
for input, target in dataset:
    optimizer.zero_grad()
    output = model(input)
    loss = loss_fn(output, target)
    loss.backward()
    optimizer.step()
```

14.6 数据处理工具

PyTorch 涉及数据处理（数据装载、数据预处理、数据增强等）的主要工具包及其相互关系，如图 14-10 所示。

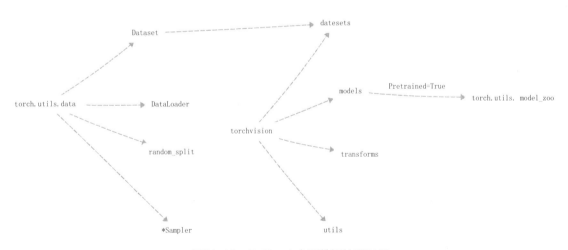

图14-10　PyTorch主要数据处理工具

图 14-10 的左边是 torch.utils.data 工具包，它包括以下 4 个类。

（1）Dataset：一个抽象类，其他数据集需要继承这个类，并且覆写其中的两个方法（__getitem__ 和 __len__）。

（2）DataLoader：定义一个新的迭代器，实现批量（batch）读取，打乱数据（shuffle）并提供并行加速等功能。

（3）random_split：把数据集随机拆分为给定长度的非重叠新数据集。

（4）*Sampler：多种采样函数。

图 14-10 中间是 PyTorch 的一个视觉处理工具包（torchvision），独立于 PyTorch，需要另外安装，使用 pip 或 conda 安装即可。

```
pip install torchvision #或conda install torchvision
```

它包括 4 个类，各类的主要功能如下。

（1）datasets：提供常用的数据集加载，设计上都是继承 torch.utils.data.Dataset，主要包括 MMIST、CIFAR10/100、ImageNet、COCO 等。

（2）models：提供深度学习中各种经典的网络结构以及训练好的模型，包括 AlexNet、VGG 系列、ResNet 系列、Inception 系列等。

（3）transforms：常用的数据预处理操作，主要包括对 Tensor 及 PIL Image 对象的操作。

（4）utils：含两个函数，一个是 make_grid，它能将多张图片拼接在一个网格中；另一个是 save_img，它能将 Tensor 保存成图片。

14.6.1　utils.data简介

utils.data 包括 Dataset 和 DataLoader。torch.utils.data.Dataset 为抽象类，自定义数据集需要继承这个类，并实现两个函数，一个是 __len__，另一个是 __getitem__，前者提供数据的大小（size），后者通过给定索引获取数据和标签。 __getitem__ 一次只能获取一个数据，所以通过 torch.utils.data. DataLoader 来定义一个新的迭代器，实现 batch 读取。首先来定义一个简单的数据集，然后具体使用 Dataset 及 DataLoader，以便使读者有一个直观的认识。

1.导入需要的模块

```
import torch
from torch.utils import data
import numpy as np
```

2.定义获取数据集的类

该类继承基类 Dataset，自定义一个数据集及对应标签。

```
class TestDataset(data.Dataset):#继承Dataset
    def __init__(self):
        self.Data=np.asarray([[1,2],[3,4],[2,1],[3,4],[4,5]])#一些由二维
向量表示的数据集
        self.Label=np.asarray([0,1,0,1,2])#这是数据集对应的标签

    def __getitem__(self, index):
        #把NumPy转换为Tensor
        txt=torch.from_numpy(self.Data[index])
        label=torch.tensor(self.Label[index])
```

```
        return txt,label

    def __len__(self):
        return len(self.Data)
```

3. 获取数据集中的数据

```
Test=TestDataset()
print(Test[2])  #相当于调用__getitem__(2)
print(Test.__len__())

#输出
#(tensor([2, 1]), tensor(0))
#5
```

以上数据以 tuple 返回，每次只返回一个样本。实际上，Dateset 只负责数据的抽取，一次调用 __getitem__ 只返回一个样本。如果希望批量处理（batch），同时还要进行 shuffle 和并行加速等操作，可选择 DataLoader。DataLoader 的格式如下。

```
data.DataLoader(
    dataset,
    batch_size=1,
    shuffle=False,
    sampler=None,
    batch_sampler=None,
    num_workers=0,
    collate_fn=<function default_collate at 0x7f108ee01620>,
    pin_memory=False,
    drop_last=False,
    timeout=0,
    worker_init_fn=None,
)
```

其中主要参数说明如下。

（1）dataset: 加载的数据集。

（2）batch_size: 批大小。

（3）shuffle：是否将数据打乱。

（4）sampler：样本抽样。

（5）num_workers：使用多进程加载的进程数，0 代表不使用多进程。

（6）collate_fn：如何将多个样本数据拼接成一个 batch，一般使用默认的拼接方式即可。

（7）pin_memory: 是否将数据保存在 pin memory 区，pin memory 中的数据转到 GPU 会快一些。

（8）drop_last：dataset 中的数据个数可能不是 batch_size 的整数倍，drop_last 为 True 会将多出来不足一个 batch 的数据丢弃。

对数据集 test 采用批量加载，不打乱数据集，加载进程数为 2，可以采用如下代码。

```
test_loader = data.DataLoader(Test,batch_size=2,shuffle=False,num_work-
```

```
ers=2)
for i,traindata in enumerate(test_loader):
    print('i:',i)
    Data,Label=traindata
    print('data:',Data)
    print('Label:',Label)
```

运行结果如下。

```
i: 0
data: tensor([[1, 2],
        [3, 4]])
Label: tensor([0, 1])
i: 1
data: tensor([[2, 1],
        [3, 4]])
Label: tensor([0, 1])
i: 2
data: tensor([[4, 5]])
Label: tensor([2])
```

从这个结果可以看出，这是批量读取。可以像使用迭代器一样使用 DataLoader，如对其结果进行循环操作。不过它不是迭代器，可以通过 iter 命令将其转换为迭代器。

```
dataiter=iter(test_loader)
imgs,labels=next(dataiter)
```

一般用 data.Dataset 处理同一个目录下的数据。如果数据在不同目录下，不同目录代表不同类别（这种情况比较普遍），使用 data.Dataset 来处理就很不方便。不过，使用 PyTorch 的另一种可视化数据处理工具 torchvision 就非常方便，不但可以自动获取标签，还可以提供很多数据预处理、数据增强等转换函数。

14.6.2 torchvision简介

torchvision 有 4 个功能模块，即 model、datasets、transforms 和 utils。本节将介绍如何使用 datasets 的 ImageFolder 处理自定义数据集，如何使用 transforms 对源数据进行预处理、增强等。下面介绍 transforms 及 ImageFolder。

14.6.3 transforms

transforms 提供了对 PIL Image 对象和 Tensor 对象的常用操作。

1.对PIL Image的常见操作

（1）Scale/Resize: 调整尺寸，长宽比保持不变。

（2）CenterCrop、RandomCrop、RandomSizedCrop：裁剪图片，CenterCrop 和 RandomCrop 在

进行 crop 时是固定 size，RandomResizedCrop 则是 random size 的 crop。

（3）Pad：填充。

（4）ToTensor：把一个取值范围是 [0,255] 的 PIL.Image 转换成 Tensor。把形状为 (H,W,C) 的 numpy.ndarray 转换成形状为 [C,H,W]，取值范围是 [0,1.0] 的 torch.FloatTensor。

（5）RandomHorizontalFlip：图像随机水平翻转，翻转概率为 0.5。

（6）RandomVerticalFlip：图像随机垂直翻转。

（7）ColorJitter：修改亮度、对比度和饱和度。

2.对Tensor的常见操作

（1）Normalize：标准化，即减均值，除以标准差。

（2）ToPILImage：将 Tensor 转为 PIL Image。

如果要对数据集进行多个操作，可通过 Compose 将这些操作像管道一样拼接起来，类似于 nn.Sequential。以下为示例代码。

```
transforms.Compose([
    #将给定的 PIL.Image 进行中心切割，得到给定的 size
    #size 可以是 tuple(target_height, target_width)
    #size 也可以是一个 Integer，在这种情况下，切出来的图片形状是正方形
    transforms.CenterCrop(10),
    #切割中心点的位置随机选取
    transforms.RandomCrop(20, padding=0),
    #把一个取值范围是 [0, 255] 的 PIL.Image 或者 shape 为 (H, W, C) 的 numpy.
ndarray
    #转换为形状为 (C, H, W)，取值范围是 [0, 1] 的 torch.FloatTensor
    transforms.ToTensor(),
    #规范化到[-1,1]
    transforms.Normalize(mean = (0.5, 0.5, 0.5), std = (0.5, 0.5, 0.5))
])
```

还可以自己定义一个 python lambda 表达式，如将每个像素值加 10，可表示为 transforms. Lambda(lambda x: x.add(10))。更多内容可参考官网 [1]。

14.6.4 ImageFolder

当文件依据标签处于不同文件下时，如以下代码。

```
—— data
   ├── zhangliu
   │    ├── 001.jpg
   │    └── 002.jpg
   ├── wuhua
   │    ├── 001.jpg
```

---

[1] https://pytorch.org/docs/stable/torchvision/transforms.html

```
|        └── 002.jpg
..................
```

可以利用 torchvision.datasets.ImageFolder 来直接构造出 dataset，代码如下。

```
loader = datasets.ImageFolder(path)
loader = data.DataLoader(dataset)
```

ImageFolder 会将目录中的文件夹名自动转化成序列，当 DataLoader 载入时，标签自动就是整数序列了。

下面利用 ImageFolder 读取不同目录下的图片数据，然后使用 transorms 进行图像预处理，预处理有多个操作，可以用 compose 把这些操作拼接在一起，然后使用 DataLoader 加载。

对处理后的数据用 torchvision.utils 中的 save_image 保存为一个 png 格式文件，然后用 Image.open 打开该 png 文件，详细代码如下。

```
from torchvision import transforms, utils
from torchvision import datasets
import torch
import Matplotlib.pyplot as plt
%Matplotlib inline

my_trans=transforms.Compose([
    transforms.RandomResizedCrop(224),
    transforms.RandomHorizontalFlip(),
    transforms.ToTensor()
])
train_data = datasets.ImageFolder('./data/torchvision_data', trans-
form=my_trans)
train_loader = data.DataLoader(train_data,batch_size=8,shuffle=True,)

for i_batch, img in enumerate(train_loader):
    if i_batch == 0:
        print(img[1])
        fig = plt.figure()
        grid = utils.make_grid(img[0])
        plt.imshow(grid.numpy().transpose((1, 2, 0)))
        plt.show()
        utils.save_image(grid,'test01.png')
    break
```

14.7 实例1：用PyTorch实现手写数字识别

第 13 章用 Python 实现了手写数字的识别任务，内容包括初始化参数、定义神经网络结构、正向传播和反向传播、更新权重参数、训练模型、评估模型等。当时只构建了一个简单的三层神经网络，代码量也不少，如果稍微复杂一些，代码量将成倍增加。目前通常使用深度学习架构，如 PyTorch、TensorFlow、Keras 等来解决这类问题。接下来用 PyTorch 解决第 13 章这个项目，为便于比较，神经网络结构基本保持一致，数据源也是 MNIST。

14.7.1　背景说明

本节将利用神经网络完成对手写数字进行识别的实例，使用 PyTorch 的 nn 工具箱来实现一个神经网络，用 torch.utils、torch. torchvision 实现对 MNIST 数据的导入、预处理等任务。环境使用 PyTorch 1.0+、GPU 或 CPU。

主要步骤如下。

（1）利用 PyTorch 内置函数 MNIST 下载数据。

（2）利用 torchvision 对数据进行预处理，调用 torch.utils 建立一个数据迭代器。

（3）利用 nn 工具箱构建神经网络模型。

（4）实例化模型，并定义损失函数及优化器。

（5）训练模型。

神经网络的结构如图 14-11 所示。

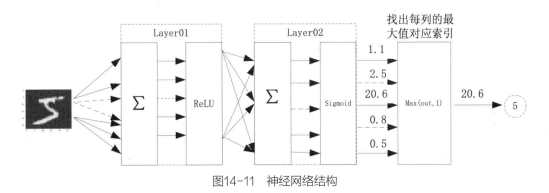

图14-11　神经网络结构

使用一个隐含层和一个输出层，隐含层用 ReLU 作为激活函数，输出层的激活函数为 sigmoid，最后使用 torch.max(out,1) 找出张量 out 的最大值对应索引作为预测值。

14.7.2　导入模块

1.导入必要的模块

```
import numpy as np
import torch
# 导入 pytorch 内置的 mnist 数据
from torchvision.datasets import mnist
```

```
#导入预处理模块
import torchvision.transforms as transforms
from torch.utils.data import DataLoader
#导入nn及优化器
import torch.nn.functional as F
import torch.optim as optim
from torch import nn
```

2.定义一些超参数

```
# 定义一些超参数
train_batch_size = 64
test_batch_size = 128
learning_rate = 0.01
num_epoches = 20
lr = 0.01
momentum = 0.5
```

14.7.3　加载及预处理数据

利用 PyTorch 的内置函数 MNIST 下载数据，然后对数据进行规范化处理，最后以批量的方式进行加载，加载时把数据和标签整合在一起。

```
transform = transforms.Compose([transforms.ToTensor(),transforms.Nor-
malize([0.5], [0.5])])
#下载数据，并对数据进行预处理
train_dataset = mnist.MNIST('.\data', train=True, transform=transform,
download=True)
test_dataset = mnist.MNIST('.\data', train=False, transform=trans-
form,download=True)
#dataloader是一个可迭代对象，可以像使用迭代器一样使用它。
train_loader = DataLoader(train_dataset, batch_size=train_batch_size,
shuffle=True)
test_loader = DataLoader(test_dataset, batch_size=test_batch_size,
shuffle=False)
```

【说明】

（1）transforms.Compose 可以把一些转换函数组合在一起。

（2）Normalize([0.5], [0.5]) 对张量进行归一化，这里两个 0.5 分别表示对张量进行归一化的全局平均值和方差。因图像是灰色的，所以只有 1 个通道，如果有多个通道，需要有多个数字，如 3 个通道应该是 Normalize([m1,m2,m3], [n1,n2,n3])。

（3）download 参数控制是否需要下载，如果 ./data 目录下已有 MNIST，可选择 False。

（4）利用 DataLoader 得到生成器，这可以节省内存。

14.7.4   可视化源数据

随机抽取 4 张手写数字图片，代码如下。

```
import Matplotlib.pyplot as plt
%Matplotlib inline

examples = enumerate(test_loader)
batch_idx, (example_data, example_targets) = next(examples)

#随机取4张手写数字图片
fig = plt.figure()
for i in range(4):
  plt.subplot(2,2,i+1)
  plt.imshow(example_data[i][0], cmap='gray', interpolation='none')
  plt.xticks([])
  plt.yticks([])
```

运行结果如图 14-12 所示。

图14-12   MNIST源数据示例

14.7.5   构建模型

数据预处理之后，根据 14.7.1 小节的图 14-11 构建神经网络，包括输入层、一个隐含层及一个输出层，代码如下。

```
class Net(nn.Module):
    """
    使用sequential构建网络，Sequential()函数的功能是将网络的层组合到一起
    """
    def __init__(self, in_dim, n_hidden_1, out_dim):
        super(Net, self).__init__()
        self.layer1 = nn.Sequential(nn.Linear(in_dim, n_hidden_1),nn.
BatchNorm1d(n_hidden_1))
        self.layer2 = nn.Sequential(nn.Linear(n_hidden_1, out_dim))


    def forward(self, x):
        x = torch.relu(self.layer1(x))
        x = torch.sigmoid(self.layer2(x))
        return x
```

14.7.6 定义损失函数

定义运算方式，如果有 GPU，就在 GPU 上运行，否则在 CPU 上运行。将交叉熵作为损失函数，随机梯度法作为优化器。

```
device = torch.device("cuda:0" if torch.cuda.is_available() else "cpu")
#实例化网络
model = Net(28 * 28, 300, 10)
model.to(device)

# 定义损失函数和优化器
criterion = nn.CrossEntropyLoss()
optimizer = optim.SGD(model.parameters(), lr=lr, momentum=momentum)
```

14.7.7 训练模型

这里使用 for 循环进行迭代，代码如下。其中包括用于训练模型的训练数据，以及用于验证模型的测试模型。

```
# 开始训练
losses = []
acces = []
eval_losses = []
eval_acces = []


for epoch in range(num_epoches):
    train_loss = 0
    train_acc = 0
    model.train()
    #动态修改参数学习率
    if epoch%5==0:
        optimizer.param_groups[0]['lr']*=0.9
    for img, label in train_loader:
        img=img.to(device)
        label = label.to(device)
        img = img.view(img.size(0), -1)
        # 正向传播
        out = model(img)
        loss = criterion(out, label)
        # 反向传播
        optimizer.zero_grad()
        loss.backward()
        optimizer.step()
        # 记录误差
        train_loss += loss.item()
        # 计算分类的准确率
```

```
        _, pred = out.max(1)
        num_correct = (pred == label).sum().item()
        acc = num_correct / img.shape[0]
        train_acc += acc

    losses.append(train_loss / len(train_loader))
    acces.append(train_acc / len(train_loader))
    # 在测试集上检验效果
    eval_loss = 0
    eval_acc = 0
    # 将模型改为预测模式
    model.eval()
    for img, label in test_loader:
        img=img.to(device)
        label = label.to(device)
        img = img.view(img.size(0), -1)
        out = model(img)
        loss = criterion(out, label)
        # 记录误差
        eval_loss += loss.item()
        # 记录准确率
        _, pred = out.max(1)
        num_correct = (pred == label).sum().item()
        acc = num_correct / img.shape[0]
        eval_acc += acc

    eval_losses.append(eval_loss / len(test_loader))
    eval_acces.append(eval_acc / len(test_loader))
    print('epoch: {}, Train Loss: {:.4f}, Train Acc: {:.4f}, Test Loss:
{:.4f}, Test Acc: {:.4f}'
        .format(epoch, train_loss / len(train_loader), train_acc /
len(train_loader),
                eval_loss / len(test_loader), eval_acc / len(test_
loader)))
```

最后 3 次迭代的结果如下。

```
epoch: 17, Train Loss: 1.5416, Train Acc: 0.9355, Test Loss: 1.5350,
Test Acc: 0.9384
epoch: 18, Train Loss: 1.5398, Train Acc: 0.9375, Test Loss: 1.5337,
Test Acc: 0.9380
epoch: 19, Train Loss: 1.5378, Train Acc: 0.9379, Test Loss: 1.5322,
Test Acc: 0.9408
```

这个神经网络的结构比较简单，只用了两层，也没有使用 dropout 层，迭代 20 次，测试准确率达到 94% 左右，效果还可以。不过，性能还有提升空间，如果采用 cnn、dropout 等层，应该还可以提升模型性能。

14.7.8 可视化训练及测试损失值

接下来对前面创建的神经网络进行可视化训练，并测试损失值。

```
plt.title('train loss')
plt.plot(np.arange(len(losses)), losses)
plt.legend(['Train Loss'], loc='upper right')
```

运行结果如图 14-13 所示。

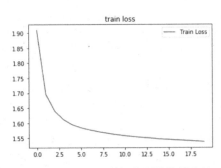

图14-13　MNIST数据集训练的损失值

这里是批量训练，而不是每次一个样本，所以损失函数曲线振幅很小。

14.8　实例2：用PyTorch解决回归问题

本节我们用神经网络工具箱 nn 解决 14.4 小节中的回归问题，除 nn 外，还用到了 optim 优化器。

1.导入需要的库

```
import torch
from Matplotlib import pyplot as plt
import torch.nn.functional as F
import torch.optim as optim
from torch import nn
%Matplotlib inline
```

2.生成数据

```
# 数据构造
# 这里x_data、y_data都是tensor格式
# linspace函数用于生成一系列数据
# unsqueeze函数可以将一维数据变成二维数据，在torch中只能处理二维数据
x_data = torch.unsqueeze(torch.linspace(0, 4, 100), dim=1)
# randn函数用于生成服从正态分布的随机数
y_data =3* x_data.pow(2) + 2+0.2 * torch.randn(x_data.size())
y_data_real = 3*x_data.pow(2)+2
```

3.构建网络

```python
# 自定义一个Net类，继承于torch.nn.Module类
# 这个神经网络的设计是只有一个隐含层，隐含层神经元个数可随意指定
class Net(torch.nn.Module):
    # Net类的初始化函数
    def __init__(self, n_feature, n_hidden, n_output):
        # 继承父类的初始化函数
        super(Net, self).__init__()
        # 创建网络的隐藏层，名称可以随便起
        self.hidden_layer = torch.nn.Linear(n_feature, n_hidden)
        # 创建输出层(预测层)，接收来自隐含层的数据
        self.predict_layer = torch.nn.Linear(n_hidden, n_output)

    # 网络的正向传播函数，构造计算图
    def forward(self, x):
        # 用relu函数处理隐含层输出的结果并传给输出层
        hidden_result = self.hidden_layer(x)
        relu_result = F.relu(hidden_result)
        predict_result = self.predict_layer(relu_result)
        return predict_result
```

4.定义一些超参数

```python
# 训练次数
TRAIN_TIMES = 600
# 输入输出的数据维度，这里都是一维
INPUT_DIM = 1
OUTPUT_DIM = 1
# 隐含层中神经元的个数
NEURON_NUM = 32
# 学习率，该值越高学得越快，但也容易造成准确率上下波动的情况
LEARNING_RATE = 0.1
```

5.定义损失函数

```python
# 建立网络
net = Net(n_feature=INPUT_DIM, n_hidden=NEURON_NUM, n_output=OUTPUT_
DIM)
# 训练网络
# 这里使用adam自适应优化方法，当然也可以使用其他的优化方法
optimizer = torch.optim.Adam(net.parameters(), lr=LEARNING_RATE)
# 定义损失函数
loss_func = torch.nn.MSELoss()
```

6.训练模型

```python
for i in range(TRAIN_TIMES):
    # 输入数据进行预测
    prediction = net(x_data)
    # 计算预测值与真值误差，注意参数顺序
```

```
# 第一个参数为预测值，第二个为真值
loss = loss_func(prediction, y_data)

# 开始优化
# 每次优化前将梯度置为0
optimizer.zero_grad()
# 误差反向传播
loss.backward()
# 按照最小loss优化参数
optimizer.step()
```

7.可视化结果

```
# 无误差真值曲线
plt.plot(x_data.numpy(), y_data_real.numpy(), c='blue', lw='3')
# 有误差散点
plt.scatter(x_data.numpy(), y_data.numpy(), c='orange')
# 预测的曲线
plt.plot(x_data.numpy(), prediction.data.numpy(), c='red', lw='2')
plt.xlim(0,1)
plt.ylim(2,6)
```

运行结果如图 14-14 所示。

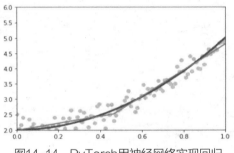

图14-14　PyTorch用神经网络实现回归

14.9　小结

第 13 章介绍了神经网络，并用 Python 构成神经网络来识别手写数字，整个过程还是比较麻烦的。本章介绍的 PyTorch 是一个深度学习框架，利用这个框架可以极大地提高开发效率。有了 PyTorch，就无须自己"造轮子"了，PyTorch 中有很多工具或轮子可以直接拿来使用，如构建网络的 nn 工具、数据处理的 torchvision 工具、optim 优化器等。最后通过两个实例说明如何使用 PyTorch 解决分类和回归问题。

第15章
卷积神经网络

传统机器学习有很多经典方法，这些方法对结构化数据有较好的效果，但需要在特征的选择、处理方面花费较多时间和精力。虽然神经网络在特征工程方面优于传统机器学习，但其参数量比较大，而参数越多越容易导致过拟合。那么是否有更好的方法。既无须关注特征工程，参数数量又较少或可控，关键是性能还很优越呢？从某个角度来说，卷积神经网络就是为解决这些问题而生的。

卷积神经网络（Convolutional Neural Networks, CNN）是一类包含卷积计算且具有深度结构的前馈神经网络，是深度学习的代表算法之一。

卷积神经网络由一个或多个卷积层和顶端的全连接层（对应经典的神经网络）组成，同时也包括关联权重和池化层，这一结构使得卷积神经网络能够利用输入数据的二维结构。与其他深度学习结构相比，卷积神经网络在图像和语音识别方面能够给出更好的结果。

本章将介绍卷积神经网络的定义、结构及使用方法等内容，具体如下。

■ 传统神经网络有哪些不足

■ 卷积神经网络简介

■ 实例：用卷积神经网络完成图像识别任务

15.1　问题：传统神经网络有哪些不足？

传统神经网络层之间都采用全连接方式，如果层数较多，输入又是高维数据，其参数数量可能是一个天文数字。比如训练一张 1000*1000 像素的灰色图片，输入节点数就是 1000*1000，如果隐含层节点是 100，那么输入层到隐含层间的权重矩阵就是 1000000*100！如果还要增加隐含层或进行反向传播，那结果可想而知。这还不是全部，采用全连接方式，参数太多还容易导致过拟合。

因此，为更有效地处理像图片、视频、音频、自然语言等大数据，必须另辟蹊径。经过多年的不懈努力，人们终于找到了一些有效方法和工具，卷积神经网络就是其中的重要方法之一。

15.2　卷积神经网络

传统神经网络主要由全连接层构成，而卷积神经网络由卷积层、池化层构成，不过最后几层为便于分类或预测，将转换为全连接层。图 15-1 为卷积神经网络示例。

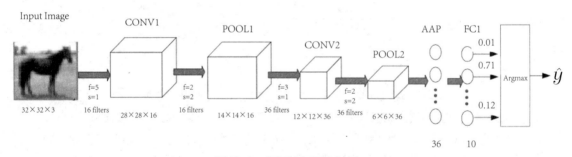

图15-1　卷积神经网络示例

图 15-1 由两个卷积层（CONV1,CONV2）、两个池化层（POOL1、POOL2）、一个全局平均层（AAP）和一个全连接层（FC1）构成。

15.2.1　卷积层

卷积层是卷积神经网络的核心层，而卷积（Convolution）又是卷积层的核心。对卷积直观的理解就是两个函数的一种运算，这种运算称为卷积运算。图 15-2 就是一个简单的二维空间卷积运算示例，虽然简单，但却包含了卷积的核心内容。

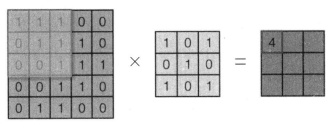

输入图像 5×5   卷积核 3×3   图特征 3×3

图15-2　卷积运算（1）

右边窗口中的 4 是如何得到的呢？它是输入图像中左上角的小框图中每个元素与卷积核对应元素的乘积和，即 $1×1+1×0+1×1+0×0+1×1+1×0+0×1+0×0+1×1=4$。如果输入图像中左上方的小框图往右移动一格，便得到图 15-3。

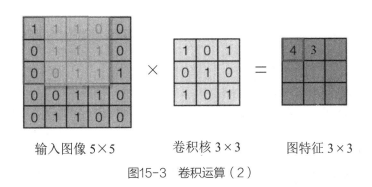

输入图像 5×5   卷积核 3×3   图特征 3×3

图15-3　卷积运算（2）

右边窗口中的 3 是左边输入图像中灰色窗口每个数字与卷积核对应元素的乘积和，即 $1×1+1×0+0×1+1×0+1×1+1×0+0×1+1×0+1×1=3$。以此类推，左边输入图像中的灰色小窗口继续往右移动一格，便可得到右边窗口的第 1 行第 3 列的数；如果左边输入图像中的灰色小窗口在图 15-2 中往下移动一格，便可得到右边图中第 2 行第 1 列的数字，最后便可算出右边矩阵中的每个数字，如图 15-4 所示。

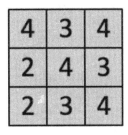

图15-4　卷积结果

1.步幅（stride）

卷积核中的每个元素称为权重（权重是需要在训练过程中不断学习的），每次移动的格数称为步幅（stride），这里 stride=1，即每次移动一格。有些情况下可能需要每次移动 2 格，此时步幅就是 2。

这里只用了一个卷积核，实际做项目时，往往同时用多个卷积核。如果遇到多层卷积的情况，卷积核的数量一般在靠近输入层时较少，而靠近输出层时较多。

卷积核的大小一般为 3×3、1×1、5×5，不宜过大。

为了不因增加层而突增很多参数，同时还可保持模型的性能，人们又想出卷积神经网络中的另一类层，即池化层。

2.填充（Padding）

输入图片是 5×5，通过卷积层变为 3×3，如果再添加层，那么图片岂不是会越变越小？这个时候就可以引出 Zero Padding（补零），它可以保证每次经过卷积或池化输出后的图片大小不变。例如上述例子如果加入 Zero Padding，再采用 3×3 的卷积核，那么变换后的图片尺寸与原图片尺寸相同，如图 15-5 所示。

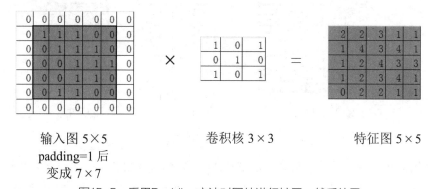

输入图 5×5
padding=1 后
变成 7×7

卷积核 3×3

特征图 5×5

图15-5　采用Padding方法对图片进行扩展，然后补零

根据是否扩展，Padding 又分为 Same、Valid。采用 Same 方式时，对图片扩展并补零；采用 Valid 方式时，对图片不扩展。如何选择呢？在实际训练过程中，一般选择 Same，使用 Same 不会丢失信息。设补零的圈数为 p，输入数据大小为 n，过滤器大小为 f，步幅大小为 s，则有式（15.1）。

$$p=\frac{f-1}{2}$$
(15.1)

卷积后的大小为式（15.2）。

$$\frac{n+2p-f}{s}+1$$
(15.2)

3.激活函数

卷积神经网络与标准的神经网络类似，为保证其非线性，也需要使用激活函数。即在卷积运算后，给输出值另加偏移量，输入到激活函数，然后作为下一层的输入，如图 15-6 所示。

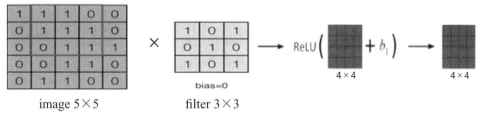

image 5×5   filter 3×3

图15-6　卷积运算后的结果+偏移量输入到激活函数ReLU

15.2.2　池化层

池化（Pooling）又称下采样，通过卷积层获得图像的特征后，理论上可以直接使用这些特征训练分类器（如 softmax）。但是，这样做将面临巨大的计算量挑战，而且容易产生过拟合的现象。为了进一步降低网络训练参数及模型的过拟合程度，就要对卷积层进行池化（Pooling）处理。常用的池化方式有以下 3 种。

（1）最大池化（Max Pooling）：选择 Pooling 窗口中的最大值作为采样值。

（2）均值池化（Mean Pooling）：将 Pooling 窗口中的所有值相加取平均，以平均值作为采样值。

（3）全局最大（或均值）池化：与平常最大或最小池化相对而言，全局池化是对整个特征图的池化，而不是在移动窗口范围内的池化。

这 3 种池化方法可用图 15-7 来描述。

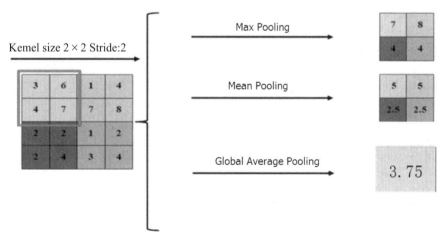

图15-7　3种池化方法

池化层在 CNN 中可用来减小尺寸，提高运算速度及减小噪声影响，让各特征更具有健壮性。池化层比卷积层简单，它没有卷积运算，只是在滤波器算子滑动区域内取最大值或平均值。池化的作用则体现在降采样，即保留显著特征，降低特征维度，增大感受野。深度网络越往后面越能捕捉到物体的语义信息，这种语义信息是建立在较大的感受野基础上的。

15.2.3 Flatten层

一般在最后一层 Max Pooling 后面，会把这些数据"拍平"，丢到 Flatten 层，把 Flatten 层的 output 放到全连接层（Full Connected Layer）里，然后采用 softmax 对其进行分类，如图 15-8 所示。

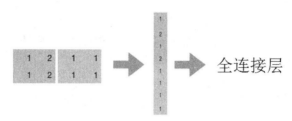

图15-8　Flatten过程

15.2.4 用PyTorch构建卷积神经网络

15.2 节的图 15-1 是一个典型的卷积神经网络，该网络由卷积层、池化层、全连接层连接而成，这些层在 PyTorch 中都有对应的函数，所以用用 PyTorch 构建卷积神经网络非常方便。

因输入是二维数据，二维数据对应的卷积层、池化层（最大池化）、全连接层在 PyTorch 中分别由 nn.Conv2d、nn.MaxPool2d、nn.Linear 实现，所以图 15-1 的卷积神经网络用 PyTorch 来实现的代码如下。

```python
import torch
import torch.nn as nn
import torch.nn.functional as F
device = torch.device("cuda:0" if torch.cuda.is_available() else "cpu")

class CNNNet(nn.Module):
    def __init__(self):
        super(CNNNet,self).__init__()
        self.conv1 = nn.Conv2d(in_channels=3,out_channels=16,kernel_
size=5,stride=1)
        self.pool1 = nn.MaxPool2d(kernel_size=2,stride=2)
        self.conv2 = nn.Conv2d(in_channels=16,out_channels=36,kernel_
size=3,stride=1)
        self.pool2 = nn.MaxPool2d(kernel_size=2, stride=2)
        self.aap=nn.AdaptiveAvgPool2d(1)
        self.fc1 = nn.Linear(36,10)

    def forward(self,x):
        x=self.pool1(F.relu(self.conv1(x)))
        x=self.pool2(F.relu(self.conv2(x)))
        x = self.aap(x)
        x = x.view(x.shape[0], -1)
        x = self.fc1(x)
```

```
        return x
net = CNNNet()
net=net.to(device)
```

在这个卷积神经网络中，各层的具体信息如下。

1.第一个卷积层(conv1)

在卷积第一层（conv1）中，输入的通道数（in_channels）为 3，说明输入数据为彩色数据，包括 RGB 这 3 种颜色。输出的通道数（out_channels）为 16，说明有 16 个卷积核，卷积核的大小（kernel_size）是 5，步幅（stride）是 1。

2.第一个最大池化层(pool1)

卷积核大小（kernel_size）为 2，步幅为 2。

3.第二个卷积层(conv2)

输入的通道数（in_channels）为 16，这也是上一层的输出通道数。输出的通道数（out_channels）为 32，说明有 32 个卷积核，卷积核的大小（kernel_size）是 3，步幅（stride）是 1。

4.第二个最大池化层(pool2)

卷积核大小（kernel_size）为 2，步幅为 2。

5.全局平均池化层

全局平均池化是对整个特征图（feature map）求平均值，而不是对特征图的一个子区域求平均值。

6.第一个全连接层(fc1)

输入是 36 个节点，输出是 10 个节点。

这层也是输出层，其输入节点数为 36（等于上个全连接层的输出）。输出的节点是 10，因这是一个有 10 种分类的任务，故输出的节点一般为分类的种类数。

这里卷积层使用 ReLU 为激活函数。

15.3 实例：用PyTorch完成图像识别任务

本节将利用神经网络完成对手写数字进行识别的任务，来说明如何借助 nn 工具箱来实现一个神经网络。实例环境使用 PyTorch 1.0+、GPU 或 CPU，源数据集为 CIFAR-10。

15.3.1 概述

本节将使用 PyTorch 提供的一些工具包实现手写数字的识别，主要步骤如下。

（1）利用 PyTorch 内置函数 CIFAR-10 下载数据。

（2）利用 torchvision 对数据进行预处理，然后用 loader 把数据集转换为批量加载的可迭代数据集。

（3）探索源数据。

（4）利用 nn 工具箱构建神经网络模型。

（5）定义损失函数及优化器。

（6）训练模型。

（7）可视化结果。

15.3.2　数据集说明

CIFAR-10 数据集由 10 个类的 60000 个 32×32 彩色图像组成，每个类有 6000 个图像。有 50000 个训练图像和 10000 个测试图像。

数据集分为 5 个训练批次和一个测试批次，每个批次有 10000 个图像。测试批次包含来自每个类别的正好 1000 个随机选择的图像。训练批次以随机顺序包含剩余图像，但一些训练批次可能包含来自一个类别的图像比另一个更多。总体来说，5 个训练集之和包含来自每个类的正好 5000 张图像。

图 15-9 显示了数据集中涉及的 10 个类，以及来自每个类的 10 个随机图像。

图15-9　CIFAR-10数据集

这 10 类都是彼此独立的，不会出现重叠，即这是多分类、单标签问题。

15.3.3 加载数据

这里采用 PyTorch 提供的数据集加载工具 torchvision，同时对数据进行预处理。方便起见，这里已预先下载好数据并解压，存放在当前目录的 data 目录下，所以参数 download=False。

1.导入库及下载数据

```
import torch
import torchvision
import torchvision.transforms as transforms

transform = transforms.Compose(
    [transforms.ToTensor(),
     transforms.Normalize((0.5, 0.5, 0.5), (0.5, 0.5, 0.5))])

trainset = torchvision.datasets.CIFAR10(root=r'.\data', train=True,
                                        download=True, transform=trans-
form)
trainloader = torch.utils.data.DataLoader(trainset, batch_size=4,
                                        shuffle=True, num_workers=2)

testset = torchvision.datasets.CIFAR10(root=r'.\ata', train=False,
                                        download=True, transform=trans-
form)
testloader = torch.utils.data.DataLoader(testset, batch_size=4,
                                        shuffle=False, num_workers=2)

classes = ('plane', 'car', 'bird', 'cat',
           'deer', 'dog', 'frog', 'horse', 'ship', 'truck')
```

2.随机查看部分数据

```
import Matplotlib.pyplot as plt
import numpy as np
%Matplotlib inline

# 显示图像

def imshow(img):
    img = img / 2 + 0.5     # unnormalize
    npimg = img.numpy()
    plt.imshow(np.transpose(npimg, (1, 2, 0)))
    plt.show()


# 随机获取部分训练数据
dataiter = iter(trainloader)
```

```
images, labels = dataiter.next()

# 显示图像
imshow(torchvision.utils.make_grid(images))
# 打印标签
print(' '.join('%5s' % classes[labels[j]] for j in range(4)))
```

运行结果如图 15-10 所示。

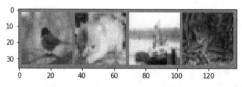

图15-10　bird cat ship frog

15.3.4　构建网络

1.根据15.2节的图15-1 构建网络

```
import torch.nn as nn
import torch.nn.functional as F
device = torch.device("cuda:0" if torch.cuda.is_available() else "cpu")

class Net(nn.Module):
    def __init__(self):
        super(Net, self).__init__()
        self.conv1 = nn.Conv2d(3, 16, 5)
        self.pool1 = nn.MaxPool2d(2, 2)
        self.conv2 = nn.Conv2d(16, 36, 5)
        self.pool2 = nn.MaxPool2d(2, 2)
        self.aap=nn.AdaptiveAvgPool2d(1)
        self.fc1 = nn.Linear(36, 10)

    def forward(self, x):
        x = self.pool1(F.relu(self.conv1(x)))
        x = self.pool2(F.relu(self.conv2(x)))
        x = self.aap(x)
        x = x.view(x.shape[0], -1)
        x = self.fc1(x)
        return x


net = Net()
net=net.to(device)
```

2.查看网络结构

```
#显示网络中定义了哪些层
```

```
print(net)
```

运行结果如下。

```
Net(
  (conv1): Conv2d(3, 16, kernel_size=(5, 5), stride=(1, 1))
  (pool1): MaxPool2d(kernel_size=2, stride=2, padding=0, dilation=1,
ceil_mode=False)
  (conv2): Conv2d(16, 36, kernel_size=(5, 5), stride=(1, 1))
  (pool2): MaxPool2d(kernel_size=2, stride=2, padding=0, dilation=1,
ceil_mode=False)
  (aap): AdaptiveAvgPool2d(output_size=1)
  (fc1): Linear(in_features=36, out_features=10, bias=True)
)
```

3.查看网络中的前几层

```
#取模型中的前六层
nn.Sequential(*list(net.children())[:6])
```

运行结果如下。

```
equential(
  (0): Conv2d(3, 16, kernel_size=(5, 5), stride=(1, 1))
  (1): MaxPool2d(kernel_size=2, stride=2, padding=0, dilation=1, ceil_
mode=False)
  (2): Conv2d(16, 36, kernel_size=(5, 5), stride=(1, 1))
  (3): MaxPool2d(kernel_size=2, stride=2, padding=0, dilation=1, ceil_
mode=False)
  (4): AdaptiveAvgPool2d(output_size=1)
  (5): Linear(in_features=36, out_features=10, bias=True)
)
```

4.初始化参数

```
for m in net.modules():
    if isinstance(m,nn.Conv2d):
        nn.init.normal_(m.weight)
        nn.init.xavier_normal_(m.weight)
        nn.init.kaiming_normal_(m.weight)#卷积层参数初始化
        nn.init.constant_(m.bias, 0)
    elif isinstance(m,nn.Linear):
        nn.init.normal_(m.weight)#全连接层参数初始化
```

15.3.5   训练模型

1.选择优化器

```
import torch.optim as optim
```

```
lr=0.01
criterion = nn.CrossEntropyLoss()
optimizer = optim.SGD(net.parameters(), lr=lr, momentum=0.9)
```

2.定义动态修改学习率的函数

```
#动态调整学习率
def adjust_learning_rate(optimizer, lr):
    for param_group in optimizer.param_groups:
        param_group['lr'] = lr
```

3.训练模型

```
for epoch in range(10):

    running_loss = 0.0
    if epoch %2 ==0:
        lr=lr*0.9
        adjust_learning_rate(optimizer, lr)
    for i, data in enumerate(trainloader, 0):
        # 获取训练数据
        inputs, labels = data
        inputs, labels = inputs.to(device), labels.to(device)

        # 权重参数梯度清零
        optimizer.zero_grad()

        # 正向及反向传播
        outputs = net(inputs)
        loss = criterion(outputs, labels)
        loss.backward()
        #更新参数
        optimizer.step()

        # 显示损失值
        running_loss += loss.item()
        if i % 2000 == 1999:    # print every 2000 mini-batches
            print('[%d, %5d] loss: %.3f' %(epoch + 1, i + 1, running_
loss / 2000))
            running_loss = 0.0

print('Finished Training')
```

运行结果如下。

```
[10,  2000] loss: 0.306
[10,  4000] loss: 0.348
[10,  6000] loss: 0.386
[10,  8000] loss: 0.404
[10, 10000] loss: 0.419
[10, 12000] loss: 0.438
```

```
Finished Training
```

15.3.6　获取图片真实标签

将测试图片输入网络，得到图片的真实标签。

```
dataiter = iter(testloader)
images, labels = dataiter.next()
#images, labels = images.to(device), labels.to(device)
# print images
imshow(torchvision.utils.make_grid(images))
print('GroundTruth: ', ' '.join('%5s' % classes[labels[j]] for j in
range(4)))
```

运行结果如下。

```
GroundTruth:    cat  ship  ship plane
```

15.3.7　获取对应图片的预测标签

将图片输入网络，得到预测标签。

```
images, labels = images.to(device), labels.to(device)
outputs = net(images)
_, predicted = torch.max(outputs, 1)

print('Predicted: ', ' '.join('%5s' % classes[predicted[j]]for j in
range(4)))
```

运行结果如下。

```
Predicted:    cat   car  ship  plane
```

就这 4 张图片来说，准确率达到 75%，接下来看一下 10000 张测试图片的准确率。

15.3.8　测试模型

用 10000 张测试图片进行测试，执行以下代码。

```
correct = 0
total = 0
with torch.no_grad():
    for data in testloader:
        images, labels = data
        images, labels = images.to(device), labels.to(device)
        outputs = net(images)
        _, predicted = torch.max(outputs.data, 1)
        total += labels.size(0)
```

```
        correct += (predicted == labels).sum().item()
print('Accuracy of the network on the 10000 test images: %d %%' % (
    100 * correct / total))
```

运行结果如下。

```
Accuracy of the network on the 10000 test images: 63 %
```

15.4 后续思考

Accuracy of the network on the 10000 test images: 63 %。只迭代了 10 次，网络结构也比较简单，两个卷积层、两个池化层、一个全局平均池化层、一个全连接层，而且也没有做过多的优化，达到这个精度也不错。读者可以考虑从数据增强、正则化、使用预训练模型等方面进行优化。

15.5 小结

在图像识别方面，与传输神经网络相比，卷积神经网络有明显优势。本章从卷积神经的优势开始，重点介绍卷积神经网络的核心概念，并通过完成图像识别任务的实例，进一步说明如何使用卷积神经网络及其主要优势。

第16章
提升模型性能的几种技巧

深度学习往往比传统机器学习会遇到更多、更大的挑战，如模型过拟合、模型陷入局部最小值、梯度消失或爆炸、参数多结构复杂、结果难解释、对初始化参数敏感等。人们从实践中总结了很多行之有效的方法和技巧来处理这些问题。本章将介绍深度学习中的一些常用方法，具体包括以下内容。

- 找到合适的学习率
- 正则化
- 合理的初始化
- 选择合适的优化器
- GPU加速

16.1 问题: 为什么有些模型尝试了很多方法仍然效果不佳?

在训练深度学习模型时，时常出现一些效果一般的模型，尽管采取了很多措施，如重新设置初始化参数、增加网络层、使用 Dropout 层等，效果还是不佳。

影响深度学习模型性能的因素很多，有时只优化其中几个因素，不一定能起到立竿见影的效果。比如网络结构非常好，也考虑了正则化方法，对权重参数也进行了特殊处理，但没有考虑到数据代表性问题，模型性能也很难提高。

影响模型性能的因素很多，比较常见的有以下几种。

（1）缺乏正则化处理，如权重参数分布不合理、初始化参数全为 0 等。

（2）超参数不合适或太敏感，如学习率太大或太小。

（3）数据结构问题，如没有足够数据、分类不均衡、训练集合测试集分布不同等。

（4）网络结构比较简单，比如只使用一个或两个层隐含层，节点数也不多等。

如果效果不佳，可以采用循序渐进的方法，逐步完善，在尝试中发现影响模型性能的真正原因，然后再采取更有针对性的方法。为了更好地发现问题，可以采用以下方法。

（1）先从简单模型开始，开发一个比基准模型更好的模型。

（2）如果出现欠拟合问题，可考虑扩大网络容量、数据增强、使用差分学习率或带重启的 SGD、自适应优化算法、迁移学习等方法。

（3）如果出现过拟合问题，可考虑正则化（对权重参数、节点、初始化参数、批量数据等）、调优超参数（常用的方法有手动优化、网格搜索、随机搜索、由粗到细、贝叶斯优化等）。

（4）合理使用激活函数、网络层、卷积核等。

16.2 找到合适的学习率

学习率是神经网络训练中最重要的超参数,但在实际应用中很难为神经网络选择最佳的学习率。如果学习率过大，可能跳过最小值；如果学习率过小，可能导致收敛很慢，如图 16-1 所示。

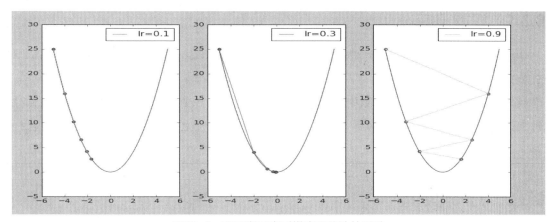

图16-1　不同学习率对梯度下降法的影响

梯度下降法对超参数学习率比较敏感（过小导致收敛速度过慢，过大又越过极值点）。

在多层高维神经网络中，数据可能凹凸不平，如果学习率选取不当，很可能陷入局部最小值，如图 16-2 所示。

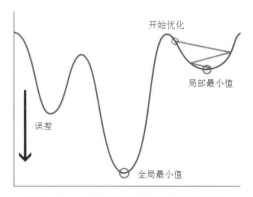

图16-2　陷入局部最小值的梯度下降法

梯度下降算法可以通过突然提高学习率，"跳出"局部最小值并找到通向全局最小值的路径。跳出局部最小值，可采用带重启的随机梯度下降方法（Stochastic Gradient Descent with Restarts, SGDR）、周期性学习率、自适应优化算法等。

16.3　正则化

在深度学习中，为了避免模型过拟合、收敛慢等问题，常常采用正则化方法。深度学习的正则化内容比较宽泛，如对权重参数的正则化、对训练数据的正则化、对网络节点的正则化等。12.4 节简单介绍了机器学习的正则化方法，本节将主要介绍深度学习方面常用的正则化方法。

16.3.1　权重衰减

在深度学习中，权重衰减是一种用来抑制过拟合的方法。该方法通过在学习过程中对大的权重进行惩罚，来抑制过拟合。

具体实现方法就是在损失函数中添加权重 W 的 L2 范数（W2），这样就可有效控制因部分权重过大导致过拟合的问题。具体实现时，一般会在 W2 的前面加上一个控制参数，如 λ 即在原损失函数（Loss）的基础上加上 $\frac{1}{2}\lambda W^2$。

16.3.2　归一化处理

在进行训练之前，一般要对数据做归一化处理，使其分布一致。但在深度神经网络的训练过程中，需要对输入网络的每一个 batch 进行训练，使其具有不同的分布。batch normalization 就是强行将数据拉回到均值为 0，方差为 1 的正态分布上，这样不仅数据分布一致，而且能避免梯度消失。

批标准化（Batch Normalization，BN）方法由 Sergey Ioffe 和 Christian Szegedy 两位学者提出。BN 不仅可以有效解决梯度消失问题，而且可以让调试超参数更加简单，在提高训练模型效率的同时，还可让神经网络模型更加"健壮"。

何时使用 BN 呢？一般在神经网络训练遇到收敛速度很慢，或梯度爆炸等无法训练的状况时，可以尝试用 BN 来解决。另外，也可以加入 BN 来加快训练速度，提高模型精度，大大提高训练模型的效率。BN 具体有以下优点。

（1）可以选择比较大的初始学习率，让训练速度飙升。以前需要慢慢调整学习率，甚至在网络训练到一半的时候，还需要想着学习率进一步调小的比例选择多少比较合适。现在可以采用很大的初始学习率，因为这个算法收敛很快。当然，这个算法即使选择了较小的学习率，也比以前的收敛速度快，因为它具有快速训练收敛的特性。

（2）不用再考虑过拟合中 dropout、L2 正则项参数的选择问题。采用 BN 算法后，可以移除这两项参数，或者可以选择更小的 L2 正则约束参数，因为 BN 具有提高网络泛化能力的特性。

（3）不再需要局部响应归一化层。

（4）可以把训练数据彻底打乱。

于 2015 年提出的 BN 是经典的归一化方法，目前在深度学习中运用非常广泛。PyTorch 中除 BN 外，还有 Layer Normalization（2016 年提出）、Instance Normalization（2017 年提出）、Group Normalization（2018 年提出）、Switchable Normalization（2018 年提出）等归一化方法。

假设输入的图像 shape 记为 [N, C, H, W]，那么用以上归一化方法进行处理的区别如下。

（1）Batch Norm 是在 batch 上对 NHW 做归一化，对小 batchsize 效果不好。

（2）Layer Norm 是在通道方向上对 CHW 归一化，主要对 RNN 作用明显。

（3）Instance Norm 是在图像像素上对 HW 做归一化，用于风格化迁移。

（4）Group Norm 是将 channel 分组，然后再做归一化。

（5）Switchable Norm 是将 BN、LN、IN 结合，赋予权重，让网络自己去学习归一化层应该使用什么方法。

这些归一化方法的异同，可用图 16-3 表示。

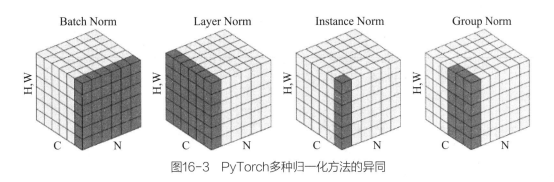

图16-3　PyTorch多种归一化方法的异同

16.3.3　Dropout

Dropout 就是在训练过程中按一定比例（比例参数可设置）随机忽略或屏蔽一些神经元。这些神经元被随机"抛弃"，如图 16-4 所示，它们在正向传播过程中对于下游神经元的贡献效果暂时消失了，反向传播时该神经元也不会有任何权重的更新。所以通过传播过程，Dropout 将产生和 L2 范数相同的收缩权重的效果。

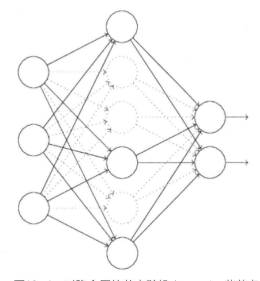

图16-4　对隐含层的节点随机dropout一些节点

Dropout 在深度学习中经常使用，是提升模型泛化能力的重要方法之一。PyTorch 中有 dropout 层，下面是具体使用示例。

（1）定义网络结构。

```python
import torch.nn as nn

class network(nn.Module):
    def __init__(self):
        super(network,self).__init__()

        self.model = nn.Sequential(
        nn.Linear(784, 200),
        nn.Dropout(0.5),   # 以0.5的概率断开
        nn.LeakyReLU(inplace=True),
        nn.Linear(200, 200),
        nn.Dropout(0.5),   # 以0.5的概率断开
        nn.LeakyReLU(inplace=True),
        nn.Linear(200, 10),
        nn.LeakyReLU(inplace=True),
)
```

（2）训练时，指明训练模型，将启用 dropout。

```python
network.train()
logits = network(data)
```

（3）验证或测试时，指明验证模型，将关闭 dropout。

```python
network.eval()
logits = network(data)
```

16.4 合理的初始化

在深度学习中，对权重的初始化非常重要，如果设置不当，可能导致"失之毫厘，差之千里"。深度学习中初始化参数的方法比较多，如以下方法。

（1）全部初始化为 0。

（2）初始化为相同的随机数。

（3）初始化为较小的随机数。

（4）初始化为较大的随机数。

（5）Xavier 初始化。

（6）He 初始化等。

下面就各种初始化方法的优缺点进行简单说明。

16.4.1 全部初始化为0

全部初始化为 0，这种方式最简单，在传统机器学习中的线性回归和逻辑回归中，经常把参数初始化为 0。在深度学习中，对权重、偏移量全部初始化为 0，用 Python 代码实现如下。

```
import numpy as np
np.zeros(input_layer_neurons, hidden_layer_neurons)
```

如果将权重 W 全部初始化为 0，那么每一层所学到的参数都是一样的。因为它们的梯度一样，所以在反向传播的过程中，每一层的神经元也是相同的。因此会导致代价函数在开始的一段时间内明显下降，但是一段时间以后下降缓慢或停止下降。

将权重 W 初始化为相同的随机数和全部初始化为 0 是一样的，都会导致同样的问题。

16.4.2 初始化为随机数

如果把权重参数初始化为 0 或某个数，易导致损失函数收敛缓慢甚至停止收敛。为避免这个问题，可采用随机初始化方法。随机初始化可以打破对称，在随机初始化之后，每个神经元可以继续学习其输入的不同功能。

把权重参数随机初始化为服从均值为 0 和方差为 1 的高斯分布函数，用 Python 代码实现如下。

```
np.random.randn(input_layer_neurons, hidden_layer_neurons)*0.0001
```

使用这种方法初始化权重，模型前面运行比较好，但是随着迭代次数的增加，正向传递时，方差开始减少，梯度也开始向 0 靠近，容易导致梯度消失。尤其是当激活函数为 sigmoid 时，梯度接近 0.5；当激活函数为 tanh 时，梯度接近 0。因此，这种方法也有很大的局限性。

当然，可以不乘以一个较小的数（如上例的 0.0001），这样可能获得一些较大的随机数。较大的随机数反向传播时，倒数趋于 0，梯度也会消失。此外，当权重较大且输入也很大时，如果使用 sigmoid 做激活函数，将使输出趋向于 0 和 1。是否有更好的方法呢？下面将介绍深度学习中比较有效的两种初始化方法。

16.4.3 Xavier 初始化

Xavier 的基本原理是，尽可能地让输入和输出服从相同的分布，这样就能够避免后面层的激活函数的输出值趋向于 0。用 Python 实现 Xavier 初始化的代码如下。

```
import numpy as np
np.random.randn(input_layer_neurons, hidden_layer_neurons)* sqrt(1/
input_layer_neurons)
```

Xavier 初始化对激活函数为 tanh 的效果比较好，但是对于激活 ReLU 效果一般，对于 ReLu 需要采用其他初始化方法。He 初始化方法对激活函数 ReLu 的效果比较好。

16.4.4　He初始化

Xavier 在 tanh 中表现得很好，但在 ReLU 激活函数中表现得很差，所以有人提出了针对 ReLU 的初始化方法。其思想是，在 ReLU 网络中，假定每一层有一半的神经元被激活，另一半为 0，要保持方差不变，只需要在 Xavier 的基础上除以 2，其 Python 代码如下。

```
np.random.randn(input_layer_neurons,hidden_layer_neurons)* sqrt(2/input_
layer_neurons)
```

16.5　选择合适的优化器

在深度学习中，优化算法的选择非常重要。即使在数据集和模型架构完全相同的情况下，采用不同的优化算法，也很可能导致截然不同的训练效果。

梯度下降是目前神经网络中使用最为广泛的优化算法之一，但面对深度学习的复杂环境，传统梯度下降法也存在一些不足。为了弥补传统梯度下降的种种缺陷，研究者们发明了一系列变种算法，从最初的 SGD（随机梯度下降）逐步演进到自适应的 Adam 算法。

16.5.1　传统SGD和mini-batch SGD

传统 SGD 即最基本的最速下降法，使用一个梯度步作为方向，步长作为一个可调控因子，随时可以调整，可简单写为式（16.1）。

$$w_{k+1}=w_k-\lambda_k g_k \tag{16.1}$$

其中 W 是参数，λ 是学习率，即步长，g 是梯度。

在深度学习的实践中，选择学习率通常会根据迭代次数逐渐衰减，即给定训练到一定迭代次数后进行衰减。传统 SGD 的问题就是收敛速度非常慢，且容易陷入局部最优点和鞍点，很难从其中逃出。同时，由于学习率比较敏感，在实践中选择合适的学习率既费时又费神。

在深度学习环境下，通常有大量的训练数据，传统 SGD 的想法是对每一个样本更新一次梯度。这样虽能获得较好的泛化能力，但训练过程中，如果数据的分布极不均衡，数据中有很多的噪声，那么这样的策略将会"带偏"模型。因此，研究者们产生了一个想法，就是每次使用一批数据（batch）来计算梯度，然后将梯度平均之后再使用 SGD 去更新参数，通过平均一批样本的梯度结果来减少震荡和其他影响，这就是所谓的 mini-batch SGD 的基本思想。在实际操作中，batch 的大小一般根据计算资源的存储能力、训练时间开销、泛化能力要求综合来确定。batch 越小泛化能力越强，但时间开销也越大，且容易发生震荡；batch 越大训练速度越快，但是可能丧失一定的泛化能力，所以一般根据输入数据的大小选择适当大小的 batch。

16.5.2　带动量的SGD

传统 SGD 收敛速度很慢且容易震荡，借用物理中动量的概念，可以结合历史的梯度信息和当前的梯度信息来共同指导更新。在遇到陡坡时，希望运动得更快；遇到复杂的沟壑时，希望借助之前的惯性尽快冲出；遇到突然变化的情况，也希望由于惯性的作用，方向不要变化太大。由此就产生了带有动量的梯度下降，即 SGD with momentum，其表达式为式（16.2）、式（16.3）。

$$v_{k+1} = \alpha v_k - \lambda_k g_k \qquad (16.2)$$

$$w_{k+1} = w_k + v_{k+1} \qquad (16.3)$$

式（16.2）中的 a 是一个加权因子，一般取 0.9。这个因子大于 0.5，意味着下降方向主要是此前累积的下降方向，并略微偏向当前时刻的梯度方向。这样的一种改进，使得参数中那些梯度方向变化不大的维度可以加速更新，同时减少梯度方向变化较大的维度上的更新幅度，由此产生了加速收敛和减小震荡的效果。

16.5.3　AdaGrad算法

传统梯度下降算法对学习率这个超参数非常敏感，难以驾驭，而且对参数空间的某些方向也没有很好的方法。这些不足在深度学习中，因高维空间、多层神经网络等因素，常会出现平坦、鞍点、悬崖等问题，因此传统梯度下降法在深度学习中显得力不从心。不过现在已有很多解决这些问题的有效方法。上一小节介绍的动量算法在一定程度上减少了参数空间某些方向的问题，但需要新增一个参数，而且对学习率的控制还不是很理想。为了更好地驾驭这个超参数，人们想出来多种自适应优化算法，使用自适应优化算法，学习率不再是一个固定不变的值，它会根据不同情况自动调整，这些算法使深度学习向前迈出了一大步。

AdaGrad 算法通过参数来调整合适的学习率 λ，能独立地自动调整模型参数的学习率，对稀疏参数进行大幅更新并对频繁参数进行小幅更新。因此，AdaGrad 算法非常适合处理稀疏数据。虽然 AdaGrad 算法在某些深度学习模型上效果不错，但还有些不足，可能是因其累积梯度平方，所以导致学习率过早或过量减少。

16.5.4　RMSProp算法

RMSProp 算法修改了 AdaGrad，为的是在非凸背景下效果更好。针对梯度平方和累计越来越大的问题，RMSProp 用指数加权的移动平均代替梯度平方和。RMSProp 为使用移动平均，引入了一个新的超参数 P，用来控制移动平均的长度范围。

16.5.5　Adam算法

Adam（Adaptive Moment Estimation）本质上是带有动量项的 RMSprop，它利用梯度的一阶矩估计和二阶矩估计动态调整每个参数的学习率。Adam 的优点主要在于经过偏置校正后，每一次迭代的学习率都有一个确定范围，使得参数比较平稳。

Adam 是另一种学习速率自适应的深度神经网络算法，它是整个 SGD 系列的集大成者，既包含来自 momentum 的累积历史梯度对方向的修正，又包含来自 RMSprop 的对于学习率的修正。

16.5.6　选择优化器的一般方法

选择优化器的方法一般有以下几种。

（1）对于稀疏数据，尽量使用学习率可自适应的优化方法，而且最好采用默认值。

（2）SGD 通常训练时间更长，但是在初始化和学习率调度方案都比较好的情况下，结果更可靠。

（3）训练较深、较复杂的网络时，推荐使用学习率自适应的优化方法。

（4）Adadelta、RMSprop、Adam 都属于自适应算法，在相似的情况下表现差不多。不过一般而言，Adam 是最好的选择。

16.6　GPU加速

深度学习涉及很多向量或多矩阵运算，如矩阵相乘、矩阵相加、矩阵 - 向量乘法等。深层模型的算法，如 BP、Auto-Encoder、CNN 等，都可以写成矩阵运算的形式，无须写成循环运算。然而，在单核 CPU 上执行时，矩阵运算会被展开成循环的形式，本质上还是串行执行。GPU（Graphic Process Units，图形处理器）的众核体系结构包含几千个流处理器，可将矩阵运算并行化执行，大幅缩短计算时间。随着 NVIDIA、AMD 等公司不断推进其 GPU 的大规模并行架构，面向通用计算的 GPU 已成为加速可并行应用程序的重要手段。得益于 GPU 众核（many-core）体系结构，程序在 GPU 系统上的运行速度相较于单核 CPU 往往能够提升几十倍甚至上千倍。

目前，GPU 已经发展到了较为成熟的阶段。利用 GPU 来训练深度神经网络，可以充分发挥其数以千计的计算核心的能力，在使用海量训练数据的场景下，所耗费的时间大幅缩短，占用的服务器也更少。如果能对深度神经网络进行合理优化，一块 GPU 卡相当于数十台甚至上百台 CPU 服务器的计算能力，因此 GPU 已经成为业界在深度学习模型训练方面的首选解决方案。

如何使用 GPU？现在很多深度学习工具都支持 GPU 运算，使用时只要简单配置即可。PyTorch 支持 GPU，可以通过 to(device) 函数将数据从内存中转移到 GPU 显存，如果有多个 GPU，还可以定位到某个或某些 GPU。PyTorch 一般把 GPU 作用于张量 (Tensor) 或模型（包括 torch.nn 下面的一些网络模型，以及自己创建的模型）等数据结构上。

16.6.1 单GPU加速

使用 GPU 之前，需要确保 GPU 是可以使用的，可通过 torch.cuda.is_available() 的返回值进行判断。如果返回 True，则代表有能够使用的 GPU。

通过 torch.cuda.device_count() 可以获得能够使用的 GPU 数量。如何查看平台 GPU 的配置信息呢？在命令行输入命令 nvidia-smi 即可 (适合于 Linux 或 Windows 环境)。图 16-5 是 GPU 配置信息样例，从中可以看出共有 2 个 GPU。

```
+-----------------------------------------------------------------------------+
| NVIDIA-SMI 387.26                 Driver Version: 387.26                    |
|-------------------------------+----------------------+----------------------+
| GPU  Name        Persistence-M| Bus-Id        Disp.A | Volatile Uncorr. ECC |
| Fan  Temp  Perf  Pwr:Usage/Cap|         Memory-Usage | GPU-Util  Compute M. |
|===============================+======================+======================|
|   0  Quadro P1000        Off  | 00000000:81:00.0 Off |                  N/A |
| 34%   34C    P8    N/A /  N/A |     10MiB /  4038MiB |      0%      Default |
+-------------------------------+----------------------+----------------------+
|   1  Quadro P1000        Off  | 00000000:82:00.0 Off |                  N/A |
| 34%   36C    P8    N/A /  N/A |     10MiB /  4038MiB |      0%      Default |
+-------------------------------+----------------------+----------------------+

+-----------------------------------------------------------------------------+
| Processes:                                                       GPU Memory |
|  GPU       PID   Type   Process name                             Usage      |
```

图16-5 GPU配置信息

把数据从内存转移到 GPU 的操作，一般是针对张量（我们需要的数据）和模型的。对张量（类型为 FloatTensor 或 LongTensor 等），一律直接使用 .to(device) 或 .cuda() 方法，代码如下。

```
device = torch.device("cuda:0" if torch.cuda.is_available() else "cpu")
#或device = torch.device(«cuda:0»)
device1 = torch.device(«cuda:1»)
for batch_idx, (img, label) in enumerate(train_loader):
    img=img.to(device)
    label=label.to(device)
```

对于模型来说，也是同样的方式，使用 .to(device) 或 .cuda 来将网络放到 GPU 显存，代码如下。

```
#实例化网络
model = Net()
model.to(device)    #使用序号为0的GPU
#或model.to(device1) #使用序号为1的GPU
```

16.6.2　多GPU加速

接下来介绍单主机、多 GPU 的情况，单机多 GPU 主要采用的是 DataParallel 函数，而不是 Distributed Parallel，后者用于多主机、多 GPU，当然也可用于单主机、多 GPU。

使用多卡训练的方式有很多，但前提是设备中存在 2 个及以上的 GPU。使用时直接用 model 传入 torch.nn.DataParallel 函数即可，如以下代码。

```
#对模型
net = torch.nn.DataParallel(model)
```

这里默认所有存在的显卡都会被使用。如果电脑有很多显卡，但只想利用其中一部分，如只使用编号为 0、1、3、4 的 4 个 GPU，那么可以采用以下方式。

```
#假设有4个GPU,其id设置如下
device_ids =[0,1,2,3]
#对数据
input_data=input_data.to(device=device_ids[0])
#对模型
net = torch.nn.DataParallel(model)
net.to(device)
```

16.7　后续思考

前面针对数据集 MNIST 中手写数字的识别，使用传统神经网络，用 Python 构建神经网络模型，定制性较高，但比较烦琐，准确率为 90%；使用 PyTorch 中的 nn 工具构建神经网络模型，代码非常简洁，准确率为 94% 左右。有兴趣的读者可尝试一下，用卷积神经再加上本章介绍的一些调优方法，实现手写数字的识别，看看准确率能否达到 98% 以上。

16.8　小结

本章主要介绍了深度学习中一些常用、效果好的学习技巧。学习率是一个重要超参数，选择合适的学习率非常有挑战性。此外，为防止过拟合的正则化，提高模型性能，还对参数初始化、优化器等进行了剖析。深度学习的算法一般比较复杂，如果能使用 GPU，将使训练速度提升几十倍甚至上百倍。

第17章

Keras入门

前面介绍了利用Python、PyTorch构建神经网络，使用Python构建神经网络需要考虑的因素有很多，虽然定制化程度比较高，但代码复杂度与网络层数成正比。要解决这个问题，可以使用深度学习架构PyTorch。本章将介绍另一种非常适合初学者使用的深度学习框架，即Keras深度学习框架。从Keras的架构开始，逐步讲解如何用Keras建模，并完成图像分类实例。本章主要内容如下。

- Keras简介
- Keras一般流程
- 使用Keras实现图像识别

17.1 　问题：为何选择Keras架构？

　　Keras 的诞生使得深度学习变得简单，甚至只需要几行代码就可完成。Keras 致力于快速完成神经网络的实验和任务，让用户花最少的时间和精力实现想法。

　　深度学习框架很多，常用的有 Google 的 Tensorflow、Facebook 的 PyTorch、微软的 CNTK 和 Lisa 实验室的 Theano。其中 PyTorch 和 Keras 比较适合初学者，并且各有特色，都是基于 Python 的框架，好用、易用。第 15 章介绍了 PyTorch，本章主要介绍 Keras。Keras 比 PyTorch 更简单，用 Keras 构建神经网络就像搭积木一样，只要进行一些简单的配置即可。Keras 自动识别是否有可用的 GPU，如果有 GPU 则使用 GPU，否则使用 CPU，两者之间的切换是无缝的，无须变更任何代码。

　　可以通过模型构建过程来体验 Keras API 的简单易用。Keras 中的序贯模型是深度学习神经网络逐层叠加的线性管道，下面的代码定义了一个包含 4 个人工神经元的单层网络，它预计有 3 个输入变量（特征）。

```
#导入变量和类
from keras.models import Sequential
from keras.layers import Dense

#利用序贯模式构建模型
model = Sequential()
#指明输入节点数input_dim、输出节点数units
model.add(Dense(units=4, input_dim=3))
```

　　Keras 构建的模型都可以使用 summary 方法查看模型结构和参数状况，代码如下。

```
#查看模型结构
model.summary()
```

　　运行结果如下。

```
Model: "sequential_1"
_____
Layer (type)                 Output Shape              Param #
=================================================================
dense_1 (Dense)              (None, 4)                 16
=================================================================
Total params: 16
Trainable params: 16
Non-trainable params: 0
```

　　输出结果显示已经定义了图 17-1 所示的全连接神经网络。

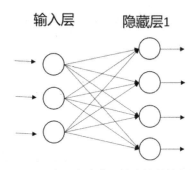

图17-1　具有一个隐藏层的全连接神经网络

如果需要再添加一个隐藏层，只需要重复使用 add 方法，指明输出节点数 units 的值即可。

```
#添加隐藏层
model.add(Dense(units=2))

#再次查看模型结构
model.summary()
```

运行结果如下。

```
Model: "sequential_1"

Layer (type)                   Output Shape                 Param #
=================================================================
dense_1 (Dense)                (None, 4)                    16

dense_2 (Dense)                (None, 2)                    10
=================================================================
Total params: 26
Trainable params: 26
Non-trainable params: 0
```

输出结果显示已经定义了图 17-2 所示的全连接神经网络。

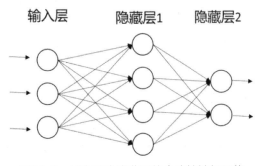

图17-2　具有两个隐藏层的全连接神经网络

事实上，通过这种简单的方式，可以构造出很多复杂的神经网络结构，在本书后面的章节中更能体会到这一点。

17.2　Keras简介

使用 Keras 构建神经网络非常简单，就像搭积木一样，只要把相关层加到序列中即可。

17.2.1　Keras的安装

在安装 Keras 之前，应该先安装一个后台引擎，可以是 TensorFlow、Theano、CNTK 中的任何一个，一般推荐使用 TensorFlow。Tensorflow 可以使用 Pypi 或在 Anaconda 环境下使用 Conda 安装。

1.安装TensorFlow

```
#安装CPU版的TensorFlow
pip install tensorflow
#安装GPU版的TensorFlow
pip  install tensorfow-gpu
#在Anaconda环境下也可以使用
conda install tensorflow
```

2.安装Keras

TensorFlow 安装完成后，就可以开始安装 Keras，同样可以很方便地使用 Pypi 来安装。

```
#安装Keras
pip install keras
#在Anaconda环境下也可以使用
conda install keras
```

Keras 默认将 TensorFlow 作为后台驱动引擎。关于如何配置其他后台引擎和 GPU 版的安装，建议读者参考 Keras 官方网站 https://keras.io/#installation。

3.测试安装是否成功

导入 Keras 显示后台信息，说明安装成功；如果报错，则需要根据报错信息查找原因。

```
import keras
Using TensorFlow backend.
```

17.2.2　Keras特点

Keras 是一款轻量级、模块化的开源深度学习框架。特点是易上手，便于快速实现关于模型的想法。

Keras 致力于提升开发者的体验，这从根源上决定了 Keras 的简单易用。 Keras 同时支持底层 API（特别是 TensorFlow），这使得 Keras 可以完成基础架构（例如 TensorFlow）中可以完成的任何事情。当然，在 TensorFlow 中也可以通过 tf.keras 使用 Keras 模型。

Keras 是使用 Python 编写的、实现人工神经网络模型（Artificial Neural Networks，ANN）的一

套高层 API，能够运行在 Tensorflow、CNTK 和 Theano 上。Keras 与三者的关系可以简单解释为图 17-3。另外，Keras 也可以运行在自定义的基础计算框架之上。

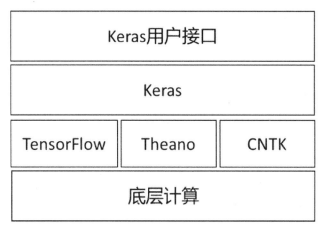

图17-3　Keras与TensorFlow、Thean、CNTK的关系

Keras 的特点可归结为以下几点。

（1）实际使用中，通常只需要与 Keras 交互，而不需要直接与后台程序（例如 TensorFlow、Theano 或者 CNTK 等）交互。

（2）Keras 能够支持卷积和循环神经网络，甚至是两者结合。

（3）Keras 能够运行在 CPU 和 GPU 上。

（4）对于自然语言处理或图像分类等问题，Keras 内置了丰富的案例和预训练模型。

17.3　Keras常用概念

在开始学习 Keras 之前，我们希望传递一些关于 Keras 和深度学习的基本概念和技术，这样有助于读者进一步理解 Keras。

17.3.1　符号计算

Keras 的底层库使用 TensorFlow、Theano 或 CNTK，这 3 个库也称为 Keras 的后端。无论是 Theano 还是 TensorFlow，都是"符号式"的库。因此，这也使得 Keras 的编程与传统的 Python 代码有所差别。笼统地说，符号主义的计算首先定义各种变量，然后建立一个"计算图"，计算图规定了各个变量之间的计算关系。

建立好的计算图需要编译以确定其内部细节，然而此时的计算图还是一个"空壳子"，里面没有任何实际的数据，只有在把需要运算的输入放进去后，才能在整个模型中形成数据流，从而形成输出值。就像用管道搭建供水系统，拼接水管的时候，里面是没有水的，只有所有的管子都拼接完了才能送水。

17.3.2　张量

张量或 Tensor 可以看作向量、矩阵的自然推广，用来表示广泛的数据类型。张量的阶数也叫维度。

0 阶张量即标量，是一个数。

1 阶张量即向量，是一组有序排列的数。

2 阶张量即矩阵，是一组有序排列的向量。

3 阶张量即立方体，是一组上下排列的矩阵。

以此类推。

假如有一个 10 长度的列表，那么横向看有 10 个数字，也可以叫 10 维度；纵向看只能看到 1 个数字，那么就叫 1 维度。理解了这个区别，有助于理解 Keras 或者神经网络中计算时出现的维度问题。

张量的阶数有时候也称为维度或者轴，轴这个词翻译自英文 axis。比如一个矩阵 [[1,2],[3,4]] 是一个 2 阶张量，有 2 个维度或轴，沿着第 0 个轴（为了与 Python 的计数方式一致，本书将维度和轴从 0 算起）看到的是 [1,2]，[3,4] 两个向量，沿着第 1 个轴看到的是 [1,3]，[2,4] 两个向量。

17.3.3　数据格式（data_format）

目前主要有以下两种方式来表示张量。

（1）th 模式或 channels_first 模式，Theano 和 caffe 使用此模式。

（2）tf 模式或 channels_last 模式，TensorFlow 使用此模式。

模式的修改，可以通修改配置文件 ~/.keras/keras.json 中的 image_data_format 来实现。

下面举例说明两种模式的区别。

对于 100 张 RGB 3 通道的 16×32（高为 16 宽为 32）彩色图，th 表示方式为（100,3,16,32），tf 表示方式为（100,16,32,3）。唯一的区别就是表示通道个数 3 的位置不一样。

17.3.4　模型

Keras 有两种类型的模型，即序贯（或序列）模型（Sequential）和函数式模型（Model），函数式模型应用更为广泛，序贯模型是函数式模型的一种特殊情况。

（1）序贯模型（Sequential）：单输入单输出，一条路通到底，层与层之间只有相邻关系，没有跨层连接。这种模型编译速度快，操作也比较简单。

（2）函数式模型（Model）：多输入多输出，层与层之间任意连接。这种模型编译速度慢。

17.3.5 批量大小（batch-size)

在深度学习中，输入数据一般较大，所以在训练模型时，一般采用批量数据，而不是全部数据。深度学习的优化算法，说白了就是梯度下降。每次的参数更新有以下两种方式。

（1）遍历全部数据集算一次损失函数，然后计算函数对各个参数的梯度，更新梯度。这种方法每更新一次参数都要把数据集里的所有样本看一遍，计算量大，计算速度慢，不支持在线学习，这称为 Batch Gradient Descent，批梯度下降。

（2）每看一个数据就计算一次损失函数，然后求梯度更新参数，这称为随机梯度下降，即 Stochastic Gradient Descent。这个方法速度比较快，但是收敛性能不太好，可能在最优点附近晃来晃去，hit 不到最优点。两次参数的更新也有可能互相抵消掉，造成目标函数震荡得比较剧烈。

为了克服两种方法的缺点，一般采用一种折中手段，即 mini-batch Gradient Decent（小批梯度下降）。这种方法把数据分为若干个批次，按批来更新参数，一个批中的一组数据共同决定本次梯度的方向，下降起来就不容易跑偏，减少了随机性。并且因为批的样本数与整个数据集相比小了很多，所以计算量也不是很大。

17.4 Keras常用层

Keras 有很多定义好的层，在构建神经网络时，直接拿来使用即可，常用的网络层包括全连接层、卷积层、正则化层等。

17.4.1 全连接层（Dense）

Keras 中使用 Dense 定义全连接层，在前面的章节中已经多次遇到这个神经层模型。其语法格式如下。

```
keras.layers.Dense(units, activation=None, use_bias=True, kernel_
initializer='glorot_uniform', bias_initializer='zeros', kernel_
regularizer=None, bias_regularizer=None, activity_regularizer=None,
kernel_constraint=None, bias_constraint=None)
```

其中的参数定义如下。

（1）units：正整数，表示神经元数量，也是输出 Tensor 的维度。

（2）activation：激活函数，模型没有激活函数，或者说使用了线性激活函数 a(x)=x。

（3）use_bias：布尔值，是否使用偏移，默认为真。

（4）kernel_initializer：初始化核函数 (kernal) 的权重。

（5）bias_initializer：初始化偏移量。

（6）kernel_regularizer：正则化核函数，这里的正则化是指在优化过程中使用惩罚（penalty），在优化中这些惩罚与损失函数一同起作用。

（7）bias_regularizer: 正则化偏移向量。

（8）activity_regularizer：对激活函数的正则化。

（9）kernel_constraint：应用在核函数权重矩阵上的常函数。

（10）bias_constraint：应用在偏移向量上的常函数。

17.4.2 Dropout层

为输入数据施加 Dropout。Dropout 将在训练过程中每次更新参数时随机断开一定百分比（p）的输入神经元连接，Dropout 层用于防止过拟合。

```
keras.layers.Dropout(rate, noise_shape=None, seed=None, **kwargs)
```

其中的参数定义如下。

（1）rate：0~1 的浮点数，控制需要断开的神经元的比例。

（2）noise_shape：整数张量，为将要应用在输入上的二值 Dropout mask 的 shape，例如输入为 (batch_size, timesteps, features)，并且希望在各个时间步上的 Dropout mask 都相同，则可传入 noise_shape=(batch_size, 1, features)。

（3）seed：整数，使用随机数种子。

17.4.3 卷积层（Conv2D）

二维卷积层的定义如下。

```
keras.layers.Conv2D(filters, kernel_size, strides=(1, 1),
padding='valid', data_format=None, dilation_rate=(1, 1),
activation=None, use_bias=True, kernel_initializer='glorot_uniform',
bias_initializer='zeros', kernel_regularizer=None, bias_
regularizer=None, activity_regularizer=None, kernel_constraint=None,
bias_constraint=None)
```

其中很多参数的使用与 Dense 类似，以下是主要的几个参数的定义。

（1）kernel_size：整数或长度为 2 的正整数列表或元组，表示卷积核在高度和宽度上的大小，当高度与宽度相等时，也可以使用一个正整数。

（2）strides：整数或长度为 2 的正整数列表或元组，表示卷积核在图像上移动的步长，当高度与宽度步长相等时，也可以使用一个正整数。

（3）padding：valid 或者 same，定义当过滤器落在边界外时，如何做边界填充。

（4）data_format：channels_last 或者 channels_first，定义输入张量维度的顺序。channels_last 表示 (batch, height, width, channels)；channels_first 表示 (batch, channels, height, width)。

（5）dilation_rate：整数或长度为 2 的正整数列表或元组，表示膨胀系数，当高度与宽度在方向上相等时，也可以使用一个正整数。

17.4.4 最大池化层（MaxPooling2D）

最大池化层表示最大池化操作，其定义如下。

```
keras.layers.MaxPooling2D(pool_size=(2, 2), strides=None,
padding='valid', data_format=None)
```

pool_size：整数，或者由整数构成的长度为 2 的元组，表示竖直和水平方向上的 pooling 窗口长度，使用一个正整数表示两个方向上长度相等。另外，strides、padding 和 data_format 的使用方式与 Conv2D 类似。

17.4.5 Flatten层

Flatten 层用来将输入"压平"，即把多维的输入一维化，常用在从卷积层到全连接层的过渡。Flatten 不影响 batch 的大小。

```
keras.layers.Flatten(data_format='channels_last', **kwargs)
```

17.4.6 全局平均池化层

全局平均值池化的 Keras 语法格式如下。

```
keras.layers.pooling.GlobalAveragePooling2D(dim_ordering='default')
```

17.5 神经网络核心组件

神经网络核心组件包括层、网络（或模型）、优化器和损失函数（或目标函数）。这些组件之间的关系可用图 17-4 表示。

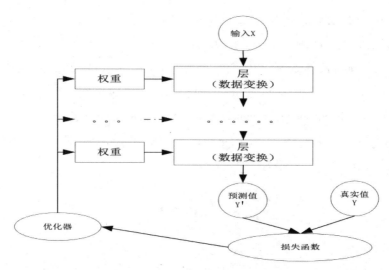

图17-4　神经网络核心组件之间的关系

17.5.1　层

神经网络的基本数据结构就是层，层是神经网络的基础组件，常见的层包括全连接层（也称为密集层，对应 Keras 的 Dense 类）、Dropout 层、卷积层等。

通常遇见的向量数据结构有形状为（样本数，特征数）的 2D 数据；形状为（样本数，时间步，特征数）的序列数据，保存在 3D 张量中；形状为（样本数，通道数，长，宽）的图像数据，保存在 4D 张量中。2D 数据通常与全连接层或密度层（对应 Keras 的 Dense 类）相关；3D 数据通常与循环层相关；4D 数据通常与卷积层相关。

我们用序贯模式创建一个层，该层接受输入数据，其维度大小为 784，形状为（样本批量大小，784）的 2D 张量，其中样本批量大小可以不指定。这一层的输出数据为维度大小为 32 的 2D 张量。在输入层后接一层，其输出维度大小为 64，这个过程用 Keras 实现的代码如下。

```
#导入变量和类
from keras.models import Sequential
from keras.layers import Dense

#构建模型
model = Sequential()
model.add(Dense(32, input_dim=784,name="input_layer"))
model.add(Dense(64,name="hidden_layer"))
```

其中第二层的输入形状没有指明，它可以自动从上一层的输出形状中推导出来。

用 Model 的 summary() 函数查看这个网络各层的形状及参数数量等信息，代码如下。

```
model.summary()
```

运行结果如下。

```
Layer (type)                    Output Shape              Param #
=================================================================
input_layer (Dense)             (None, 32)                25120

hidden_layer (Dense)            (None, 64)                2112
=================================================================
Total params: 27,232
Trainable params: 27,232
Non-trainable params: 0
```

17.5.2　模型

模型由层构成，最常见的模型（或网络）是层的线性堆叠，将一个输入映射为另一个输出。这种模型一般使用序贯模型（Sequential Model）来构造。用序贯模型无法构建网络，因为拓补结构可能具有多个不同输入，产生有多个输出或重复使用共享图层的复杂模型，这些网络可以用函数式模型（Functional Model）构建。

17.5.3　优化器

优化器是调整每个节点权重的方法，先来看下面的代码示例。

```
model = Sequential()
model.add(Dense(64, init='uniform', input_dim=10)) model.add(Activa-
tion('tanh'))
model.add(Activation('softmax'))
sgd = SGD(lr=0.01, decay=1e-6, momentum=0.9, nesterov=True) model.
compile(loss='mean_squared_error', optimizer=sgd)
```

可以看到优化器在模型编译前定义，作为编译时的两个参数之一。代码中的 sgd 是随机梯度下降算法，lr 表示学习速率，momentum 表示动量项。decay 是学习速率的衰减系数（每个 epoch 衰减一次）。nesterov 的值是 False 或者 True，表示使不使用 nesterov momentum。除了 sgd，还可以选择其他优化器，如 RMSprop（适合递归神经网络）、Adagrad、Adadelta、Adam、Adamax、Nadam 等。

17.5.4　目标函数

目标函数又称损失函数（loss），是计算神经网络的输出与样本标记的差的一种方法，代码示例如下。

```
model = Sequential()
```

```
model.add(Dense(64, init='uniform', input_dim=10)) model.add(Activa-
tion('tanh'))
model.add(Activation('softmax'))
sgd = SGD(lr=0.01, decay=1e-6, momentum=0.9, nesterov=True) model.
compile(loss='mean_squared_error', optimizer=sgd)
```

其中 mean_squared_error 就是损失函数的名称。可以选择的损失函数有 mean_squared_error，mean_absolute_error，squared_hinge，hinge，binary_crossentropy，categorical_crossentropy。其中 binary_crossentropy 和 categorical_crossentropy 就是交叉熵，一般用于模型分类。

17.6　Keras的开发流程

利用 Keras 实现神经网络的一般流程如下。

（1）选择数据，定义输入数据。

（2）构建模型，确定各个变量之间的计算关系。

（3）编译模型，编译以确定其内部细节。

（4）训练模型，导入数据，训练模型。

（5）测试模型。

（6）保存模型。

这些步骤可用图 17-5 表示。

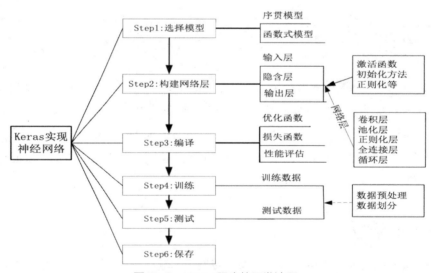

图17-5　Keras程序的开发流程

17.7 实例：Keras程序的开发流程

17.7.1 构造数据

需要根据模型fit（训练）时需要的数据格式来构造数据的shape，这里用NumPy构造两个矩阵，一个是数据矩阵，另一个是标签矩阵，代码如下。

```
import numpy as np
from keras.utils import np_utils
from keras.models import Sequential
from keras.layers import Dense, Activation
from keras.optimizers import Adam

x_train = np.random.random((1000, 784))
y_train = np.random.randint(2, size=(1000, 1))
x_test = np.random.random((200, 784))
y_test = np.random.randint(2, size=(200, 1))
```

通过NumPy的random生成随机矩阵，数据矩阵是1000行、784列的矩阵，标签矩阵是1000行、1列的矩阵，所以数据矩阵的一行就是一个样本，这个样本是784维的。

17.7.2 构造模型

下面来构造一个神经网络模型，Keras构造深度学习模型可以采用序列模型（基于Sequential类）或函数模型（又称为通用模型，基于Model类）。这两种模型的差异是拓扑结构不一样，这里采用序列模型。

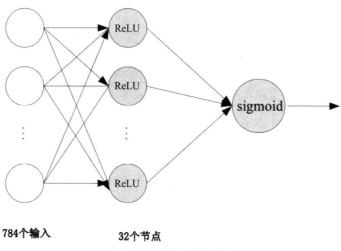

图17-6 神经网络结构

```
model = Sequential()
model.add(Dense(32, activation='relu', input_dim=784))
model.add(Dense(1, activation='sigmoid'))
```

在这一步中可以 add 多个层，也可以合并两个模型。

17.7.3　编译模型

编译上一小节构造好的模型，并指定一些模型的参数，如 optimizer（优化器）、loss（目标函数或损失函数）、metrics（评估模型的指标）等。编译模型时，损失函数和优化器这两项是必需的。

```
model.compile(optimizer='Adam',loss='binary_crossentropy',metrics=['accuracy'])
```

17.7.4　训练模型

传入要训练的数据和标签，并指定训练的一些参数，然后进行模型训练。

```
model.fit(x_train, y_train, epochs=10,verbose=2, batch_size=32,)
```

其中参数定义如下。

（1）epochs：整数，训练的轮数。

（2）verbose：训练时显示实时信息，0 表示不显示数据，1 表示显示进度条，2 表示只显示一个数据。

（3）batch_size：整数，指定梯度下降时每个 batch 包含的样本数。训练时，一个 batch 的样本会被计算为一次梯度下降，使目标函数优化一步。

运行结果如下。

```
Epoch 1/10
 - 1s - loss: 0.7236 - acc: 0.5070
Epoch 2/10
 - 0s - loss: 0.6891 - acc: 0.5370
Epoch 3/10
 - 0s - loss: 0.6841 - acc: 0.5420
Epoch 4/10
 - 0s - loss: 0.6727 - acc: 0.5930
Epoch 5/10
 - 0s - loss: 0.6696 - acc: 0.5900
Epoch 6/10
 - 0s - loss: 0.6567 - acc: 0.6150
Epoch 7/10
 - 0s - loss: 0.6491 - acc: 0.6150
Epoch 8/10
 - 0s - loss: 0.6379 - acc: 0.6710
Epoch 9/10
```

```
 - 0s - loss: 0.6333 - acc: 0.6530
Epoch 10/10
 - 0s - loss: 0.6178 - acc: 0.6870
```

17.7.5　测试模型

用测试数据测试已经训练好的模型,可以获得测试结果,并对模型进行评估。

```
score = model.evaluate(x_test, y_test, batch_size=32)
```

测试结果如下。

```
200/200 [==============================] - 0s 146us/step
```

本函数返回一个测试误差的标量值(如果模型没有其他评价指标),或一个标量的 list(如果模型还有其他的评价指标)。

17.7.6　保存模型

保存模型的代码如下。

```
from keras.models import load_model
#将模型保存为h5文件
model.save('my_model.h5')
#恢复模型
re_model = load_model('my_model.h5')
```

17.8　后续思考

上面是采用全连接的神经网络,包括输入层、一个隐含层及一个输出层。如果用卷积神经网络是否可以实现?例如,一个卷积层 + 池化层 + 展平 + 全连接 + 输出层,请读者思考。

17.9　小结

本章介绍了一种深度学习架构——Keras,这种架构的后端可以是 TensorFlow、Theano 或 CNTK。Keras 非常简洁,功能也很强大,在很多方面有比较明显的优势。本章介绍了 Keras 的一些基础、重要的部分,如安装 Keras、用 Keras 实现流程、Keras 层等内容。

第18章
用Keras实现图像识别

图像识别是深度学习中的重要内容，而卷积神经网络是目前解决这类问题的有效算法。具体实现可以使用PyTorch深度学习框架，也可以使用Keras框架或TensorFlow等。

本章将介绍利用Keras实现图像识别的几个实例，具体包括以下内容。

■ 用自定义模型识别手写数字

■ 用预训练模型识别图像

18.1 实例1：用自定义模型识别手写数字

本节将用 Keras 构建神经网络来识别手写数据，使用 MNIST 数据集。这个数据集前面已经介绍过了，可以用 Keras 的内置函数 MNIST 直接装载。

18.1.1 导入数据集，并初步探索数据集

1.利用MNIST模块直接装载数据集

```
#在Keras的自带数据集中导入所需的MNIST模块
from keras.datasets import mnist

#加载数据到Keras
(x_train, y_train), (x_test, y_test) = mnist.load_data()
```

2.初步探索数据集

```
#查看数据集的形状
print("Training Data Set shape: ", x_train.shape)
print("Training Data Set shape: ", x_test.shape)

#初步可视化图片可以让我们有一个直观的感受，这里使用索引0只打印了训练集和测试集的首张
图片
from Matplotlib import pyplot as plt
plt.imshow(x_train[0])
plt.imshow(x_test[0])
```

运行结果如下，可视化图片如图 18-1 所示。

```
Training Data Set shape:  (60000, 28, 28)
Test Data Set shape:  (10000, 28, 28)
```

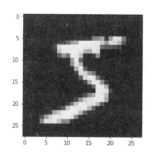

图18-1　手写数字5

18.1.2 数据预处理

在进行模型训练前，需要对数据进行预处理。

1.改变原数据的形状

一张 RGB 格式的彩色图片会有 3 个通道（channel），也就是图片深度（depth）为 3。而现在要处理的图片是灰度图片，只有一个通道，深度为 1。这里使用 TensorFlow 作为后台程序（backend），所以要处理的数据集需要由（n, width, height）转换成（n, width, height, depth），代码如下。

```
x_train = x_train.reshape(60000, 28, 28, 1)
x_test = x_test.reshape(10000, 28, 28, 1)
```

注意，如果后台程序是 Theano，则目标数据集的维度应该是（n, depth, width, height）。为了避免这种情况，通常要先确定通道（channel）的位置，然后根据确定的位置信息来转换数据集，以下代码完成了这一灵活的转换。

```
# 定义输入图像数据的行列信息
img_rows, img_cols = 28, 28

#导入backend模块，使用函数image_data_format()获取通道位置信息
from keras import backend as K
if K.image_data_format() == 'channels_first':
    x_train = x_train.reshape(x_train.shape[0], 1, img_rows, img_cols)
    x_test = x_test.reshape(x_test.shape[0], 1, img_rows, img_cols)
    input_shape = (1, img_rows, img_cols)
else:
    x_train = x_train.reshape(x_train.shape[0], img_rows, img_cols, 1)
    x_test = x_test.reshape(x_test.shape[0], img_rows, img_cols, 1)
    input_shape = (img_rows, img_cols, 1)
```

2.对数据进展规范化

还需把数据转换成 [0, 1] 范围。

```
x_train = x_train.astype('float32')
x_test = x_test.astype('float32')
x_train /= 255
x_test /= 255
```

3.标签数据的预处理

同样，先查看标签数据的形状，打印出前 10 条数据以获得直观的感受。

```
#查看标签数据集的形状
print("Training data's label shape: ", y_train.shape)
print("Test data's label shape: ", y_test.shape)

#打印训练集标签的前10条
print("The first 10 labels for training: ", y_train[:10])
```

运行结果如下。

```
Training data's label shape:  (60000,)
Test data's label shape:  (10000,)
```

```
The first 10 labels for training:  [5 0 4 1 9 2 1 3 1 4]
# 使用Keras的自带工具将标签数据转换成二值数据格式，以方便模型训练
y_train = keras.utils.to_categorical(y_train, 10)
y_test = keras.utils.to_categorical(y_test, 10)

#打印结果
print("Training data's label shape, after transformation: ", y_train.
shape)
print("The first 3 labels for training, after transformation: \n", y_
train[:3])
```

运行结果如下。

```
Training data's label shape, after transformation:  (60000, 10)
The first 3 labels for training, after transformation:
[[0. 0. 0. 0. 0. 1. 0. 0. 0. 0.]
 [1. 0. 0. 0. 0. 0. 0. 0. 0. 0.]
 [0. 0. 0. 0. 1. 0. 0. 0. 0. 0.]]
```

18.1.3　定义模型结构

接下来可以定义神经网络的结构了，即定义神经层的层数，以及每一层的神经元数量和神经元之间的连接方式。

1.使用序贯模型构建神经网络

```
#导入所需的模块和函数，Sequential是Keras中构建神经网络的序贯模型
import keras
from keras.models import Sequential
from keras.layers import Dense, Dropout, Flatten
from keras.layers import Conv2D, MaxPooling2D
```

2.逐层构建网络

```
model = Sequential()#初始化序贯模型
model.add(Conv2D(32, kernel_size=(3, 3),
                 activation='relu',
                 input_shape=(28,28,1)))#二维卷积层
model.add(Conv2D(64, (3, 3), activation='relu'))#二维卷积层
model.add(MaxPooling2D(pool_size=(2, 2)))#最大池化层
model.add(Dropout(0.25))#dropout层
model.add(Flatten())#Flatten层，把Tensor转换成一维形式
model.add(Dense(128, activation='relu'))#定义全连接层
model.add(Dropout(0.5))#定义Dropout层
model.add(Dense(10, activation='softmax'))#定义输出层
model.summary()#查看模型结构
```

运行结果如下。

```
Layer (type)                      Output Shape              Param #
=================================================================
conv2d_3 ( Conv2D)                (None,26,26,32)           320

conv2d_4 ( Conv2D)                (None,24,24,64)           18496

max_ pooling2d_2 (MaxPooling2     (None,12,12,64)           0

dropout_3 (Dropout)               (None,12,12,64)           0

flatten_2 (Flatten)               (None,9216)               0

dense_2 (Dense)                   (None, 128)               1179776

dropout_4(Dropout)                (None, 128)               0

dense_ 3(Dense )                  (None, 10)                1290
=================================================================
Total params: 1,199,882
Trainable params: 1,199,882
Non-trainable params: 0
```

18.1.4 编译模型

接下来将定义用于训练模型参数的损失函数、优化器和评估矩阵。

```
#以下编译过程定义了交叉熵损失函数和Adadelta优化器（一种比Adagrad更健壮的优化器），
并以精度作为训练和测试过程的评估
model.compile(loss=keras.losses.categorical_crossentropy,
            optimizer=keras.optimizers.Adadelta(),
            metrics=['accuracy'])
```

18.1.5 训练模型

训练模型需要花费一些时间，并且占用比较大的计算资源（CPU/GPU 和内存），具体时间和资源的大小与模型的复杂度、训练集大小以及前面步骤中参数和优化器的选择有关。

```
model.fit(x_train, y_train,
        batch_size=128,
        epochs=12,
        verbose=1,
        validation_data=(x_test, y_test))
```

运行结果如下。

```
Train on 60000 samples, validate on 10000 samples
```

```
Epoch 1/12
60000/60000 [==============================] - 265s 4ms/step - loss:
0.2741 - accuracy: 0.9154 - val_loss: 0.0556 - val_accuracy: 0.9815
Epoch 2/12
60000/60000 [==============================] - 264s 4ms/step - loss:
0.0902 - accuracy: 0.9731 - val_loss: 0.0402 - val_accuracy: 0.9865
Epoch 3/12
60000/60000 [==============================] - 293s 5ms/step - loss:
0.0635 - accuracy: 0.9817 - val_loss: 0.0355 - val_accuracy: 0.9879
Epoch 4/12
60000/60000 [==============================] - 311s 5ms/step - loss:
0.0534 - accuracy: 0.9843 - val_loss: 0.0311 - val_accuracy: 0.9890
Epoch 5/12
60000/60000 [==============================] - 308s 5ms/step - loss:
0.0462 - accuracy: 0.9862 - val_loss: 0.0303 - val_accuracy: 0.9895
Epoch 6/12
60000/60000 [==============================] - 311s 5ms/step - loss:
0.0399 - accuracy: 0.9879 - val_loss: 0.0269 - val_accuracy: 0.9910
Epoch 7/12
60000/60000 [==============================] - 312s 5ms/step - loss:
0.0379 - accuracy: 0.9881 - val_loss: 0.0271 - val_accuracy: 0.9914
Epoch 8/12
60000/60000 [==============================] - 309s 5ms/step - loss:
0.0326 - accuracy: 0.9898 - val_loss: 0.0304 - val_accuracy: 0.9909
Epoch 9/12
60000/60000 [==============================] - 309s 5ms/step - loss:
0.0329 - accuracy: 0.9898 - val_loss: 0.0273 - val_accuracy: 0.9919
Epoch 10/12
60000/60000 [==============================] - 313s 5ms/step - loss:
0.0287 - accuracy: 0.9912 - val_loss: 0.0251 - val_accuracy: 0.9920
Epoch 11/12
60000/60000 [==============================] - 313s 5ms/step - loss:
0.0277 - accuracy: 0.9916 - val_loss: 0.0254 - val_accuracy: 0.9918
Epoch 12/12
60000/60000 [==============================] - 310s 5ms/step - loss:
0.0259 - accuracy: 0.9919 - val_loss: 0.0294 - val_accuracy: 0.9909
```

以上结果显示了每一轮训练所花费的时间，以及在测试集和验证集上的精度和损失。

18.1.6　模型评估

计算损失值及准确率，代码如下。

```
score = model.evaluate(x_test, y_test, verbose=0)
print('Test loss:', score[0])
print('Test accuracy:', score[1])
```

输出结果如下。

```
Test loss: 0.025504746122982397
Test accuracy: 0.9914
```

最后，给出完整代码，以供读者参考。更多官方示例可以参考 Keras 官方网站。

```python
# -*- coding: utf-8 -*-
import keras
from keras.datasets import mnist
from keras.models import Sequential
from keras.layers import Dense, Dropout, Flatten
from keras.layers import Conv2D, MaxPooling2D
from keras import backend as K

#类别数量，它决定了输出层的神经元数量
num_classes = 10

#批次大小
batch_size = 128

#训练轮数
epochs = 12

# 确定输入图像的维度
img_rows, img_cols = 28, 28

#使用load_data，在导入数据时可以把测试集与训练集直接分开
(x_train, y_train), (x_test, y_test) = mnist.load_data()

#使用backend后台的K.image_data_format()获取通道在通道中的位置是一个不错的选择
if K.image_data_format() == 'channels_first':
    x_train = x_train.reshape(x_train.shape[0], 1, img_rows, img_cols)
    x_test = x_test.reshape(x_test.shape[0], 1, img_rows, img_cols)
    input_shape = (1, img_rows, img_cols)
else:
    x_train = x_train.reshape(x_train.shape[0], img_rows, img_cols, 1)
    x_test = x_test.reshape(x_test.shape[0], img_rows, img_cols, 1)
    input_shape = (img_rows, img_cols, 1)

#数据类型转换
x_train = x_train.astype('float32')
x_test = x_test.astype('float32')
x_train /= 255
x_test /= 255

#打印形状
print('x_train shape:', x_train.shape)
print(x_train.shape[0], 'train samples')
print(x_test.shape[0], 'test samples')

# 把一维的类别向量转化成二值向量形式
```

```
y_train = keras.utils.to_categorical(y_train, num_classes)
y_test = keras.utils.to_categorical(y_test, num_classes)

#初始化模型
model = Sequential()

#逐层添加神经层
model.add(Conv2D(32, kernel_size=(3, 3),
                 activation='relu',
                 input_shape=input_shape))
model.add(Conv2D(64, (3, 3), activation='relu'))
model.add(MaxPooling2D(pool_size=(2, 2)))
model.add(Dropout(0.25))
model.add(Flatten())
model.add(Dense(128, activation='relu'))
model.add(Dropout(0.5))
model.add(Dense(num_classes, activation='softmax'))

#模型编译，定义了交叉熵损失、优化器和精度指标
model.compile(loss=keras.losses.categorical_crossentropy,
              optimizer=keras.optimizers.Adadelta(),
              metrics=['accuracy'])

#开始训练
model.fit(x_train, y_train,
          batch_size=batch_size,
          epochs=epochs,
          verbose=1,
          validation_data=(x_test, y_test))

#模型评估
score = model.evaluate(x_test, y_test, verbose=0)
print('Test loss:', score[0])
print('Test accuracy:', score[1])

#使用Matplotlib简单可视化
import Matplotlib.pyplot as plt
# 列出history中的所有关键字
print(history.history.keys())
# 显示accuracy
plt.plot(history.history['acc'])
plt.plot(history.history['val_acc'])
plt.title('model accuracy')
plt.ylabel('accuracy')
plt.xlabel('epoch')
plt.legend(['train', 'test'], loc='upper left')
plt.show()
# 显示loss
plt.plot(history.history['loss'])
```

```
plt.plot(history.history['val_loss'])
plt.title('model loss')
plt.ylabel('loss')
plt.xlabel('epoch')
plt.legend(['train', 'test'], loc='upper left')
plt.show()
```

运行结果如下，可视化图片如图 18-2 和图 18-3 所示。

```
Train on 60000 samples, validate on 10000 samples
Epoch 1/12
60000/60000 [==============================] - 265s 4ms/step - loss:
0.2741 - accuracy: 0.9154 - val_loss: 0.0556 - val_accuracy: 0.9815
Epoch 2/12
60000/60000 [==============================] - 264s 4ms/step - loss:
0.0902 - accuracy: 0.9731 - val_loss: 0.0402 - val_accuracy: 0.9865
Epoch 3/12
60000/60000 [==============================] - 293s 5ms/step - loss:
0.0635 - accuracy: 0.9817 - val_loss: 0.0355 - val_accuracy: 0.9879
Epoch 4/12
60000/60000 [==============================] - 311s 5ms/step - loss:
0.0534 - accuracy: 0.9843 - val_loss: 0.0311 - val_accuracy: 0.9890
Epoch 5/12
60000/60000 [==============================] - 308s 5ms/step - loss:
0.0462 - accuracy: 0.9862 - val_loss: 0.0303 - val_accuracy: 0.9895
Epoch 6/12
60000/60000 [==============================] - 311s 5ms/step - loss:
0.0399 - accuracy: 0.9879 - val_loss: 0.0269 - val_accuracy: 0.9910
Epoch 7/12
60000/60000 [==============================] - 312s 5ms/step - loss:
0.0379 - accuracy: 0.9881 - val_loss: 0.0271 - val_accuracy: 0.9914
Epoch 8/12
60000/60000 [==============================] - 309s 5ms/step - loss:
0.0326 - accuracy: 0.9898 - val_loss: 0.0304 - val_accuracy: 0.9909
Epoch 9/12
60000/60000 [==============================] - 309s 5ms/step - loss:
0.0329 - accuracy: 0.9898 - val_loss: 0.0273 - val_accuracy: 0.9919
Epoch 10/12
60000/60000 [==============================] - 313s 5ms/step - loss:
0.0287 - accuracy: 0.9912 - val_loss: 0.0251 - val_accuracy: 0.9920
Epoch 11/12
60000/60000 [==============================] - 313s 5ms/step - loss:
0.0277 - accuracy: 0.9916 - val_loss: 0.0254 - val_accuracy: 0.9918
Epoch 12/12
60000/60000 [==============================] - 310s 5ms/step - loss:
0.0259 - accuracy: 0.9919 - val_loss: 0.0294 - val_accuracy: 0.9909
Test loss: 0.029395758952204414
Test accuracy: 0.9908999800682068
```

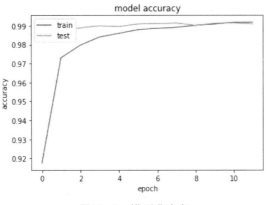

图18-2 模型准确率

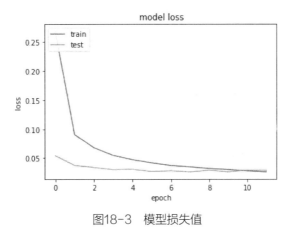

图18-3 模型损失值

18.2 实例2：用预训练模型识别图像

18.2.1 Keras中基于ImageNet的预训练模型

ImageNet 是一个 WordNet 结构的图像数据库。WordNet 中的每个概念都是一个同义词集合（synonym set / synset），在 WordNet 中有超过 10 万个同义词集合，其中有超过 8 万个是名词。

Keras 中的 keras.applications 模块包括很多常见的深度学习模型，这些模型的参数是在 ImageNet 数据集中训练好的（pre-trained weights）。可以直接使用这些模型做预测，也可以用其做特征提取。

目前，Keras 自带的预训练深度学习模型包括以下几种。

（1）Xception。

（2）VGG16。

（3）VGG19。

（4）ResNet, ResNetV2, ResNeXt。

（5）InceptionV3。

（6）InceptionResNetV2。

（7）MobileNet。

（8）MobileNetV2。

（9）DenseNet。

（10）NASNet。

这些模型的权重参数会在模型初始化时自动下载，默认会存放在 ~/.keras/models/ 中。

18.2.2　使用VGG16预训练模型实现图像识别

VGG 是 由 Simonyan 和 Zisserman 在 文 献 *Very Deep Convolutional Networks for Large Scale Image Recognition* 中提出卷积神经网络模型，其名称是作者所在的牛津大学视觉几何组 Visual Geometry Group 的缩写。常见的 VGG 网络有 VGG16 和 VGG19, 其中的 16 和 19 就是神经网络的层数。以下代码实现了模型的初始化定义。

```
# 在Keras的applications模块中导入VGG16模型
from keras.applications.vgg16 import VGG16

#初始化VGG16模型
model = VGG16(weights='imagenet', include_top=True)
```

以上语句中，weights='imagenet' 指定了使用 ImageNet 数据集的预训练模型；include_top=True 则表示包含 VGG16 模型最后的 3 个隐藏层。为了便于理解，来看一下当前的模型结构。

```
#查看模型结构
model.summary()
```

结果输出如下。

Layer (type)	Output Shape	Param #
input_12 (InputLayer)	(None, 224, 224, 3)	0
block1_conv1 (Conv2D)	(None, 224, 224, 64)	1792
block1_conv2 (Conv2D)	(None, 224, 224, 64)	36928
block1_pool (MaxPooling2D)	(None, 112, 112, 64)	0
block2_conv1 (Conv2D)	(None, 112, 112, 128)	73856

block2_conv2 (Conv2D)	(None, 112, 112, 128)	147584
block2_pool (MaxPooling2D)	(None, 56, 56, 128)	0
block3_conv1 (Conv2D)	(None, 56, 56, 256)	295168
block3_conv2 (Conv2D)	(None, 56, 56, 256)	590080
block3_conv3 (Conv2D)	(None, 56, 56, 256)	590080
block3_pool (MaxPooling2D)	(None, 28, 28, 256)	0
block4_conv1 (Conv2D)	(None, 28, 28, 512)	1180160
block4_conv2 (Conv2D)	(None, 28, 28, 512)	2359808
block4_conv3 (Conv2D)	(None, 28, 28, 512)	2359808
block4_pool (MaxPooling2D)	(None, 14, 14, 512)	0
block5_conv1 (Conv2D)	(None, 14, 14, 512)	2359808
block5_conv2 (Conv2D)	(None, 14, 14, 512)	2359808
block5_conv3 (Conv2D)	(None, 14, 14, 512)	2359808
block5_pool (MaxPooling2D)	(None, 7, 7, 512)	0
flatten (Flatten)	(None, 25088)	0
fc1 (Dense)	(None, 4096)	102764544
fc2 (Dense)	(None, 4096)	16781312
predictions (Dense)	(None, 1000)	4097000

```
=================================================================
Total params: 138,357,544
Trainable params: 138,357,544
Non-trainable params: 0
```

同样的道理，如果使用 include_top=False，则在上面的模型结构中将不包含最后的 3 个全连接层，即 fc1、fc2 和 predictions 这 3 层不会被加载。

18.2.3 导入数据

为了便于图像数据的处理，可以用 load_img 方法读取数据。

```
#导入图像
```

```
img_path = os.path.join("./data", "dog2.png")
img = image.load_img(img_path, target_size=(224, 224))
plt.imshow(img)
```

运行结果如图 18-4 所示。

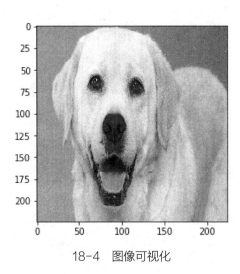

18-4　图像可视化

18.2.4　完整代码

最后，给出完整的代码示例。

```
#导入所需模块
from keras.applications.vgg16 import VGG16
from keras.preprocessing import image
from keras.applications.vgg16 import preprocess_input,decode_predictions
import numpy as np
import os
import Matplotlib.pyplot as plt

#初始化模型
model = VGG16(weights='imagenet', include_top=True)
#查看模型结构
model.summary()

#导入图像
img_path = os.path.join("./data", "dog2.png")
img = image.load_img(img_path, target_size=(224, 224))
plt.imshow(img)

#预处理
x = image.img_to_array(img)  #Image对象转换成numpy array对象
x = np.expand_dims(x, axis=0)#使用numpy数组函数扩充维度, (224, 224, 3)->(1,
224, 224, 3)
```

```
#预处理vgg16适合的输入形式
x = preprocess_input(x)

#预测
features = model.predict(x)
# 使用decode_predictions把预测结果翻译成容易读懂的(class, description, prob-
ability)形式
print('Predicted:', decode_predictions(features, top=3)[0])
```

输出结果如下。

```
Predicted: [('n02099712', 'Labrador_retriever', 0.5489821),
('n02099601', 'golden_retriever', 0.21152735), ('n02104029', 'kuvasz',
0.14331575)]
```

模型正确地识别了图像内容：拉布拉多寻回犬。

18.3 后续思考

除 VGG 预训练模型外，Keras 还提供了很多其他预训练模型，如 ResNet、Inception 预训练模型，读者可尝试用这些预先训练模型完成本节内容。

18.4 小结

本章先通过具体的手写数字识别问题，介绍了如何使用 Keras 逐步建模、训练、评估，直到最终实现手写数字的预测。然后使用迁移学习方法，用一个预训练模型进行图像识别。第 19 章将进一步说明如何使用迁移学习方法。

第19章

用Keras实现迁移学习

第18章讲述了如何使用Keras实现最基本的分类任务，利用预训练模型来进行分类或预测，是深度学习中的重要内容。第18章还介绍了一个迁移学习的简单实例，本章将进一步介绍迁移学习的有关概念，以及如何使用迁移学习方法等，具体涉及以下内容。

- ■ 如何发挥小数据的潜力
- ■ 迁移学习简介
- ■ 迁移学习常用方法
- ■ 实例：用Keras实现迁移学习

19.1 问题：如何发挥小数据的潜力？

深度神经网络模型有数百万甚至数亿的参数数量，训练一个神经网络的目的就是找到这些参数的优化解。在求解线性方程组的时候，如果有 3 个未知数，则需要 3 个等式；如果只有 2 个等式，则第 3 个未知数只能得到一个范围（或近似估计）。同样的道理，要找到深度神经网络模型中的参数的最优解，则需要大量甚至海量的数据来做训练集；如果只有少量数据，将只能得到粗略的近似解，而这当然不是我们想要的。

在实践中遇到的问题很难有海量的标签数据供我们做训练，即使有这样的数据，也需要在一个性能还算不错的 CPU 或 GPU 集群上训练数周的时间。

为让大家少走些弯路，很多的研究组织和机构很慷慨地公布了他们用海量数据的复杂任务（例如数千个标签的分类任务）训练过的模型，这些模型都是在强大的 GPU 集群上基于海量图像数据训练了几十甚至上百个小时的结果。这些训练过的模型包含了解决一般问题（抽取一般特征）的能力，可以基于这些模型继续改造或训练，来完成遇到的具体问题。这正是实践中用"小数据"获取高效率的方法。

19.2 迁移学习简介

在机器学习中，假设已经基于之前的任务训练过一个深度神经网络模型，并且这个模型在实践中表现还不错，现在有个新任务，需要基于之前的模型去开发一个新的模型来满足新任务的需求，这就是迁移学习。

以卷积神经网络为例，如图 19-1 所示，典型的卷积神经网络一般主要由前面的卷积层和池化层以及后面的全连接层构成。训练过的深度神经网络的卷积层就像是一个特征抽取器，具有解读图像的"一般能力"，比如能够识别边缘、几何形状、视觉形状、光照变化等；而后面的全连接层通常学习到的是和具体的分类任务有关的东西，比如什么样的特征组合判定为狗，什么样的特征组合判定为猫。一般而言，在卷积层部分，靠前的卷积层总会学习到更一般的特征，而靠后的卷积层会学习到相对具体的特征。

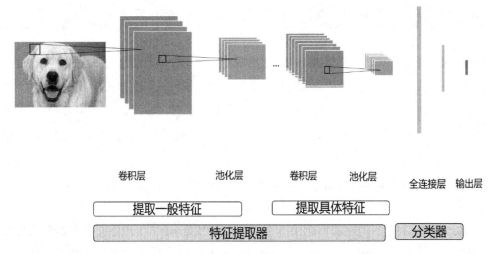

卷积层   池化层   卷积层   池化层   全连接层 输出层

提取一般特征   提取具体特征

特征提取器   分类器

图19-1　预训练的卷积神经网络

迁移学习的一种常见方式是，用训练过的模型前面的卷积网络部分作为特征提取器，而替换掉后面的全连接层，然后基于新的数据集重新训练后面全连接层的参数，以满足新的分类任务。

19.3　迁移学习常用方法

事实上，只有在极少数情况下会选择从头开始训练整个卷积神经网络（也就是从随机的初始权重参数开始训练）。相反，通常会使用经过良好训练的模型，比如在 ImageNet 上取得良好效果的训练模型，用其直接作为初始化参数，或者将其当作特征抽取器。一般的迁移学习从应用方法上讲包含以下两种情况。

19.3.1　将卷积神经网络作为特征抽取器

将卷积神经网络作为特征抽取器的情况比较常见，比如下载 ImageNet 上的预训练卷积神经网络，移除后面的全连接层，仅用前面的卷积部分来提取特征。根据新任务重新添加新的全连接层，在训练过程中固定整个神经网络的卷积部分，仅训练全连层的权重参数，以达到减少所需样本数量并减小训练成本的目的，相关过程如图 19-2 所示。

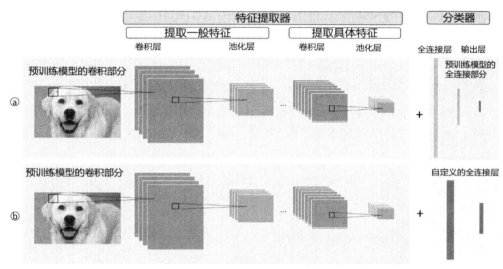

图19-2　作为特征提取器的预训练卷积神经网络

19.3.2　微调卷积部分

微调卷积部分不仅仅是替换并重新训练模型顶层的全连接部分，还要在训练过程中通过后向传播微调卷积部分的权重参数。这种方式可以微调整个卷积部分的参数（如图 19-3-d 所示），也可以保持卷积部分的前面部分，仅微调后面的部分（如图 19-3-c 所示）。后者为卷积神经网络前面的卷积层保留了更加一般的特征，而后面的卷积层提取了与具体分类任务更加相关的具体特征。

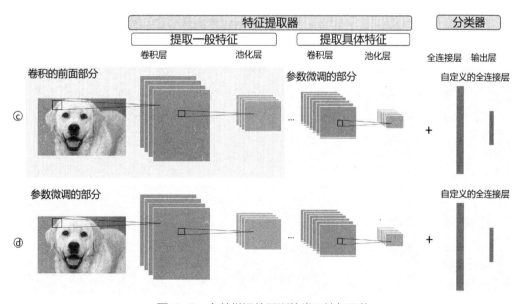

图19-3　参数微调的预训练卷积神经网络

那么应该根据什么样的原则来选择合适的神经网络模型呢？有两个重要的因素需要考虑：第一，新的数据集是否有足够多的高质量、带标签的数据可以作为训练集；第二，新的数据集和要解决的问题与所选的预训练模型在被训练时的相似程度。同时，应该综合考虑深度卷积神经网络的特征，即前面的卷积层学习了更一般的特征，后面的卷积层学习了相对具体的特征。

迁移学习可以使用 Keras 提供的 API 完成。以 VGG16 模型为例，加载模型时使用 include_top=False 就可以只加载具有特征提取功能的卷积部分，而舍去具体把 ImagetNet 中的图像分到 1000 个类别中这种具体任务的全连接层。

迁移学习是深度学习的一种具体形式，其主要实现过程可以用图 19-4 表示。

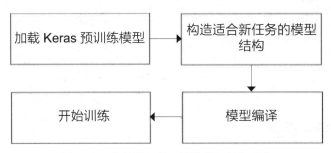

图19-4　参数微调的预训练卷积神经网络

接下来将介绍如何在 Keras 中构建新的模型结构，解决现实中的实际分类问题。

19.4　实例：用Keras实现迁移学习

本例来解决一个很常见的问题，即深度神经网络如何把一张图片识别为猫或狗。本例中使用的这个数据集可以在 Kaggle 的官方网站 (https://www.kaggle.com/tongpython/cat-and-dog) 下载。

还是以较简单的 VGG16 来说明这一过程。首先要加载预训练的 VGG16，这里使用 include_top=False，即不包含顶部的连接层。

19.4.1　下载数据

先来下载数据，代码如下。

```
#导入applications模块，这个模块中包含了根据ImageNet预训练的权重模型
from keras import applications
#使用include_top=False，仅加载具有分类作用的卷积部分，不包含主要承担分类作用的全连接层
img_width, img_height = 224, 224
model = applications.VGG16(weights = "imagenet", include_top=False,
```

```
input_shape = (img_width, img_height, 3))
```

```
#查看模型结构
model.summary()
```

运行结果如下。

```
Model: "vgg16"
```

Layer (type)	Output Shape	Param #
input_1 (InputLayer)	[(None, 224, 224, 3)]	0
block1_conv1 (Conv2D)	(None, 224, 224, 64)	1792
block1_conv2 (Conv2D)	(None, 224, 224, 64)	36928
block1_pool (MaxPooling2D)	(None, 112, 112, 64)	0
block2_conv1 (Conv2D)	(None, 112, 112, 128)	73856
block2_conv2 (Conv2D)	(None, 112, 112, 128)	147584
block2_pool (MaxPooling2D)	(None, 56, 56, 128)	0
block3_conv1 (Conv2D)	(None, 56, 56, 256)	295168
block3_conv2 (Conv2D)	(None, 56, 56, 256)	590080
block3_conv3 (Conv2D)	(None, 56, 56, 256)	590080
block3_pool (MaxPooling2D)	(None, 28, 28, 256)	0
block4_conv1 (Conv2D)	(None, 28, 28, 512)	1180160
block4_conv2 (Conv2D)	(None, 28, 28, 512)	2359808
block4_conv3 (Conv2D)	(None, 28, 28, 512)	2359808
block4_pool (MaxPooling2D)	(None, 14, 14, 512)	0
block5_conv1 (Conv2D)	(None, 14, 14, 512)	2359808
block5_conv2 (Conv2D)	(None, 14, 14, 512)	2359808
block5_conv3 (Conv2D)	(None, 14, 14, 512)	2359808
block5_pool (MaxPooling2D)	(None, 7, 7, 512)	0

```
Total params: 14,714,688
```

```
Trainable params: 14,714,688
Non-trainable params: 0
```

可以看到，加载的模型并不包含全连接层。另外，全部的 14714688 个参数均为可训练参数，这意味着在训练过程中所有的权重参数都会被更新。本例使用图 19-3 中的 c 方案，所以训练中需要固定网络中的部分参数，在 Keras 中，可以指定某些神经网络层的属性 trainable = False 来实现。

19.4.2　冻结不更新的层

冻结不更新的层，代码如下。

```
# 固定住不准备进一步训练的神经层. 这里先固定前10层
for layer in model.layers[:11]:
    layer.trainable = False
```

接下来就可以构造模型中所需要的全连接层了，新构造的连接层在新的任务（例如本例中的分类任务）中将承担分类作用。

19.4.3　导入需要的模块

导入需要的模块，代码如下。

```
#导入需要的各个函数和模块
from keras.models import Sequential, Model
from keras.layers import Dropout, Flatten, Dense, GlobalAveragePooling2
D,BatchNormalization,Activation
```

19.4.4　添加一些层

添加一些层，代码如下。

```
#添加全连接层，构建新的分类器
#VGG16的第11层，即block3_pool，是一个具有256个通道的特征层，这里对其中的神经元重
新排列，以便后面添加全连接层
x = model.output
x = Flatten()(x)

#添加两个全连接隐藏层
x = Dense(4096, activation="relu")(x)
x = Dense(1024, activation="relu")(x)

#输出层，使用softmax
predictions = Dense(2, activation="softmax")(x)

#完成整个网络模型
```

```
model_final = Model(input = model.input, output = predictions)
```

上面的代码中，首先使用 Flatten 函数将模型 VGG16 特征层的输出结果重新排列，将多个二维数组转化成一维长数组，然后添加两个隐藏层和输出层，最后通过使用 Model 函数指定输入和输出来完成模型的构建。

```
#完成整个网络模型
model_final.summary()
```

运行结果如下。

Layer (type)	Output Shape	Param #
input_1 (InputLayer)	[(None, 224, 224, 3)]	0
block1_conv1 (Conv2D)	(None, 224, 224, 64)	1792
block1_conv2 (Conv2D)	(None, 224, 224, 64)	36928
block1_pool (MaxPooling2D)	(None, 112, 112, 64)	0
block2_conv1 (Conv2D)	(None, 112, 112, 128)	73856
block2_conv2 (Conv2D)	(None, 112, 112, 128)	147584
block2_pool (MaxPooling2D)	(None, 56, 56, 128)	0
block3_conv1 (Conv2D)	(None, 56, 56, 256)	295168
block3_conv2 (Conv2D)	(None, 56, 56, 256)	590080
block3_conv3 (Conv2D)	(None, 56, 56, 256)	590080
block3_pool (MaxPooling2D)	(None, 28, 28, 256)	0
block4_conv1 (Conv2D)	(None, 28, 28, 512)	1180160
block4_conv2 (Conv2D)	(None, 28, 28, 512)	2359808
block4_conv3 (Conv2D)	(None, 28, 28, 512)	2359808
block4_pool (MaxPooling2D)	(None, 14, 14, 512)	0
block5_conv1 (Conv2D)	(None, 14, 14, 512)	2359808
block5_conv2 (Conv2D)	(None, 14, 14, 512)	2359808
block5_conv3 (Conv2D)	(None, 14, 14, 512)	2359808

```
block5_pool (MaxPooling2D)      (None, 7, 7, 512)        0
flatten_1 (Flatten)             (None, 25088)            0
dense_1 (Dense)                 (None, 4096)             102764544
dense_2 (Dense)                 (None, 1024)             4195328
dense_3 (Dense)                 (None, 2)                2050
================================================================
Total params: 121,676,610
Trainable params: 119,941,122
Non-trainable params: 1,735,488
```

从结构上来看，最终的模型包含 VGG16 的卷积部分以及自定义的神经层，包括 flatten_1, dense_1, dense_2, dense_3 四层（注意，这四层的名字可能会不同，可以通过显示指定的方式命名）。其中，flatten_1 不包含任何可训练参数，dense_1 的参数为 102764544（=25088*4096+4096），即 102760448 个 w 和 4096 个 b，均为可训练参数。同理，dense_2 中包含 4195328（4096*1024 + 1024）个可训练参数，dense_3 包含 2050（=1024*2+2）个可训练参数。这些自定义的可训练参数加上从 block4_conv1 层至 block5_pool 层（除去前 11 层之后的卷积部分），即为全部的可训练参数。

19.4.5　编译损失函数

接下来仍然是通过模型编译指定损失函数等，代码如下。

```
# 编译模型
from keras import optimizers
model_final.compile(loss = "categorical_crossentropy", optimizer =
optimizers.SGD(lr=0.0001, momentum=0.9), metrics=["accuracy"])
```

19.4.6　图像增强

在使用图像训练模型之前，可以先在训练集和测试集上使用图像增强（image augmentation）的方法。

```
# 初始化训练集和测试集，并使用图像增强方法
from keras.preprocessing.image import ImageDataGenerator
train_datagen = ImageDataGenerator(
rescale = 1./255,
horizontal_flip = True,
fill_mode = "nearest",
zoom_range = 0.3,
width_shift_range = 0.3,
height_shift_range=0.3,
rotation_range=30)

test_datagen = ImageDataGenerator(
rescale = 1./255,
```

```
horizontal_flip = True,
fill_mode = "nearest",
zoom_range = 0.3,
width_shift_range = 0.3,
height_shift_range=0.3,
rotation_range=30)
```

　　ImageDataGenerator API 可以实时使用数据增强，成批次地产生张量形式的图像数据。关于 ImageDataGenerator 的全部参数可以参考 Keras 官方网站，这里仅对上面用到的部分参数做简单的解释。rescale 是尺度调整参数，表示在原来数值的基础上乘以 rescal 的值；horizontal_flip 是布尔值，表示是否水平翻转；fill_mode 指定当超出输入图像的边界时应该采用什么方式填充，可选值有 constant（常数填充）， nearest（最近填充），reflect（镜像填充）或 wrap（重复填充）；zoom_range 表示随机变焦量的范围；width_shift_range 和 height_shift_range 表示随机沿着水平和竖直方向的平移；rotation_range 表示随机旋转角度的范围。

```
#指定数据文件位置等
train_data_dir = './data/train'
validation_data_dir = './data/test'
batch_size = 100

#使用flow_from_directory方法产生数据
train_generator = train_datagen.flow_from_directory(
train_data_dir,
target_size = (img_height, img_width),
batch_size = batch_size,
class_mode = "categorical",
seed=999)

#使用flow_from_directory方法产生数据
validation_generator = test_datagen.flow_from_directory(
validation_data_dir,
target_size = (img_height, img_width),
class_mode = "categorical",
seed=999)
```

　　因为训练集和测试集中的图像组织形式都是按类别的子文件夹的形式组织的，使用 flow_from_directory 的方式会自动把子文件夹的名字当作其中图像的标签。

　　在正式开始训练之前，需要定义训练终止条件以及检查点。

```
from keras.callbacks import ModelCheckpoint, EarlyStopping
# 根据指定条件自动保存模型
checkpoint = ModelCheckpoint("vgg16_dog_cat.h5", monitor='val_acc', ver-
bose=1, save_best_only=True, save_weights_only=False, mode='auto',
period=1)
#在预设的训练轮数的基础上提前终止的条件
early = EarlyStopping(monitor='val_acc', min_delta=0, patience=10,
verbose=1, mode='auto')
```

19.4.7 训练模型

根据预设条件，读取数据并开始训练模型，可以把训练过程保存在变量中，以便后期查看训练历史等。

```
# 训练模型
fit_history = model_final.fit_generator(
train_generator,
steps_per_epoch = 5,
epochs = epochs,
validation_data = validation_generator,
validation_steps = 5,
callbacks = [checkpoint, early])
```

19.4.8 可视化训练过程

训练结束后，可以通过以下代码可视化训练历史。

```
#可视化训练过程
import Matplotlib.pyplot as plt
plt.figure(1, figsize = (15,8))

plt.subplot(221)
plt.plot(fit_history.history['acc'])
plt.plot(fit_history.history['val_acc'])
plt.title('model accuracy')
plt.ylabel('accuracy')
plt.xlabel('epoch')
plt.legend(['train', 'valid'])

plt.subplot(222)
plt.plot(fit_history.history['loss'])
plt.plot(fit_history.history['val_loss'])
plt.title('model loss')
plt.ylabel('loss')
plt.xlabel('epoch')
plt.legend(['train', 'valid'])

plt.show()
```

运行结果如图 19-5 所示。

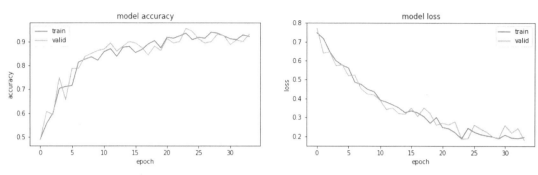

图19-5　精度及损失在训练过程中的变化趋势

19.4.9　完整代码

下面给出完整的代码，以便读者参考。

```
# -*- coding: utf-8 -*-
from keras import applications
from keras.preprocessing.image import ImageDataGenerator
from keras import optimizers
from keras.models import Model
from keras.layers import Flatten, Dense
from keras.callbacks import ModelCheckpoint, EarlyStopping

img_width, img_height = 224, 224
train_data_dir = './data/dog_cat/training_set'
validation_data_dir = './data/dog_cat/test_set'

batch_size = 100
epochs = 50

#模型加载
model = applications.VGG16(weights = "imagenet", include_top=False,
input_shape = (img_width, img_height, 3))

#卷积部分的前部分表示一般特征，设置为不可被训练
for layer in model.layers[:11]:
    layer.trainable = False

#添加自定义的网络结构
x = model.output
x = Flatten()(x)
x = Dense(4096, activation="relu")(x)
x = Dense(1024, activation="relu")(x)
predictions = Dense(2, activation="softmax")(x)

# 完成模型构建
model_final = Model(input = model.input, output = predictions)
```

```
# 模型编译
model_final.compile(loss = "categorical_crossentropy", optimizer = opti-
mizers.SGD(lr=0.0001, momentum=0.9), metrics=["accuracy"])

# 使用数据增广初始化输入
train_datagen = ImageDataGenerator(
rescale = 1./255,
horizontal_flip = True,
fill_mode = "nearest",
zoom_range = 0.3,
width_shift_range = 0.3,
height_shift_range=0.3,
rotation_range=30)

test_datagen = ImageDataGenerator(
rescale = 1./255,
horizontal_flip = True,
fill_mode = "nearest",
zoom_range = 0.3,
width_shift_range = 0.3,
height_shift_range=0.3,
rotation_range=30)

train_generator = train_datagen.flow_from_directory(
train_data_dir,
target_size = (img_height, img_width),
batch_size = batch_size,
class_mode = "categorical",
seed=999)

validation_generator = test_datagen.flow_from_directory(
validation_data_dir,
target_size = (img_height, img_width),
class_mode = "categorical",
seed=999)

# 设定训练终止条件
checkpoint = ModelCheckpoint("vgg16_dog_cat_only_full_connect.h5",
monitor='val_acc', verbose=1, save_best_only=True, save_weights_only=-
False, mode='auto', period=1)
early = EarlyStopping(monitor='val_acc', min_delta=0, patience=10,
verbose=1, mode='auto')

# 模型训练
fit_history = model_final.fit_generator(
train_generator,
steps_per_epoch = 5,
epochs = epochs,
```

```
validation_data = validation_generator,
validation_steps = 5,
callbacks = [checkpoint, early])

# 可视化结果
import Matplotlib.pyplot as plt
plt.figure(1, figsize = (15,8))

plt.subplot(221)
plt.plot(fit_history.history['acc'])
plt.plot(fit_history.history['val_acc'])
plt.title('model accuracy')
plt.ylabel('accuracy')
plt.xlabel('epoch')
plt.legend(['train', 'valid'])

plt.subplot(222)
plt.plot(fit_history.history['loss'])
plt.plot(fit_history.history['val_loss'])
plt.title('model loss')
plt.ylabel('loss')
plt.xlabel('epoch')
plt.legend(['train', 'valid'])
plt.show()
```

19.5 后续思考

大家可以尝试改变卷积部分可训练参数的层数、全连接层的其他结构，以及使用图像数据增强方式等，或使用其他模型（例如 VGG19、ResNet 等）重复上述过程。

19.6 小结

本章从现实中的具体问题出发，当没有足够的数据、计算资源和时间来从零开始学习整个神经网络的情况下，迁移学习是一个不错的选择。随后，简单介绍了迁移学习的一般原理和常用方法，并讲述了预训练权重模型的特征提取方法及其在迁移学习中的运用。最后，用 Keras 实现了一个数据迁移实例。接下来的第 20 章将介绍风格迁移。

第20章

用Keras实现风格迁移

　　风格迁移（Style Transfer）最近几年非常火，是深度学习领域很有创意的研究成果之一。它主要是通过神经网络，将一幅艺术风格画（Style Image）和一张普通的照片（Content Image）巧妙地融合，使一张图片在保持本身内容大致不变的情况下，呈现出另外一张图片的风格。

　　本章将介绍风格迁移的有关原理，然后通过实例进行详细说明，具体包括以下内容。

- 如何捕捉图像风格
- 通道与风格
- 内容损失与风格损失
- 格拉姆矩阵简介
- 实例：用Kreras实现风格迁移

20.1　问题：如何捕捉图像风格？

风格迁移是指在保留目标图像内容的基础上，将另外一张图像的风格引入目标图像，从而产生新的图像。换句话说，风格迁移既能够保持目标图像的内容，又可以保持风格图像的风格。下面用一个具体的案例来帮助读者建立直观的感受。

图 20-1 左侧是一张普通的猫咪照片，右侧是一张风景照片。

图20-1　内容图片（左）与风格图片（右）

将右侧的风景图片应用风格迁移到左侧的猫咪照片上，便产生了图 20-2 的效果。

图20-2　风格迁移后的图片

显然，图 20-2 呈现出了与图 20-1 右侧的风格图片相似的效果，包括色彩、线条和纹理等。还是相同的猫咪照片，如果迁移了梵高的《星空》，会是什么效果呢？

图20-3　内容图片（左）与风格图片（右）

可以看到，它呈现了与《星空》相似的风格，如图 20-4 所示。有没有一种梵高亲手创作的感觉呢？

图20-4　风格迁移后的图片

20.5 节将给出具体实现方式、代码和数据，现在需要思考的是，风格是如何被深度神经网络捕捉到的？又是如何应用到内容图像上的？有的读者可能已经想到了，可以通过构造适当的损失函数来实现。其实，这里的损失函数包含 3 个部分，即风格损失、内容损失和整体波动损失。20.2 节将简单介绍通道与风格，20.3 和 20.4 节将分别解释这 3 个损失函数与 Gram 矩阵。

20.2　通道与风格

我们看到的图像数据是以二维的形式展现的，这些图片有的是色彩缤纷、富有表现力的彩色图片，也有的是沉郁顿挫的黑白风格，甚至有的图片只有纯黑和纯白两种颜色。RGB 颜色模型是我们在生活中接触最多的一种颜色模型，在深度神经网络模型中也最常见。可以用 VGG16 来说明卷积神经网络的隐藏层通道与风格的关系，VGG16 的模型如图 20-5 所示。输入图像一般由 3 个通道构成，即红、绿、蓝三原色。所以，如果直接使用预训练的整个网络，输入图像的维度是 $224 \times 224 \times 3$。

```
Layer (type)                   Output Shape              Param #
=================================================================
input_6 (InputLayer)           (None, 224, 224, 3)       0

block1_conv1 (Conv2D)          (None, 224, 224, 64)      1792

block1_conv2 (Conv2D)          (None, 224, 224, 64)      36928

block1_pool (MaxPooling2D)     (None, 112, 112, 64)      0

block2_conv1 (Conv2D)          (None, 112, 112, 128)     73856

block2_conv2 (Conv2D)          (None, 112, 112, 128)     147584

block2_pool (MaxPooling2D)     (None, 56, 56, 128)       0

block3_conv1 (Conv2D)          (None, 56, 56, 256)       295168

block3_conv2 (Conv2D)          (None, 56, 56, 256)       590080

block3_conv3 (Conv2D)          (None, 56, 56, 256)       590080

block3_pool (MaxPooling2D)     (None, 28, 28, 256)       0

block4_conv1 (Conv2D)          (None, 28, 28, 512)       1180160

block4_conv2 (Conv2D)          (None, 28, 28, 512)       2359808

block4_conv3 (Conv2D)          (None, 28, 28, 512)       2359808

block4_pool (MaxPooling2D)     (None, 14, 14, 512)       0

block5_conv1 (Conv2D)          (None, 14, 14, 512)       2359808

block5_conv2 (Conv2D)          (None, 14, 14, 512)       2359808

block5_conv3 (Conv2D)          (None, 14, 14, 512)       2359808

block5_pool (MaxPooling2D)     (None, 7, 7, 512)         0

flatten (Flatten)              (None, 25088)             0

fc1 (Dense)                    (None, 4096)              102764544

fc2 (Dense)                    (None, 4096)              16781312

predictions (Dense)            (None, 1000)              4097000
=================================================================
Total params: 138,357,544
Trainable params: 138,357,544
Non-trainable params: 0
```

图20-5 VGG16的结构

连接 VGG16 输入层的第一层也就是第一个卷积层，它由 3×3 的卷积核计算得到的 64 个 224×224 的通道（Channel）构成，这些通道上的卷积结果也称为特征图。经过训练的卷积神经网络的参数具有提取图像特征的作用，这也是隐藏卷积层的通道被称为特征图的直接原因。事实上，卷积神经网络通过训练，学习到的不是如何编码图像的分类，而是如何编码图像中的特征，而且越深的神经层单元学习到的特征越具体。

　　神经层单元能够编码图像特征是实现风格迁移的基础，因为可以利用这种"编码"来构造能够度量与内容图像有差异的内容损失，也可以用来构造能够度量与风格图像有差异的风格损失。

　　假设 VGG16 的第一个卷积层的 64 个特征图学习到了简单的模式，比如有些神经元在遇到"弧线"这样的一般特征时被激活（激活函数 ReLU 的函数值明显大于 0）；而 VGG16 的第 7 层卷积在遇到"耳朵形状的轮廓"这样具体的特征时被激活。这对于深度卷积神经网络有重要的意义，我们可以使用较深的卷积层中能够代表具体内容的性质来提取图像内容，而利用靠前的卷积层中能够代表一般特征的性质来提取图像的风格特征。在 20.3 节将看到，这是构造内容损失与风格损失的基础。

20.3　内容损失与风格损失

　　从 20.1 节的两个风格迁移实例可以看到，输入图像有两个，一个是内容图像，用 C 来表示；另一个是风格图像，用 S 来表示；风格迁移产生图像用 G 来表示。本节将介绍如何构造内容损失，使图像 G 在神经网络的训练中能够学习到图像 C 的内容，以及如何构造风格损失，使神经网络最终生成的图像 G 尽可能地接近图像 S 的风格。也就是说，总的损失函数可以表示成内容损失和风格损失的加权和，如式（20-1）。

$$L_{total}(S,C,G)=\alpha L_{content}(C,G)+\beta L_{style}(S,G) \tag{20.1}$$

其中，α 和 β 分别表示两个损失部分的权重。

　　简单来说，我们需要构造合适的损失函数，它是内容图像（C）、风格图像（S）和产生的图像（G）的函数。在训练的迭代之初，G 几乎是随机噪声，但随着一次次的迭代，G 的内容会逐渐接近内容图像的 C 内容，G 的风格逐渐接近风格图像 S 的风格。

20.3.1　内容损失

　　内容损失较容易计算，只需要使用深度学习神经网络的一个特征层即可。以 VGG16 为例，仅考虑 VGG16 的第 7 个卷积层，即 block_conv3，如 20.2 节的图 20-5 所示。有时也使用 relu_3_3 来表示这一层神经网络，因为这是 VGG16 中的第 3 个 block 的第 3 个卷积层。可以同时把内容图像 C 和产生图像 G 输入到 VGG16，并计算 relu_3_3 的输出值（激活函数的输出）。然后计算图像 C 和图像 G 的输出矩阵的差，并计算其 $L2$ 距离。图像 G 最小化这个 $L2$ 距离的值，将会使图像 G 与图像 C 具有相似的内容。

　　为了便于用数学公式来表示，使用 L 表示选定的卷积层，则有式（20.2）。

$$L_{content}(C,G,L)=\frac{1}{2}\sum_{i,j}(a[L](C)_{i,j}-a[L](G)_{i,j})^2 \tag{20.2}$$

其中，a 表示激活函数，$a[L](C)i,j$ 表示神经层 L 上的激活函数在内容图像上的激活函数值，即输出值。类似地，$a[L](G)i,j$ 表示神经层 L 的激活函数在产生图像 G 上的输出值。

在 Keras 中，内容损失的计算也很简单，代码如下。

```
#导入模块
from keras import backend as K

#内容损失，其中base为输入图像，combination为生成图像
def content_loss(base, combination):
    return K.sum(K.square(combination - base))
```

20.3.2　风格损失

为了计算风格损失，需要使用从浅层到深层的多个神经层的特征图，而且不能像在计算内容损失时使用直接做差的方式衡量不同。我们需要做的是，在同一个神经的不同特征图之间寻找相关性。这个相关性的计算需要使用格拉姆矩阵（Gram Matrix），20.4 节将详细介绍这个矩阵。

格拉姆矩阵用来表示一个卷积层中各个通道上的相关性，而这个相关性与风格有关。可以分别计算风格图像 S 与生成图像 G 在各个层上的不同通道之间的格拉姆矩阵，然后计算这两个格拉姆矩阵之间的 $L2$ 距离，在迭代中最小化这个距离就能够使生成图像与风格图像具有相似的风格。

风格损失在 Keras 中的实现如下所示。

```
#定义输入图像大小
import os
from keras.preprocessing.image import load_img
from keras import backend as K

#加载图像
base_image_path = os.path.join("./data/","cat.jpg")
style_reference_image_path = os.path.join("./data/", "japanesebridge.
jpg")
width, height = load_img(base_image_path).size

img_nrows = 400
img_ncols = int(width * img_nrows / height)

#风格损失，其中gram_matrix是各个特征图的相关性度量，20.4节将详细介绍
def style_loss(style, combination):
    #输入参数style为风格图像，combination为生成图像
    assert K.ndim(style) == 3
    assert K.ndim(combination) == 3
    S = gram_matrix(style)
    C = gram_matrix(combination)
    channels = 3
    size = img_nrows * img_ncols
return K.sum(K.square(S - C)) / (4.0 * (channels ** 2) * (size ** 2))
```

我们希望生成的图像是"平缓的"，而不希望在某些单独像素上出现异常的波动。还有一个损失函数部分，即整体波动损失（Total Variation Loss），可以简单地平移图像像素点，再与原始图像做对比即可。

```
def total_variation_loss(x):
    assert K.ndim(x) == 4
    if K.image_data_format() == 'channels_first':
        a = K.square(
            x[:, :, :img_nrows - 1, :img_ncols - 1] - x[:, :, 1:, :img_ncols - 1])
        b = K.square(
            x[:, :, :img_nrows - 1, :img_ncols - 1] - x[:, :, :img_nrows - 1, 1:])
    else:
        a = K.square(
            x[:, :img_nrows - 1, :img_ncols - 1, :] - x[:, 1:, :img_ncols - 1, :])
        b = K.square(
            x[:, :img_nrows - 1, :img_ncols - 1, :] - x[:, :img_nrows - 1, 1:, :])
    return K.sum(K.pow(a + b, 1.25))
```

20.4　格拉姆矩阵简介

从数据的角度讲，内积空间中一组向量的格拉姆矩阵（Gram Matrix）是指其内积的对称矩阵。Gram 矩阵有一个重要的性质，即当且仅当其 Gram 矩阵的行列式不等于 0 时，一组向量线性无关。

20.4.1　Gram矩阵的定义

抛开其严格的数学定义，我们来看在深度神经网络的风格迁移中怎样利用 Gram 矩阵计算风格损失函数。还是以 VGG16 的第 7 个卷积层（block3_cov3）为例，在这一层，其输出的特征矩阵大小为 $56 \times 56 \times 256$，如图 20-6 所示，即 256 个 56×56 的特征图矩阵。其中的某一个特征图如图 20-7 所示。

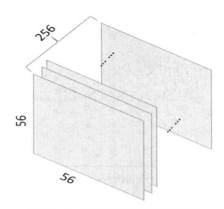

图20-6 VGG16的第7个卷积层

a_1	a_2	...	...	a_{56}
a_{57}	a_{58}	...	...	a_{112}
⋮	⋮			⋮
⋮	⋮			⋮
...	...	...	...	a_{3136}

图20-7 VGG16的第7个卷积层中的其中一个特征图（信道）

20.4.2 用Keras实现Gram矩阵

使用 Keras 计算 Gram 矩阵，也使用矩阵运算函数实现，如下所示。

```
#导入模块
from keras import backend as K

#计算Gram Matrix，其中x为某个卷积层的输出矩阵
def gram_matrix(x):
    assert K.ndim(x) == 3
    if K.image_data_format() == 'channels_first':
        features = K.batch_flatten(x)
    else:
        features = K.batch_flatten(K.permute_dimensions(x, (2, 0, 1)))
    gram = K.dot(features, K.transpose(features))
return gram
```

20.5　实例：用Kreras实现风格迁移

本节将通过具体实例来说明如何使用 Keras 完成基本的风格迁移。同时，也会详细讲解如何使用 Keras 提供的示例代码得到 20.1 节的图 20-2 和图 20-4 的效果。

20.5.1　加载数据

使用 Keras 自带的图像处理模块 keras.preprocessing.image 加载数据，并使用 Matplotlib 初步查看内容图像与风格图像。

```
#导入模块
import os
import Matplotlib.pyplot as plt
from keras.preprocessing.image import load_img, save_img, img_to_array

#定义内容图像与风格图像路径
base_image_path = os.path.join("./data/", "content.jpg")
style_reference_image_path = os.path.join("./data/", "starry_night.
jpg")

#载入图像，并获取内容图像的大小，产生的结果图像应与内容图像一致
# dimensions of the generated picture.
width, height = load_img(base_image_path).size
img_nrows = 400
img_ncols = int(width * img_nrows / height)
```

20.5.2　查看图像

查看图像内容，代码如下。

```
#查看图像内容
plt.subplot(121)
plt.title("content")
plt.imshow(load_img(base_image_path))

plt.subplot(122)
plt.title("style")
plt.imshow(load_img(style_reference_image_path))

plt.show()
```

运行结果如图 20-8 所示。

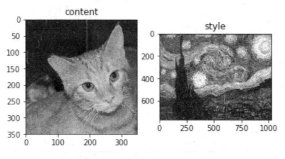

图20-8　原图

图 20-8 左侧是从 ImageNet 数据集中随机挑选的一张小猫的照片，作为内容图像；右侧是梵高的著名画作《星空》。我们要做的就是使用风格迁移的手段，将右侧的风格迁移到左侧的照片上去。

20.5.3　预处理数据

接下来定义图像的预处理和再处理函数，它们将图片的三维表示形式（RGB）转换成预训练好的 VGG-19 网络适合的四维输入形式。

```
#导入所需模块
import numpy as np
from keras import backend as K
from keras.applications import vgg19#本例中使用vgg19模型

#定义预处理函数，用来读取图像并调整为vgg网络需要的输入格式
def preprocess_image(image_path):
    img = load_img(image_path, target_size=(img_nrows, img_ncols))
    img = img_to_array(img)
    img = np.expand_dims(img, axis=0)
    img = vgg19.preprocess_input(img)
    return img

#定义再处理函数，它与预处理函数是互逆的，即经过预处理的图像被再处理后，将返回原始图像
def deprocess_image(x):
    if K.image_data_format() == 'channels_first':
        x = x.reshape((3, img_nrows, img_ncols))
        x = x.transpose((1, 2, 0))
    else:
        x = x.reshape((img_nrows, img_ncols, 3))
    # Remove zero-center by mean pixel
    x[:, :, 0] += 103.939
    x[:, :, 1] += 116.779
    x[:, :, 2] += 123.68
    # 'BGR'->'RGB'
    x = x[:, :, ::-1]
    x = np.clip(x, 0, 255).astype('uint8')
return x
```

```
#简单测试两个函数的互逆性
plt.imshow(deprocess_image(preprocess_image(style_reference_image_
path)))
plt.show()
```

运行结果如图 20-9 所示。

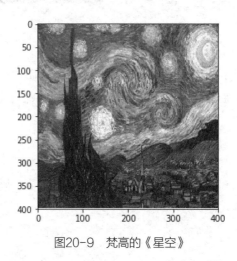

图20-9　梵高的《星空》

20.5.4　定义损失函数

接下来需要定义损失函数的各个部分，即内容损失、风格损失和整体波动损失。

```
#定义损失函数
#计算Gram Matrix, 其中x为某个卷积层的输出矩阵
def gram_matrix(x):
    assert K.ndim(x) == 3
    if K.image_data_format() == 'channels_first':
        features = K.batch_flatten(x)
else:
        features = K.batch_flatten(K.permute_dimensions(x, (2, 0, 1)))
    gram = K.dot(features, K.transpose(features))
    return gram

#风格损失, 其中gram_matrix是各个特征图的相关性度量
def style_loss(style, combination):
    #输入参数style为风格图像, combination为生成图像
    assert K.ndim(style) == 3
    assert K.ndim(combination) == 3
    S = gram_matrix(style)
    C = gram_matrix(combination)
    channels = 3
    size = img_nrows * img_ncols
```

```
        return K.sum(K.square(S - C)) / (4.0 * (channels ** 2) * (size **
2))
```

#内容损失，其中base为输入图像，combination为生成图像
```
def content_loss(base, combination):
        return K.sum(K.square(combination - base))
```

#整体波动损失，避免生成图像的像素点"跳跃"
```
def total_variation_loss(x):
        assert K.ndim(x) == 4
        if K.image_data_format() == 'channels_first':
            a = K.square(
                x[:, :, :img_nrows - 1, :img_ncols - 1] - x[:, :, 1:, :img_
ncols - 1])
            b = K.square(
                x[:, :, :img_nrows - 1, :img_ncols - 1] - x[:, :, :img_nrows
- 1, 1:])
        else:
            a = K.square(
                x[:, :img_nrows - 1, :img_ncols - 1, :] - x[:, 1:, :img_
ncols - 1, :])
            b = K.square(
                x[:, :img_nrows - 1, :img_ncols - 1, :] - x[:, :img_nrows
- 1, 1:, :])
        return K.sum(K.pow(a + b, 1.25))
```

还需要读取内容图像和风格图像，并与生成图像合并组成 VGG19 的输入矩阵。

#读取并预处理内容图像和风格图像
```
base_image = K.variable(preprocess_image(base_image_path))
style_reference_image = K.variable(preprocess_image(style_reference_im-
age_path))
```

使用placeholder定义生成图像
```
if K.image_data_format() == 'channels_first':
    combination_image = K.placeholder((1, 3, img_nrows, img_ncols))
else:
    combination_image = K.placeholder((1, img_nrows, img_ncols, 3))
```

把内容图像C、风格图像C以及生成图像G连接，组成VGG19模型的输入矩阵
```
input_tensor = K.concatenate([base_image,
                              style_reference_image,
                              combination_image], axis=0)
```

加载 VGG19 模型，并指定由内容图像、风格图像和生成图像构成的 input_tensor 作为输入矩阵。

#载入VGG19模型，其输入矩阵即是我们构造的input_tensor,包含了3个图像矩阵
```
model = vgg19.VGG19(input_tensor=input_tensor,
                    weights='imagenet', include_top=False)
```

一切准备就绪，接下来就是根据定义好的函数与损失模型，计算损失函数的 3 个部分，并计算总损失。

```
#提取各个神经层
outputs_dict = dict([(layer.name, layer.output) for layer in model.
layers])

#总体损失函数是3个损失部分的加权和
total_variation_weight = 1.0
style_weight = 1.0
content_weight = 0.025

loss = K.variable(0.0)

#计算内容损失
layer_features = outputs_dict['block5_conv2']
base_image_features = layer_features[0, :, :, :]
combination_features = layer_features[2, :, :, :]
loss += content_weight * content_loss(base_image_features,
                                      combination_features)
#定义在哪些卷积层上提取风格特征，分别计算风格损失
feature_layers = ['block1_conv1', 'block2_conv1',
                  'block3_conv1', 'block4_conv1',
                  'block5_conv1']
for layer_name in feature_layers:
    layer_features = outputs_dict[layer_name]
    style_reference_features = layer_features[1, :, :, :]
    combination_features = layer_features[2, :, :, :]
    sl = style_loss(style_reference_features, combination_features)
    loss += (style_weight / len(feature_layers)) * sl

#添加整体波动损失以保证生成图像的平滑性
loss += total_variation_weight * total_variation_loss(combination_im-
age)

#计算损失函数对于生成图像的梯度
grads = K.gradients(loss, combination_image)
```

20.5.5 选择优化器

有了损失与梯度，剩下的就是优化问题了。用户可以自定义，也可以使用通用的优化器。本例中使用 scipy 中的 fmin_l_bfgs_b 优化器，详细用法这里限于篇幅不做介绍。

20.5.6 完整代码

下面将给出本例的完整数据及代码。

```
from __future__ import print_function
from keras.preprocessing.image import load_img, save_img, img_to_array
import numpy as np
from scipy.optimize import fmin_l_bfgs_b
import time

from keras.applications import vgg19
from keras import backend as K

import os
base_image_path = os.path.join("./data/", "content.jpg")
style_reference_image_path = os.path.join("./data/", "starry_night.
jpg")

result_prefix = 'result_'

total_variation_weight = 1.0
style_weight = 1.0
content_weight = 0.025

iterations = 10
```

#载入图像，并获取内容图像的大小，产生的结果图像应与内容图像一致
```
width, height = load_img(base_image_path).size
img_nrows = 400
img_ncols = int(width * img_nrows / height)
```

#定义预处理函数，用来读取图像并调整为vgg网络需要的输入格式

```
def preprocess_image(image_path):
    img = load_img(image_path, target_size=(img_nrows, img_ncols))
    img = img_to_array(img)
    img = np.expand_dims(img, axis=0)
    img = vgg19.preprocess_input(img)
    return img
```

#定义再处理函数，它与预处理函数是互逆的，即经过预处理的图像被再处理后，将返回原始图像
```
def deprocess_image(x):
    if K.image_data_format() == 'channels_first':
        x = x.reshape((3, img_nrows, img_ncols))
        x = x.transpose((1, 2, 0))
    else:
        x = x.reshape((img_nrows, img_ncols, 3))
    # Remove zero-center by mean pixel
    x[:, :, 0] += 103.939
    x[:, :, 1] += 116.779
    x[:, :, 2] += 123.68
    # 'BGR'->'RGB'
    x = x[:, :, ::-1]
```

```
    x = np.clip(x, 0, 255).astype('uint8')
    return x
```

#读取并预处理内容图像和风格图像
```
base_image = K.variable(preprocess_image(base_image_path))
style_reference_image = K.variable(preprocess_image(style_reference_im-
age_path))
```

使用placeholder定义生成图像
```
if K.image_data_format() == 'channels_first':
    combination_image = K.placeholder((1, 3, img_nrows, img_ncols))
else:
    combination_image = K.placeholder((1, img_nrows, img_ncols, 3))
```

把内容图像C、风格图像C以及生成图像G连接，组成VGG19模型的输入矩阵
```
input_tensor = K.concatenate([base_image,
                              style_reference_image,
                              combination_image], axis=0)
```

#载入VGG19模型，其输入矩阵即是我们构造的input_tensor,包含了3个图像矩阵
```
model = vgg19.VGG19(input_tensor=input_tensor,
                    weights='imagenet', include_top=False)
print('Model loaded.')
```

#提取各个神经层
```
outputs_dict = dict([(layer.name, layer.output) for layer in model.
layers])
```

#定义损失函数
```
def gram_matrix(x):
    assert K.ndim(x) == 3
    if K.image_data_format() == 'channels_first':
        features = K.batch_flatten(x)
    else:
        features = K.batch_flatten(K.permute_dimensions(x, (2, 0, 1)))
    gram = K.dot(features, K.transpose(features))
    return gram

def style_loss(style, combination):
    assert K.ndim(style) == 3
    assert K.ndim(combination) == 3
    S = gram_matrix(style)
    C = gram_matrix(combination)
    channels = 3
    size = img_nrows * img_ncols
    return K.sum(K.square(S - C)) / (4.0 * (channels ** 2) * (size **
2))

def content_loss(base, combination):
```

```
    return K.sum(K.square(combination - base))

def total_variation_loss(x):
    assert K.ndim(x) == 4
    if K.image_data_format() == 'channels_first':
        a = K.square(
            x[:, :, :img_nrows - 1, :img_ncols - 1] - x[:, :, 1:, :img_
ncols - 1])
        b = K.square(
            x[:, :, :img_nrows - 1, :img_ncols - 1] - x[:, :, :img_nrows
- 1, 1:])
    else:
        a = K.square(
            x[:, :img_nrows - 1, :img_ncols - 1, :] - x[:, 1:, :img_
ncols - 1, :])
        b = K.square(
            x[:, :img_nrows - 1, :img_ncols - 1, :] - x[:, :img_nrows
- 1, 1:, :])
    return K.sum(K.pow(a + b, 1.25))

#总体损失函数是3个损失部分的加权和

loss = K.variable(0.0)
layer_features = outputs_dict['block5_conv2']
base_image_features = layer_features[0, :, :, :]
combination_features = layer_features[2, :, :, :]
loss += content_weight * content_loss(base_image_features,
                                      combination_features)
#定义在哪些卷积层上提取风格特征，分别计算风格损失
feature_layers = ['block1_conv1', 'block2_conv1',
                  'block3_conv1', 'block4_conv1',
                  'block5_conv1']
for layer_name in feature_layers:
    layer_features = outputs_dict[layer_name]
    style_reference_features = layer_features[1, :, :, :]
    combination_features = layer_features[2, :, :, :]
    sl = style_loss(style_reference_features, combination_features)
    loss += (style_weight / len(feature_layers)) * sl
loss += total_variation_weight * total_variation_loss(combination_im-
age)

#计算损失函数对于生成图像的梯度
grads = K.gradients(loss, combination_image)

outputs = [loss]
if isinstance(grads, (list, tuple)):
    outputs += grads
else:
    outputs.append(grads)
```

```
f_outputs = K.function([combination_image], outputs)


def eval_loss_and_grads(x):
    if K.image_data_format() == 'channels_first':
        x = x.reshape((1, 3, img_nrows, img_ncols))
    else:
        x = x.reshape((1, img_nrows, img_ncols, 3))
    outs = f_outputs([x])
    loss_value = outs[0]
    if len(outs[1:]) == 1:
        grad_values = outs[1].flatten().astype('float64')
    else:
        grad_values = np.array(outs[1:]).flatten().astype('float64')
    return loss_value, grad_values

#计算损失与梯度，使用如下定义的Evaluator形式
class Evaluator(object):

    def __init__(self):
        self.loss_value = None
        self.grads_values = None

    def loss(self, x):
        assert self.loss_value is None
        loss_value, grad_values = eval_loss_and_grads(x)
        self.loss_value = loss_value
        self.grad_values = grad_values
        return self.loss_value

    def grads(self, x):
        assert self.loss_value is not None
        grad_values = np.copy(self.grad_values)
        self.loss_value = None
        self.grad_values = None
        return grad_values

evaluator = Evaluator()

#针对损失与梯度，对生成图像进行优化，使得生成图像最小化损失函数后即是风格迁移的最终生
成图像
x = preprocess_image(base_image_path)

for i in range(iterations):
    print('Start of iteration', i)
    start_time = time.time()
    x, min_val, info = fmin_l_bfgs_b(evaluator.loss, x.flatten(),
                                     fprime=evaluator.grads, maxfun=20)
```

```
    print('Current loss value:', min_val)
    img = deprocess_image(x.copy())
    fname = result_prefix + '_at_iteration_%d.png' % i
    save_img(fname, img)
    end_time = time.time()
    print('Image saved as', fname)
print('Iteration %d completed in %ds' % (i, end_time - start_time))
```

如图 20-10 所示，把不同迭代次数的结果打印出来，就可以看到风格迁移的"过程"。迭代到
一定次数后，这个图像已经不像是使用相机拍出来的照片，而更像是大师的画作了。

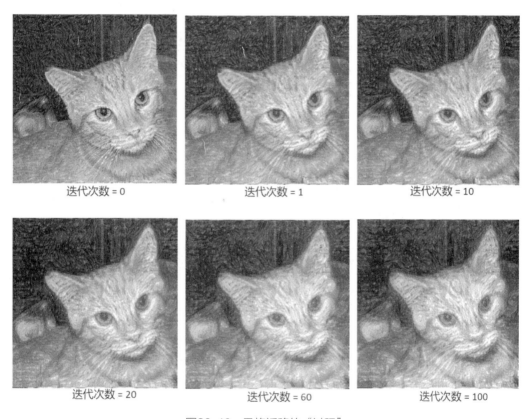

迭代次数 = 0   迭代次数 = 1   迭代次数 = 10

迭代次数 = 20   迭代次数 = 60   迭代次数 = 100

图20-10　风格迁移的"过程"

事实上，Keras 的官方案例中已经将风格迁移作为一个典型案例。读者可以访问 Keras 官网，
并直接使用案例，例如，可以运行以下代码。

```
python neural_style_transfer.py path_to_your_base_image.jpg        path_
to_your_reference.jpg prefix_for_results
```

还有其他可选参数，例如以下参数。

（1）--iter：指定迭代次数，默认为 10。

（2）--content_weight：内容损失的权重，默认为 0.025。

（3）--style_weight：风格损失的权重，默认为 1.0。

（4）--tv_weight：整体波动损失的权重，默认为 1.0。

20.6 后续思考

（1）尝试用其他风格图（如图 20-11 所示），看一下效果如何。

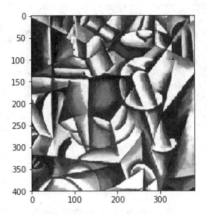

图20-11 毕加索风格图

（2）风格图不变，尝试使用其他表示内容的图，如小狗或建筑物等。

20.7 小结

本章首先通过示例简单介绍了深度学习领域的风格迁移，并引发了如何捕捉风格的思考。接着解释了隐藏卷积层内的通道中，隐藏了与风格相关的信息和特征，这些通道之间的相关性信息可以通过格拉姆矩阵（Gram Matrix）来度量。然后介绍了表示要生成的图像 G 与内容图像 C 中内容的距离的损失函数，以及总的损失函数等。最后通过实例具体介绍了如何使用 Keras 实现风格迁移。